AF002753

Kohlhammer

Karsten/Voßschmidt/Becker (Hrsg.)

Resilienz und Schockereignisse

Verlag W. Kohlhammer

Dieses Werk einschließlich aller seiner Teile ist urheberrechtlich geschützt. Jede Verwendung außerhalb der engen Grenzen des Urheberrechts ist ohne Zustimmung des Verlags unzulässig und strafbar. Das gilt insbesondere für Vervielfältigungen, Übersetzungen, Mikroverfilmungen und für die Einspeicherung und Verarbeitung in elektronischen Systemen.

Die Abbildungen stammen – soweit nicht anders angegeben – von den AutorInnen.

1. Auflage 2025

Alle Rechte vorbehalten
© W. Kohlhammer GmbH, Stuttgart
Gesamtherstellung: W. Kohlhammer GmbH, Stuttgart

Print:
ISBN 978-3-17-043720-3

E-Book-Formate:
pdf: ISBN 978-3-17-043722-7
epub: ISBN 978-3-17-043723-4

Für den Inhalt abgedruckter oder verlinkter Websites ist ausschließlich der jeweilige Betreiber verantwortlich. Die W. Kohlhammer GmbH hat keinen Einfluss auf die verknüpften Seiten und übernimmt hierfür keinerlei Haftung.

Inhaltsverzeichnis

1	**Einleitung**	**9**
2	**Rechtliche Grundlagen und Aufgaben der Behörden**	**12**
	2.1 Rechtliche Betrachtung	12
	2.2 Länderübergreifende Hilfe	21
3	**Darstellung zweier Ereignisse**	**24**
	3.1 Vegetationsbrand in Lübtheen 2019	24
	3.2 Flutkatastrophe im Ahrtal 2021	30
	3.3 Übergang von Schock- zu Stressereignissen im Ahrtal	33
4	**Herausforderungen bei einem Vegetationsbrand**	**40**
	4.1 Bewältigung von Schockereignissen am Beispiel des Waldbrandes bei Lübtheen im Jahr 2019 aus Sicht der zivil-militärischen Zusammenarbeit	40
	4.2 Bewältigung von Schockereignissen am Beispiel des Waldbrandes bei Lübtheen im Jahr 2019 aus Sicht des Landkreises	51
	4.3 Auswirkungen des Vegetationsbrandes – Ein bundesweiter Erkenntnisgewinn	63
5	**Erkenntnisse der Flutkatastrophe auf ausgewählte Bereiche**	**66**
	5.1 Risikomanagement einer Kommune	66
	5.2 Warnung der Bevölkerung – Eine Standortbestimmung	74
	5.3 Warnung aus Sicht eines Betroffenen	79
	5.4 Vertrauen der Bevölkerung in den Bevölkerungsschutz	85
6	**Gefahrenabwehrentitäten**	**90**
	6.1 Allgemeine Betrachtung	90
	6.2 Resilienz aus Sicht der Feuerwehr	92
	6.3 Bundesanstalt Technisches Hilfswerk (THW)	95
	6.4 Aufgaben der Polizei	100
	6.5 Leitstellen als Führungsunterstützungswerkzeug	106
	6.6 Bundeswehr	112
	6.7 Helfer-Shuttle – Ein Dank den Helfenden	119

Inhaltsverzeichnis

6.8	Private Hilfsorganisation @fire	124
6.9	Ahrtalwerke	130
6.10	Social Media und VOST	135
6.11	Besonderheiten der Psychosozialen Notfallversorgung bei Schockereignissen	138
6.12	Spannungsverhältnisse im Einsatz (Flutkatastrophe im Ahrtal 2021)	147

7 Spezielle Aspekte – Gefahren für die Kritischen Infrastrukturen durch Schockereignisse **157**

8 Erkenntnisse aus der Forschung **164**

8.1	Flut und Bewältigung als Schock – Lehren aus 2021 für die Resilienz von Einsatzkräften und Gesellschaft	164
8.2	Webdaten zur Anreicherung des Lagebilds – Chancen und aktuelle Herausforderungen	170
8.3	Moderne Technologien	177
8.4	Moderne Technologien und Resilienz	183

9 Steigerung der Resilienz **191**

9.1	Behörden	191
9.2	Technische Ausstattung der BOS	197
9.3	Notwendige Änderungen an der FwDV 100 – Kritische Betrachtung	202
9.4	Fähigkeitsmanagement – Ein Weg zur planvollen gegenseitigen Unterstützung	207
9.5	Aufgabenverteilung Bund-Länder (Änderung GG – Aufhebung Zivil- und KatS)	213
9.6	Zukunftsforum Öffentliche Sicherheit (ZOES)	219
9.7	Föderalismus ist der Schlüssel zum Erfolg	224

10 Internationale Zusammenarbeit **228**

10.1	Grenzüberschreitende Zusammenarbeit in der nichtpolizeilichen Gefahrenabwehr im Dreiländereck Niederlande, Belgien, Deutschland	228
10.2	Nato-Bündnisfall und strategisches Umfeld – Neue Herausforderungen	236

Inhaltsverzeichnis

11 Road Map **242**

12 Fazit **245**

    Abkürzungsverzeichnis **248**

    Literaturverzeichnis **254**

1 Einleitung

Stefan Voßschmidt, Uwe Becker und Andreas H. Karsten

In diesem Buch beschäftigen sich die Autoren mit Schockereignissen; mit Ereignissen, die im Vergleich zu Stresssituationen schnell mit einer großen Wucht und immensen Auswirkungen eintreten.

Schockereignis im Sinne der Autoren ist ein plötzlich auftretendes Ereignis, durch das das Leben, die Gesundheit oder die lebensnotwendige Versorgung zahlreicher Menschen in außergewöhnlichem Maße gefährdet oder geschädigt werden. Da die Auswirkungen durch betroffene wie nicht betroffene Personen als eine ernsthafte Bedrohung der eigenen Sicherheit, der körperlichen Unversehrtheit oder der Gefährdung der eigenen sozio-kulturellen Situation wahrgenommen werden, können Schockereignisse Auslöser längerfristiger traumatischer Belastungen bzw. Stresssituationen darstellen.

Die Primärschäden (unmittelbare, direkte Schäden) eines Schockereignisses bleiben grundsätzlich zeitlich konstant und nehmen dann aufgrund der Gefahrenabwehrmaßnahmen bzw. auch selbständig ab (▶ Bild 1). Im Gegensatz dazu bauen sich Stresssituationen allmählich auf, können dann zwar auch eine hohe Dynamik aufweisen (und Menschen einen Schock versetzen), dauern aber deutlich länger an und können sich in einer Wellenbewegung fortsetzen. Unter Schockereignisse fallen die klassischen Katastrophenlagen (vgl. die Flutkatastrophe im Westen Deutschlands 2021). Die Corona-Pandemie war dagegen eine klassische Stresssituation. Die Sekundärschäden (Folgeschäden) eines Schockereignisses, z. B. der Ausfall von kritischen Infrastrukturen nach einer Flutkatastrophe, können zu einer Stresssituation führen.

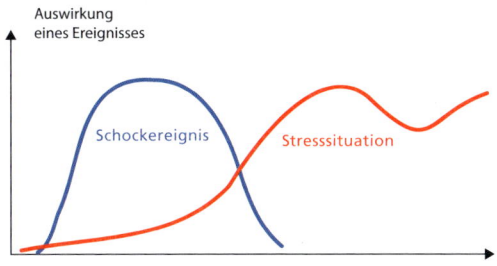

Bild 1: *Prinzipieller zeitlicher Verlauf von Schockereignissen und Stresssituationen*

1 Einleitung

Der vorliegende Titel ist der dritte in einer Reihe von Büchern, die sich mit dem Thema Resilienz und Bevölkerungsschutz beschäftigen. Im ersten Buch »Resilienz und Kritische Infrastrukturen« werden grundsätzliche Fragenstellungen behandelt. Im zweiten Buch »Resilienz und Pandemie« beschäftigen sich die Autor:innen mit einer besonderen Stresssituation und leiten daraus allgemeingültige Erkenntnisse ab. Die Autor:innen dieses dritten Buches wurden im Wesentlichen von den Waldbränden und Flutereignissen der letzten Jahre inspiriert.

Ausgehend von einer Erörterung der rechtlichen Grundlagen wie beispielsweise Zuständigkeiten während eines Schockereignisses, beleuchten General a. D. Gerd Josef Kropf, Uwe Becker und Andreas H. Karsten mit den Ereignissen des **Waldbrandes in Lübtheen 2019** und der **Flut im Ahrtal 2021** zwei Beispiele für Schockereignisse in der jüngsten Zeit.

Im Folgenden werden die Auswirkungen von Schockereignissen auf einzelne Bereiche des Bevölkerungsschutzes betrachtet. Dr. Joachim Schwind vom Landkreistag Niedersachsen beschäftigt sich mit dem **Risikomanagement einer Kommune**. Dieter Franke, ehemals Referatsleiter an der AKNZ, betrachtet als Betroffener der Flutkatastrophe die verschiedenen Aspekte der **Bevölkerungswarnung**. Ebenfalls betroffen von dieser Katastrophe ist Marcus Mandt, Wehrleiter der FF Bad Neuenahr-Ahrweiler, der über die **Einsatzfähigkeit von selbst betroffenen Einsatzkräften** berichtet. Die Warnung aus der Bundesperspektive stellt Hendrik Roggendorf dar. Einen weiteren interessanten Punkt thematisiert Uwe Hamacher: Er erörtert in seinem Beitrag die Wichtigkeit des Vertrauens der Bevölkerung in die Rettungsorganisationen.

In den folgenden Kapiteln widmen sich die Autor:innen dem konkreten Einsatzgeschehen. Aus ihren Erfahrungen als verantwortliche Einsatzleiter in BOS leiten Claus Boetcher vom **THW**, Erwin Langer von der **Bundeswehr**, Eugen Linden, von der **Polizei** im Ahrtal und Hartmut Ziebs sowie Uwe Becker, von den **Feuerwehren** allgemeingültige Erkenntnisse ab. **Leitstellen** als Führungsunterstützung in Katastrophenlagen betrachtet Andreas H. Karsten.

Ganz **persönliche Eindrücke und Erlebnisse** zu den Herausforderungen im Einsatz schildern Josef Schun und Kay Rosenkrank von der Berufsfeuerwehr Wilhelmshaven, Jan Südmersen von @fire e. V., Thomas Pütz als Spontanhelfer, Christoph Dennenmoser vom VOST Baden-Württemberg sowie Dominik Neswadba von den Ahrtal-Werken.

Lars Tutt **(PSNV)** und Aileena Helmer (Auswirkungen auf **Kritische Infrastrukturen**) behandeln Themen, die im Stress eines Schockereignisses und der unmittelbaren Not für Menschen übersehen werden, aber einen wesentlichen Einfluss auf die mittel- bis langfristige Beherrschung von Schockereignissen haben.

1 Einleitung

Auch eine Betrachtung der Ereignisse aus wissenschaftlich-technischer Sicht finden sich im Buch. So werden Möglichkeiten erörtert, die den Bevölkerungsschutz zukünftig resilienter gegen Schockereignisse agieren lässt. Alexander Fekete, FH Köln, beginnt mit einer **Zusammenfassung der bisherigen wissenschaftlichen Erkenntnisse** zum Einsatzablauf bei der Flutkatastrophe 2021. Ulrich Cimolino (vfdb e. V. und DFV e. V.) betrachtet notwendige Verbesserungen in der Einsatztechnik bei diesem Ereignis. Prof. Dr. Dr. Christian Reuter (TU Darmstadt), Dr. Jens Kersten und Leonie Nora Sieger (Universität Paderborn) berichten über **neuste Forschungsergebnisse**. Tom Hermes (Ministerium für Inneres, Bau und Digitalisierung Mecklenburg-Vorpommern) betrachtet in seinem Beitrag zudem die **Resilienz von Behörden**.

Auch aktuelle politische Fragestellungen rund um die Gefahrenlagen werden im Buch untersucht. Uwe Becker und Andreas H. Karsten diskutieren, inwieweit die **FwDV 100** verändert werden muss. Dr. Dr. Dirk Freudenberg thematisiert die Aufgaben, die die Kommunen im Rahmen der deutschen **NATO-Verpflichtungen** wahrzunehmen haben. Leon Eckert (MdB) und Anja Kleinbrahn (ehemals Referentin beim MdB, jetzt BBK), Albrecht Broemme (Ehrenpräsident des THW und Vorstandsvorsitzender des ZOES) sowie Uwe Becker und Andreas H. Karsten erörtern, welche Folgerungen aus den letzten Katastrophen und Krisen für die **Aufgabenverteilung Bund – Länder – Kommunen** zu ziehen sind. Abschließend erweitert Marlies Cremer (Amtsleiterin der Städteregion Aachen) den Blick auf Europa und beschreibt das **EU-Katastrophenschutzverfahren**.

Die Erkenntnisse aus diesen Beiträgen versuchen Uwe Becker und Andreas H. Karsten in einer **Road Map** zu operationalisieren und Stefan Voßschmidt wagt in seinem **Fazit** ein Ausblick.

2 Rechtliche Grundlagen und Aufgaben der Behörden

2.1 Rechtliche Betrachtung

Stefan Voßschmidt

Recht der Gefahrenabwehr

Aus rechtlicher Sicht gehört der Schutz vor Großkatastrophen wie die Ahrtal-Katastrophe zu den zentralen und besonders wichtigen Aufgaben des Staates. Bereits der Philosoph Thomas Hobbes erklärte, dass die Gewährleistung der Sicherheit die Daseinsberechtigung des Staates sei. Katastrophenschutz ist eine staatliche Aufgabe, die der Gefahrenabwehr zugeordnet ist, sich jedoch durch ihre besondere Schadensschwere und -ausdehnung (ihr Schadensausmaß) vom Bereich der einfachen Gefahrenabwehr unterscheidet. In allen deutschen Flächenländern ist die konventionelle Gefahrenabwehr der Ordnungsbehörde bzw. Feuerwehr zugeordnet. Die Gefahrenabwehr ist eine zentrale Aufgabe der Kommunen. Das bedeutet: Zu Beginn der Ahrtalkatastrophe, als der Wasserstand in den Ahr-Orten anstieg, könnten die Kommunen (in Rheinland-Pfalz die Verbandsgemeinden) und damit die Ortsbürgermeister verantwortlich und zuständig gewesen sein. Aber auch bei Ausrufung eines Katastrophenfalles und/oder Übernahme der Einsatzleitung durch eine übergeordnete Behörde, bleibt die (Rest-)Zuständigkeit zur Gefahrenabwehr bei der Gemeinde. Diese prinzipielle Ordnung stößt bei Schockereignissen an ihre Grenzen. Gerade weil es sich um ein Schockereignis handelt, werden Einzelfallregelungen nicht greifen und eventuell vorgedachte Pläne nicht 1:1 anwendbar sein. Daher ist eine Rückbesinnung auf zentrale Prinzipien notwendig.

Der Staat muss den Einzelnen vor Gefahren schützen, den Daseinsvorsorgeanspruch gewährleisten und dabei die Grundrechte beachten. In diese Grundrechte darf nur durch Gesetz oder aufgrund eines Gesetzes eingegriffen werden. Grundrechte dürfen nicht in ihrem Wesensgehalt eingeschränkt werden. In jedem Fall ist der Grundsatz der Verhältnismäßigkeit zu beachten.

Aus dem Dargestellten ergibt sich, dass Handlungsnotwendigkeiten zur Gefahrenabwehr bestehen, aber gleichzeitig die Grundrechte zu achten sind. Das Recht hat vielfältige Aufgaben. Recht meint hier, gesetzlich fixiertes, geschriebenes Recht: Die Gesamtheit der Rechtsvorschriften. Jede Maßnahme muss diese Gesamtheit des Rechtes beachten und vom Verfassungsrecht bis zum Sachgesetz alle Rechtsrege-

2.1 Rechtliche Betrachtung

lungen beachten. Recht zerfällt in die Bereiche Öffentliches Recht, Privatrecht und Strafrecht, wobei der Erstere hier von besonderer Relevanz ist. Das Öffentliche Recht regelt das Verhältnis des Einzelnen zum Staat und den übrigen Trägern öffentlicher Gewalt und ist geprägt durch das Prinzip der Über- und Unterordnung. Demgegenüber regelt das Privatrecht die Rechtsbeziehungen der Einzelnen zueinander (ohne ein Über- oder Unterordnungsverhältnis). Zentrale Elemente des Privatrechtes sind das bürgerliche Recht (Zivilrecht, BGB) und das Handels- und Wirtschaftsrecht. Das öffentliche Recht hat für unsere Thematik vor allen Dingen in folgenden vier Bereichen Bedeutung:

- Völkerrecht
- Staatsrecht (Verfassungsrecht, Grundgesetz)
- Prozessrecht
- Verwaltungsrecht

Das Verwaltungsrecht wiederum gliedert sich in allgemeines und besonderes Verwaltungsrecht. Wichtig im Bereich des allgemeinen Verwaltungsrechtes ist das Verwaltungsverfahrensgesetz (VwVfG): Jedes Bundesland hat ein eigenes Verwaltungsverfahrensgesetz, ebenso der Bund. In Rheinland-Pfalz nennt es sich VwVfG R-P (dazu analog die VwVfGe der jeweiligen Bundesländer). Die Verwaltungsverfahrensgesetze sind aber wortgleich, so dass in diesem zentralen Bereich eine Einheitlichkeit der Normgebung und des Verwaltungshandelns besteht. Im besonderen Verwaltungsrecht sind vielfältige Materien geregelt, u. a. das Recht der Gefahrenabwehr. Wesentliche Teilbereiche sind Polizeirecht, Ordnungsrecht, Katastrophenschutzrecht, Recht der Feuerwehr, Rettungsdienst. Entscheidungen in diesen Bereichen können weitgehende Konsequenzen haben, große Schäden verursachen, nicht nur den Schaden einer eingetretenen Tür. Daher privilegiert hier der Gesetzgeber die für den Staat Handelnden.

Grundprinzip der Haftung

Im Bereich des Zivilrechtes muss jeder für den Schaden einstehen, den er verursacht, § 823 des Bürgerlichen Gesetzbuches (BGB). Zerstöre ich den Kugelschreiber meines Nachbarn, muss ich ihn bezahlen. Gleichgültig ist dabei, ob ich vorsätzlich oder fahrlässig handelte. Beamte oder Beschäftigte des öffentlichen Rechtes können durch ihre amtlich verfügten Maßnahmen ebenfalls Schäden herbeiführen. Hier hat der Gesetzgeber entschieden, dass es ungerecht ist, wenn der einzelne Beschäftigte (der Standardbegriff lautet Beamter im haftungsrechtlichen Sinne) bei einfacher

Fahrlässigkeit auch selbst haften würde. Es gilt das sogenannte Amtshaftungsprivileg (Art. 34 GG, § 839 BGB). Der Staat haftet für den Schaden und kann von dem Handelnden nur bei Vorsatz oder grober Fahrlässigkeit eine Beteiligung verlangen (ihn in Regress nehmen). Dieses Amtshaftungsprivileg ist weit auszulegen. Es gilt für alle im staatlichen Auftrag Handelnde, auch für sogenannte Verwaltungshelfer oder Ersthelfer bei einem Unfall. Bekanntestes Beispiel für einen Verwaltungshelfer ist der Schülerlotse, aber auch Spontanhelfende können Verwaltungshelfende sein, wenn sie, wie im Ahrtal geschehen, mit Einverständnis der zuständigen Behörden Schlamm aus Häusern entfernen oder Putz von den Wänden schlagen, Müll entsorgen etc. Derartige Haftungsprivilegierungen sind wichtig für das Recht der Gefahrenabwehr, den Kernbereich der Eingriffsverwaltung. D. h. im Ergebnis: Entsteht durch das Handeln eines Beamten im haftungsrechtlichen Sinne ein zu ersetzender Schaden, ersetzt die Behörde, für die er handelt (in der Regel auf Antrag) den entstandenen Schaden. Die Behörde kann aber nur in Fällen des Vorsatzes und der groben Fahrlässigkeit Regressansprüche geltend machen, das heißt eine Übernahme des Betrages oder eine Beteiligung verlangen. Daher ist eine Angst vor den Folgen einer Entscheidung und damit einhergehende Entscheidungsscheu, aus Sorge haften zu müssen, unbegründet. Eher kommt eine Haftung bei Nicht-Entscheidung in Betracht.

Diese Haftungsprivilegierung gilt auch für Spontanhelfende, wenn sie als Verwaltungshelfer tätig werden, wie das z. B. in der Ahrtalkatastrophe im großen Stil der Fall war. In Fällen wie dem Brand von Munitionsflächen in Lübtheen können und wollen Verwaltungshelfer nicht tätig werden. Dies entspricht der Feststellung einer unveröffentlichten Masterarbeit von Angela Rödler »Koordinierung von Spontanhelfern in Schadenslagen« an der Universität Bonn. Die Spontanhelfenden erkennen recht gut, in welchen Fällen ihr Einsatz sinnvoll ist und in welchen nicht. Eine Beeinträchtigung liegt vor, wenn eine Gefahr für ein Schutzgut des Art. 2, 20a GG vorliegt. Ihr Einsatz wird aufgrund sich vermehrender Großschadenslagen immer häufiger und immer kalkulierbarer. In jeder geeigneten Großschadenslage seit 20 Jahren waren Spontanhelfende eine wertvolle Ressource. Die Bedeutung dieser Ressource wird tendenziell steigen, weil immer mehr Risikoszenarien erkennbar sind. Dies wird aber in den meisten Überlegungen nicht betrachtet. Das Recht der Gefahrenabwehr ist nämlich eher vergangenheitsbezogen aufgebaut und wird anhand von in vergangenen Lagen erkannten Problemstellungen angepasst. Eine Zukunftsorientierung fehlt. Auch dass der Klimawandel im aktuellen Klimaschutzgesetz (in der Form der vom Bundesverfassungsgericht unter Berufung auf das Verfassungsprinzip des Art. 2, 20a erzwungenen Änderungen) ausdrücklich thematisiert wird, hat nicht dazu geführt, dass ins Klimaschutzgesetz konkrete bevölkerungsschützende Regelungen aufgenommen wurden (v. Lewinski/Freudenberg 2024). Von

2.1 Rechtliche Betrachtung

Lewinski schlägt vor die Zukunftsorientierung durch Grundlagenforschung und Orientierung an Schutzgütern zu erreichen. Aus der Sicht des Verfassers ist dies um eine Rückbesinnung auf allgemeine Prinzipien zu ergänzen. Eine Zukunftsorientierung des Bevölkerungsschutzrechtes ist umso notwendiger, als neue und kombinierte Gefahren Deutschland und die Welt tatsächlich zur Weltrisikogesellschaft (Ulrich Beck 2008) machen. Ein zentrales und in seiner Bedeutung nicht zu unterschätzendes Szenario sind hybride Bedrohungen.

Hybride Bedrohungen und Recht

Was bedeuten hybride Bedrohungen? Grundsätzlich wird unter hybriden Bedrohungen eine Kombination aus klassischen Militäreinsätzen, wirtschaftlichem Druck, Computerangriffen bis hin zu Propaganda in den Medien und sozialen Netzwerken verstanden. Ziel ist es, nicht nur Schaden anzurichten, sondern insbesondere Gesellschaften zu destabilisieren und die öffentliche Meinung zu beeinflussen. Offene pluralistische und demokratische Gesellschaften bieten hierfür viele Interventionsmöglichkeiten und sind somit eher leicht verwundbar. Die Täter operieren entweder anonym oder bestreiten Beteiligungen an Vorfällen und Konflikten (Verschleierungstaktik). Sie gehen dabei äußerst kreativ und koordiniert vor, ohne die Schwelle zu einem Krieg zu überschreiten. Teilweise werden aber auch nur Einfallstore für eventuelle spätere Angriffe ausgetestet, von denen nicht sicher ist, ob sie je benutzt werden (BMVg 2023).

Sind derartige hybride Bedrohungen wirklich neu?
Viele sehen hybride Bedrohungen als eine Revolution i. B. in der Sicherheitspolitik, die die nähere Zukunft bestimmen wird. Die Gegner einer Auseinandersetzung mit dem Begriff der hybriden Bedrohung dagegen zweifeln daran, ob die hybriden Bedrohungen als solche überhaupt klassifizierbar sind. Grundsätzlich ist die Kombination militärischer und nicht-militärischer Mittel nämlich nichts Neues. Kriegslisten beispielsweise sind uralt. Rudolf I. befahl seinen Truppen im Jahr 1278 bei der Schlacht bei Dürnkrut/Marchfeld auf Kommando »Sie fliehen, sie fliehen!« zu schreien, um den Gegner zu verunsichern. So konnte er den »Löwen von Prag (Ottokar II.)«, dessen Armee zahlenmäßig stärker war, besiegen und die Habsburger Machtstellung begründen. Ebenso sind die Verwirrung des Gegners und die Verunsicherung der Bevölkerung bereits seit Jahrhunderten zentraler Bestandteil von militärischen Strategien. Oder anders ausgedrückt: Es geht um eine Kombination von Zwang (Schädigung) und Unterwanderung (Eur-Lex 2023). Die Kritiker argumentieren also,

dass hybride Bedrohungen in ihrer Grundform keine Neuerung darstellen, sondern nur durch den technologischen Fortschritt des einundzwanzigsten Jahrhunderts besser und umfangreicher wurden.

Ebenso wird auch die Klassifizierung der hybriden Bedrohung kritisiert. Es sei nicht möglich, die hybriden Bedrohungen abschließend zu definieren, da sich der Begriff nicht wie üblich aus Strategien und eigenen Handlungen ableite, sondern lediglich aus Einzelfällen und dem Handeln des Gegners. Viele Länder würden daher gar keine hybriden Bedrohungen erleben, weshalb man nicht von einer zentralen Änderung im sicherheitspolitischen Gefüge reden könne.

Oft wird auch der Begriff der hybriden Kriegsführung austauschbar mit dem Begriff der hybriden Bedrohung verwendet. Neben der Kritik an der Neuartigkeit der hybriden Bedrohung und der Klassifizierung als solcher, ist insbesondere die Verwendung des Begriffs der Kriegsführung umstritten. Ein Argument gegen diesen Begriff ist, dass es eines der ausschlaggebenden Merkmale einer hybriden Bedrohung ist, dass sie die Grenzen zwischen Krieg und Frieden verwischt und großteilig im zivilen Raum stattfindet. Daher könne man nicht von einer Kriegsführung als solcher sprechen. Die hybride Bedrohung zielt vielmehr auf den Einsatz aufeinander abgestimmter Machtinstrumente, die auf Verwundbarkeiten im gesamten Spektrum gesellschaftlicher Funktionen eines Staates zielen. Die Methoden sind vielfältig, vom Cyber-Angriff bis zur Initiierung eines Flüchtlingsstroms (November 2023: Flüchtlinge aus Afghanistan werden gezielt von Russland an die finnische Grenze gebracht und gelangen so in diesen Neu-NATO-Staat). Der russische Generalstabschef hat schon 2013 die Effektivität dieser Methoden hervorgehoben (Gerassimow-Doktrin) (Heintschel von Heinegg 2022). Daher wird hier der Begriff der »hybriden Bedrohungen« gewählt. Besonders wirksam ist die Verbreitung von Falschmeldungen. Beeinflussungen der US-amerikanischen Präsidentenwahl durch Falschmeldungen zu Lasten von Hillary Clinton sind nicht ausgeschlossen. Sowohl 2015 als auch 2022 haben Cyber-Angriffe auf das Stromnetz der Ukraine zu weiträumigen Zusammenbrüchen der Elektrizitätsversorgung geführt. Auch hier ist eine Verbesserung der Resilienz notwendig. Dabei ist auch daran zu denken, dass Gefahrenlagen sich kumulativ verstärken können, also der Eintritt eines Schockereignisses und eine hybride Bedrohung gleichzeitig auftreten können. Auch bei der Flut im Westen oder beim Brand in Lübtheen wäre eine gleichzeitige Cyber-Attacke möglich. Da derartige Angriffe Landesgrenzen übergreifend eintreten können, sind vielfältigste Rechtsgebiete bis hin zum humanitären Völkerrecht betroffen. Dabei darf nicht außer Acht gelassen werden, dass es in vielen Fällen ein Wesensmerkmal hybrider Bedrohungen ist, dass sie nicht auffallen (wollen). Covid 19 und die Migrationskrise 2015 können als Vorstufen derartiger Bedrohungen gewertet werden.

2.1 Rechtliche Betrachtung

Um im Sinne des Ziels gesamtstaatlicher Resilienz hybriden Bedrohungen standhalten zu können, müssen die (potentiellen) Verwundbarkeiten der wichtigsten Infrastrukturen, der Versorgungsketten und der Gesellschaft gesichert werden. Dazu gehören die Kritischen Infrastrukturen.

Deutschland begegnet derartigen Risiken mit zwei zentralen Strategien, der Resilienzstrategie (Bach et al. 2024) und der Nationalen Sicherheitsstrategie (BMVg 2023). Diese zielorientierten und wichtigen Ansätze bleiben aufgrund ihres Versprechens finanzieller Neutralität und der mangelnden Konkretheit und Überprüfungsverantwortung der Ziele eher Absichtserklärungen. Sie folgen damit nur eingeschränkt dem Diktum von Kofi Anan (ehem. Uno Generalsekretär) »Prevention is not only more human than cure, it is also more cheaper«. Weitergehende gesetzliche Änderungen sind in dieser Legislaturperiode (2021-2025) nicht mehr zu erwarten, lediglich zwei Gesetzesinitiativen sind zu nennen:

1. ein KRITIS-Dachgesetz und
2. ein Gesundheitssicherstellungsgesetz sind beabsichtigt.

Zu 1.:

Im Bereich der Cyber-Sicherheit i. B. hinsichtlich der Kritischen Infrastrukturen bestehen mit dem BSI-Gesetz und der Verordnung zur Bestimmung Kritischer Infrastrukturen nach dem BSI-Gesetz (BSI-KritisV) bereits detaillierte Regelungen. In Deutschland gibt es aber bislang kein sektor- und gefahrenübergreifendes Gesetz zum Schutz Kritischer (lebensbedrohlicher) Infrastrukturen oder systemrelevanter Bereiche. Schützende Regelungen finden sich vereinzelt und uneinheitlich in Fachgesetzen. Teilweise sind derartige Regelungen länderspezifisch. Besonders kritisch sind z. B. die sog. Beatmung-WGs. Deren Neueinrichtung ist häufig abhängig von baurechtlichen Genehmigungen nach den Landesbauordnungen (z. B. Sachsen). Ob und inwieweit hier Bestandsschutz für Alt-WGs besteht und inwieweit die Vorschriften tatsächlich umgesetzt werden, ist eine Frage des Einzelfalls.

Vor dem Hintergrund derartiger Uneinheitlichkeit und im Hinblick auf die Abhängigkeitsverhältnisse zwischen den verschieden Sektoren Kritischer Infrastrukturen, wird mit dem KRITIS-Dachgesetz das Augenmerk auf das Gesamtsystem zum Schutz der Kritischen Infrastrukturen gelegt. Das KRITIS-Dachgesetz soll die bestehenden Regelungen zum Cyber-Schutz von Kritischen Infrastrukturen ergänzen. Das Gesetz setzt die EU-Richtlinie über die Resilienz kritischer Einrichtungen (Critical Entities Resilience/CER-Richtlinie) um. Das deutsche Gesetz bettet sich somit in ein europäisches Gesamtsystem ein. Ebenfalls umgesetzt wird die NIS 2-Richtlinie. Mit den Richtlinien will die EU einen einheitlichen Schutz der Kritischen Infrastrukturen vor physischen Störungen und Cyber-Angriffen gewährleisten. Die erfassten Sektoren sind weitgehend identisch: Energie, Verkehr, Bankwesen, Finanzmarktinfrastrukturen, Gesundheitswesen, Trinkwasser, Abwasser, Digitale Infrastruktur, Öffentliche Verwaltung und Weltraum. Der NIS-2-Richtlinie unterfallende Unternehmen müssen künftig Risikomanagementmaßnahmen im Cyber-Sicherheitsbereich vorweisen und Meldepflichten im Fall eines Cyber-Vorfalles erfüllen. Nach Schätzungen des Statistischen Bundesamts betrifft das in Deutschland insgesamt rund 29 000 Unternehmen – mehr als fünfmal so viele wie zuvor.

Was ändert sich nun konkret durch das KRITIS-Dachgesetz, bzw., was ist beabsichtigt:

- Kritische Infrastrukturen sollen klar und systematisch identifiziert werden.
- Staat und KRITIS-Betreiber sollen regelmäßige Risikobewertungen durchführen und dadurch Gefahren besser erkennen.
- Mindeststandards für Betreiber Kritischer Infrastrukturen werden festgelegt. Für die Betreiber bedeutet das mehr Handlungssicherheit, um sich gegen Gefahren zu schützen.
- Ein zentrales Meldesystem für Störungen soll das bestehende Meldewesen im Cyber-Sicherheitsbereich ergänzen. Mögliche Schwachstellen beim Schutz Kritischer Infrastrukturen können so besser erkannt und behoben werden.
- Die Zusammenarbeit der beteiligten Akteure im Bereich der Kritischen Infrastrukturen soll besser organisiert und klare Verantwortlichkeiten und Ansprechpartner benannt werden. Auch die Frage der Relevanz muss gestellt werden: Wie bedeutsam ist die Krisen-Kommunikation nach innen und außen im Cyber-Bereich? Wieweit können Krisenstäbe im Vorfeld eingebunden werden? Was ist überhaupt (rechtlich) relevant? Beispiele sind die zivile Alarmplanung und der Alarmkalender.

zu 2.:

Das Gesundheitssicherstellungsgesetz zielt darauf, die zentrale Lücke im Sektor Gesundheit zu schließen. Zu Beginn der Corona-Pandemie, als eine Erweiterung der rechtlichen Grundlagen notwendig erschien, wurde mit § 5 Infektionsschutzgesetz eine Norm geschaffen, die so detailliert ausgestaltet war, dass sie während der Pandemie als Gesundheitssicherstellungsgesetz fungieren konnte.

Bis dahin aber war der Staat nicht handlungsunfähig, sondern handelte auf der Grundlage der Generalklausel des Infektionsschutzgesetzes. Gerade bei Schockereignissen sind die Relevanz hybrider Bedrohungen und das »Nicht-mit-einer-Lage-dieser-Größenordnung-gerechnet-haben« nicht zu überschätzen. Deutschland verändert sich, wird eine alternde immer weiter binnendifferenzierte Gesellschaft (der

2.1 Rechtliche Betrachtung

Taxifahrer des Autors ist vor fünf Jahren aus Damaskus über Moskau nach Ahrweiler gekommen). Die klassischen Hilfsorganisationen verlieren an Relevanz in weiten Bevölkerungsgruppen, wobei häufig vergessen wird, dass viele von ihnen in ihrer heutigen Ausprägung erst nach 1949 entstanden sind (natürlich gilt das nicht für DRK, Deutsche Lebensrettungs-Gesellschaft und Deutsche Gesellschaft zur Rettung Schiffbrüchiger). Gleichzeitig ist bei großen Teilen der Bevölkerung eine ständig steigende Belastung durch Beruf, Freizeit und Familie festzustellen. Es gibt nirgendwo mehr personelle Ressourcen, weder in Unternehmen noch in der staatlichen Verwaltung. Zudem werden Schockereignisse nicht nur häufiger, die Abstände reduzieren sich zusehends, Überlappungen treten auf (Flüchtlinge, Corona, Flut in Westdeutschland, Krieg Putins gegen die Ukraine, Attentat in Israel am 7. Oktober 2023, Krieg im Gazastreifen). Dazu kommen hybride Bedrohungen, deren Ursache, Eintritt und Existenz (war das geplant, staatlicherseits oder bloße Kriminalität, oder Zufall?) nicht kalkulierbar und im Nachhinein kaum zweifelsfrei beweisbar ist (Brexit, Cambridge Analytica).

Rechtsprinzipien und Generalklausel

Wie kann nun der Rechtsstaat auf derartige Herausforderungen reagieren. Wie sich in der Corona-Pandemie gezeigt hat, erfolgt die Bewältigung in zwei Schritten:

In Schritt 1 geht es um die akute Problembewältigung. Im deutschen vom Grundgesetz geprägten Rechtsraum, gibt es kein rechtsfreies Handeln. »Not kennt kein Gebot« – passt nicht zu unserer Verfassung. Daher bedarf das staatliche Handeln, das potentiell auch Belastungen für den Bürger enthalten kann, einer Ermächtigungsgrundlage, einer Norm, die dieses beabsichtigte Tun auch erlaubt. Liegen keine Spezialermächtigungen vor, werden unter Rückgriff auf die Generalklausel des jeweiligen Rechtsgebietes oder die allgemeine Generalklausel die notwendigen Entscheidungen getroffen. Wohlgemerkt: Es geht um das Treffen von Entscheidungen, das Abwägen zwischen Alternativen, um Ermessensentscheidungen. Bei derartigen Ermessensentscheidungen ist das »ob« des Handelns, nämlich ob Handlungsalternativen herausgearbeitet wurden und Entscheidungen getroffen wurden seitens der Gerichte vollumfänglich überprüfbar. Das »wie«, welche konkrete Entscheidung getroffen und umgesetzt wurde, ist weitgehend einer gerichtlichen Kontrolle entzogen. Wie alle Generalklauseln im Gefahrenabwehrrecht (der Norm für die Vielzahl der möglichen Handlungsnotwendigkeiten) wird der Tatbestand der Norm durch einen unbestimmten Rechtsbegriff ausgefüllt: die »konkrete

Gefahr«. Liegt eine derartige Gefahr vor, dürfen die notwendigen Maßnahmen ergriffen werden. Es liegt Ermessen vor. Das ergibt folgendes Schema:

Tatbestand (konkrete Gefahr) → Rechtsfolge (notwendige Maßnahmen) in Form einer Ermessensentscheidung

In einigen Bundesländern hat der Gesetzgeber den Gefahrenbegriff in all seinen Facetten gesetzlich definiert (vgl. Sächs. BRKG). Allgemein wird Gefahr mit dem drohenden Eintritt eines Schadens für ein grundgesetzlich geschütztes Rechtsgut (Leib und Leben, Eigentum etc.) umschrieben. Handlungsverantwortlicher ist die zuständige Behörde.

In Schritt 2 geht es um eine rechtliche Nachjustierung. Das ist während der Corona Pandemie in bewunderungswürdiger Effizienz und Schnelligkeit geschehen. § 5 neu wurde innerhalb einer Woche verabschiedet. Auch bei der Analyse der Ahrtalkatastrophe wurden rechtliche Defizite festgestellt (Kurscheid, Voßschmidt 2023). Anpassungen erfolgten allerdings nicht (Stand 04.12.23). Diese Notwendigkeit der Regelungsanpassung folgt noch aus zwei weiteren Aspekten:
- dem Gedanken der gesamtstaatlichen Resilienz bzw. der Effektivität.
- der gerichtlichen Kontroll- und Vorgabemöglichkeit. Wenn der Gesetzgeber nicht handelt, könnte Deutschland zum Juridikationsstaat werden, in dem die 2 x 8 Richter des Bundesverfassungsgerichtes die zentralen Entscheidungen vorgeben. Das hieße, die juristische Elite trifft die zentralen Entscheidungen durch Vorgaben des Bundesverfassungsgerichts an das Parlament.

Es bleibt abzuwarten, welcher Anpassungsstrang (Anpassung durch die Parlamente/Legislative oder Anpassung durch die Gerichte/Judikative) der Entscheidende sein wird. In beiden Fällen wird aber das Prinzip, auf konkrete Gefahren mit notwendigen Maßnahmen zu reagieren, handlungsleitend sein. Hier steht zwar das reaktive Handeln im Vordergrund, allerdings könnte dieses Prinzip auch auf die Prävention erweitert werden.

2.2 Länderübergreifende Hilfe

Uwe Becker

Für einen föderalen Staat wie Deutschland ist die Koordination und Zusammenarbeit zwischen den Bundesländern in vielen Bereichen von großer Bedeutung. Dazu gehören neben der Hilfeleistung bei Katastrophen auch die gegenseitige Unterstützung der Polizeien der Länder und des Bundes bei Großveranstaltungen und bei der Strafverfolgung.

In Katastrophensituationen erfolgt eine länderübergreifende Zusammenarbeit auf der Grundlage von rechtlichen Rahmenbedingungen und Vereinbarungen. Grundsätzlich gilt das Prinzip der Solidarität.

Für den Brand- und Katastrophenschutz in den Ländern gilt grundsätzlich: Das Hilfeleistungsrecht in den Bundesländern fußt auf drei Säulen:

1. Brandschutzrecht
2. Katastrophenschutzrecht
3. Rettungsdienstgesetze

Hier sind unterschiedliche Kombinationen denkbar. So gibt es in Mecklenburg-Vorpommern ein separates Brandschutzgesetz, ein Katastrophenschutzgesetz und ein Rettungsdienstgesetz. In Nordrhein-Westfalen sind Brandschutz- und Katastrophenschutzrecht in einem Gesetz »Gesetz über den Brandschutz, die Hilfeleistung und den Katastrophenschutz (BHKG)« zusammengefasst. Diese Gesetze regeln alle Maßnahmen innerhalb eines Bundeslandes. Länderübergreifende Aufgaben sind hier nicht beschrieben.

Länderübergreifende Amtshilfe ergibt sich aus Artikel 35 Grundgesetz für die Bundesrepublik Deutschland (GG) und den Verwaltungsverfahrensgesetzen des Bundes und der Länder: Jede Behörde leistet einer anderen Behörde auf Ersuchen ergänzende Hilfe (Amtshilfe).

Die Einheiten des THW und privater Hilfsorganisationen sind bundesweit organisiert und stehen den Ländern in der Regel über Landesverbände disloziert für die Bewältigung eigener Aufgaben im Katastrophenschutz zur Verfügung. Der überörtliche Einsatz wird durch die Organisation selbst organisiert.

Der Einsatz von Katastrophenschutzeinheiten ist aber nur ein Teil eines umfassenden Bevölkerungsschutzes. Grundsätzlich sind in einer umfassenden Krise (z. B. einer drohenden Energiemangellage in den Wintern 2022/23 und 2023/24, der Covid 19 Pandemie) alle Ressorts im Land und beim Bund und damit alle Behörden und sogar alle Fachbereiche in den Kommunen eingebunden.

Die länderübergreifenden Meldeverpflichtungen sind in Spezialgesetzen und -verordnungen geregelt (z. B. Meldepflicht für übertragbare Krankheiten nach dem Infektionsschutzgesetz (IfSGMeldeVO)).

Die Grafik zeigt am Beispiel Mecklenburg-Vorpommerns Kommunikations- und Meldestränge der Ressorts sowohl vertikal von Bund zu Land, sowie zu kommunalen Strukturen, aber auch die Wege horizontal innerhalb des Bundes, des Landes und der kommunalen Struktur. Die Herausforderung hier liegt darin, alle Informationen sinnvoll zusammenzuführen. Hierzu sind auf jeder Ebene koordinierende Organisationseinheiten zu bilden. Damit wäre eine geordnete Kommunikation ohne Informationsverlust denkbar.

2.2 Länderübergreifende Hilfe

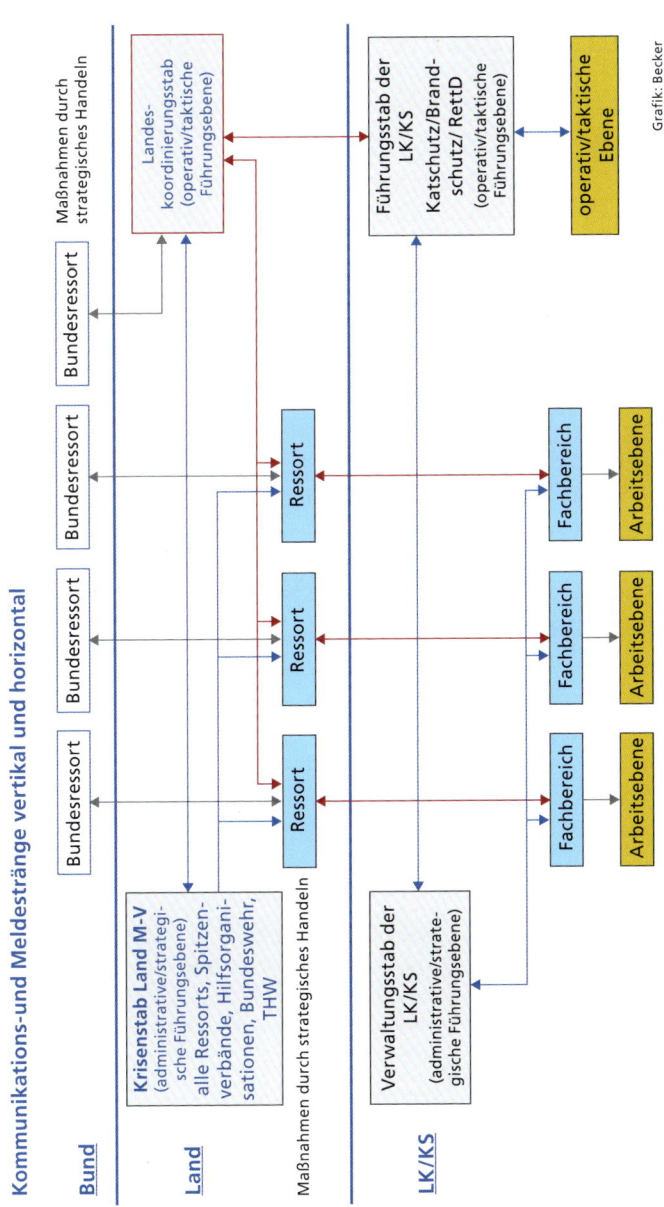

Bild 2: *Kommunikations- und Meldestränge der Ressorts über alle Ebenen*

3 Darstellung zweier Ereignisse

Dieses Kapitel stellt die Dynamik von Schockereignissen anhand zweier Ereignisse der vergangenen Jahre exemplarisch dar.

3.1 Vegetationsbrand in Lübtheen 2019

Uwe Becker

Eigentlich war der Brand schon gelöscht. Hatte es doch am 25.06.2019 schon einmal auf dem ehemaligen Truppenübungsplatz Lübtheen zwischen den Gemeinden Trebs und Alt Jabel gebrannt.

Etwa ein Jahr zuvor brannte die Vegetation in Groß Laasch, nahe Lübtheen. Damals unterstützte ein Starkregen die Löscharbeiten.

Wahrscheinlich waren diese Ereignisse der Grund einer hohen Sensibilität aller Beteiligten als am Donnerstag, den 30.06.2019 um 12:47 Uhr ein Notruf in der Leitstelle des Landkreises einging und ein weiteres Feuer unweit des Munitionszerlegebetriebes in Lübtheen gemeldet wurde.

Am selben Tag, nur 4,5 Stunden später, um 18:49 Uhr stellte der Landrat den Katastrophenfall fest. Zu diesem Zeitpunkt brannten 286 ha Vegetation, Tendenz ausbreitend. Die Wetterprognosen waren im Sinne des Einsatzes nicht positiv:
- anhaltend hohe Trockenheit mit Temperaturen bis 20°C
- weiterhin Winde wechselnd aus Nord-West bis West mit Böen bis 45 km/h
- in der Nacht zum Freitag geringfügiger Niederschlag möglich

Auszüge aus den Lagemeldungen des Arbeitsstabes des Innenministeriums (ASTIM), des Landkreises (LK) und der Bundeswehr. Der ASTIM, heute Landeskoordinierungs- und Unterstützungsstab des Landes M-V, ist eine Landesorganisationseinheit, die eine landesweite Übersicht aller Ereignisse während einer Katastrophe in einem Landkreis zusammenstellt.

30.06.2019, 1247h	Eingehender Notruf
30.06.2019, 1849h	Feststellung des Katastrophenfalls durch den Landrat
30.06.2019	Es wurde eine TEL im Feuerwehrgerätehaus Lübtheen eingerichtet.

3.1 Vegetationsbrand in Lübtheen 2019

01.07.2019; 0744 h (MoWaS)	MoWaS Warnung: - Bodenfeuer auf einer Fläche > 430 ha - Gefährdung eines Munitionszerlegebetriebes und eines Chemiewerks; mehrere Gemeinden gefährdet - Erste Evakuierungen kleiner Gemeinden begonnen - Brennende Fläche munitionsbelastet - Einsatzkräfte 350 - Einsatz von privaten Löschpanzern - Einsatz von zwei Hubschraubern der Bundespolizei - Weitere zwei Hubschrauber der Bundeswehr im Zulauf - Bereitschaft aus Niedersachsen (120 Einsatzkräfte) auf dem Marsch - Die Einwohner werden gebeten, vor Ort auf Lautsprecherdurchsagen zu achten. - Bürgertelefon eingerichtet	
01.07.2019, 0900 h (ASTIM)	Betroffene Fläche > 570 ha Tendenz ausbreitend Einsatzkräfte 595 - Ausbreitung zwischen den Gemeinden Jessenitz-Werk, Volzrade, Trebs, Alt Jabel - Evakuierungen laufen (Alt Jabel abgeschlossen-ca. 250 Menschen) - Jessenitz-Werk – abgeschlossene Evakuierung (0147 h ca. 135 Personen) - Trebs – abgeschlossene Evakuierung - Einsatz eines weiteren Hubschraubers der Bundespolizei - Wasserwerfer der Polizei im Einsatz - Anfrage Löschflugzeuge im Rahmen des EU-Gemeinschaftsverfahrens (wurde später seitens der Einsatzleitung abgelehnt) - Hilfeleistungsgesuch an Bundeswehr zur Erstellung von Brandschneise angefordert	
01.07.2019, 2000 h (LK)	Betroffene Fläche > 450 ha Tendenz ausbreitend Einsatzkräfte 450 Im Einsatz: - Zwei Hubschrauber Bundespolizei - Zwei Hubschrauber Bundeswehr - Berge- und Pionierpanzer	
01.07.2019, 1800 h (ASTIM)	Betroffene Fläche: ca. 500 ha - Einrichtung eines Pressezentrums	

3 Darstellung zweier Ereignisse

Auf Landesebene:
- Arbeitsstab des Innenministeriums (ASTIM) in 24/7 Bereitschaft
- Einberufung des Interministeriellen Führungsstabs (IMFüSt)

Maßnahmen:
- Evakuierung Alt Jabel abgeschlossen (ca. 250 Personen – 10 Personen in Unterkunft Tewswoos)
- Riegelstellung vor Alt Jabel – Entfernung zum Brand ca. 100 Meter
- Trebs: abgeschlossene Evakuierung, Riegelstellung
- Jessenitz-Werk: abgeschlossene Evakuierung 01:47 Uhr 01.07.2019 (ca. 135 Personen; Unterbringung: Teswoos 14, Lübtheen 34)
- Riegelstellung vor der Firma Dankwardt (Chemieunternehmen) zum Schutz der Einrichtung (Betreiber ist informiert und ergreift seinerseits Maßnahmen)

Volzrade: Beobachtung – weitere Kräfte und Mittel:
- Es wurden 9 EA eingerichtet.
- Mit Stand 20190701_1200 waren ca. 450 Einsatzkräfte im Einsatz (FF, RD, Einheiten KatS, Pol, THW, Bw).
- Der Bereitstellungsraum des Landes (THW BR500) befindet sich in der Bw-Kaserne Hagenow.
- Zwei Löschhubschrauber Bundespolizei eingesetzt im Bereich Alt Jabel
- Zwei Löschhubschrauber Bundeswehr eingesetzt im Bereich MZB
- Ein Räumpanzer Bw zieht Schneisen – Ein Pionierpanzer Bw angefordert
- Einsatz Löschpanzer zwischen Jessenitz-Werk und Trebs, u. a. vor Munitionszerlegebetrieb

Anforderungen:
- Zwei Kreisfeuerwehrbereitschaften (ca. 225 Personen) bestehend aus zwei Fachzügen Wassertransport, zwei Fachzügen Wasserförderung und einem Fachzug Logistik liegt vor.
- Angedachte Anforderung und Einsatz von Löschflugzeugen wurde durch den LK Ludwigslust Parchim (LUP) zunächst verworfen; jetzt wieder in Kraft gesetzt.

3.1 Vegetationsbrand in Lübtheen 2019

	▪ Betreuungs- und Versorgungszug ▪ Weitere Anforderung Hubschrauber der Bundespolizei zur Waldbrandbekämpfung LK LUP
01.07.2019, 2255 h (MoWaS)	Info an die Bevölkerung: »Mit der Evakuierung der Ortschaft Volzrade wird begonnen«, teilt die Einsatzleitung heute Abend (01.07.2019) mit. Betroffen sind 117 Personen. Das Bodenfeuer in dem stark munitionsbelasteten Waldstück bei Lübtheen umfasst weiterhin eine Fläche von mehr als 430 Hektar. Zurzeit sind mehr als 400 Einsatzkräfte von Feuerwehr, Katastrophenschutz, Polizei und anderen Rettungsdiensten vor Ort. Bislang sind vier Löschhubschrauber im Einsatz, weitere Löschhubschrauber verstärken ab morgen. Zudem unterstützen ab morgen mehrere Wasserwerfer bei der Bewässerung der Schneisen und Wege. »Oberste Priorität hat der Schutz von Leib und Leben sowie die Sicherung der Ortschaften«, betont Landrat Stefan Sternberg. Beim Eindämmen des Brandes müssen sich die Einsatzkräfte immer wieder auf aufdrehende Winde einstellen. Es kann immer wieder zu Detonationen in dem Waldstück kommen. Für die Einsatzkräfte besteht ein Sicherheitsabstand von 1 000 Metern. Das Betreten der Waldfläche ist strikt verboten. Es besteht Lebensgefahr.
02.07.2019 0800 h (LPBK)	Betroffene Fläche > 500 ha 9 EA Einsatzkräfte 595 Bereitstellungsraum für 500 Einsatzkräfte in der Kaserne Hagenow eingerichtet Eingesetzte Mittel: ▪ Vier Löschhubschrauber Bundespolizei ▪ Zwei Löschhubschrauber Bundeswehr, ▪ Löschhubschrauber im Zulauf ▪ Zwei Räum- und Bergepanzer BW im Einsatz ▪ Einsatz Löschpanzer zwischen Jessenitz-Werk und Trebs, u. a. vor MZB ▪ 12 Wasserwerfer der Polizei aus MV, Nordverbund (SH, HH, HB, NI) und B vor Ort ▪ Drei weitere Löschbereitschaften aus NI im Einsatz Anforderung:

3 Darstellung zweier Ereignisse

	Wasserbereitschaft Transport mit 11 TLF aus Herzogtum Lauenburg (SH) – Eintreffen 02.07.2019 bis 10:00 Uhr Evakuierung: 700 Einwohner evakuiert aus 4 Ortschaften
02.07.2019 1342 h (LK)	Umgang mit wassergefährdenden Stoffen; Feststellung: 34 Heizölverbraucheranlagen; eine HBV[1]-Anlage (Chemiewerk),

03.07.2019, 0800 h
(LPBK)
	Einsatzkräfte 705
	Maßnahmen:
	- Evakuierungsmaßnahmen werden weiterhin aufrechterhalten.
	- Bestreifung der Ortschaften durch Polizei erfolgt weiter.
	- Es ist gesichert, dass Haus- und Nutztiere versorgt werden.
	- Maßnahmen zum Schutz der Ortschaften scheinen zu greifen.
	- Entfernungen Feuer zu den Ortschaften (Stand 02.07.2019 – 18:30 Uhr)
	  – Trebs 700 m
	  – Vielank 1 500 m
	  – Volzrade 800 m
	  – Jessenitz-Werk 700 m
	  – Alt Jabel 330 m
	  – MZB 50 m
	  – Benz 1 200 m
	- Luftraum ist gesperrt.
	- Pressezentrum wird eingerichtet.
	- BW richtet eigenen Gefechtsstand am Standort TEL ein.

03.07.2019, 0800 h (LPBK)	Einsatzkräfte 705 Einsatz der Bundeswehrpioniere wieder ab 03.07.2019 ca. 07:00 Uhr – Erstellung weiterer Schneisen und Ertüchtigung der vorhandenen Schneisen Besonderheiten: - Es befindet sich eine Mittelspannungsleitung der WEMAG AG im Brandgebiet. Diese versorgt Lübtheen mit Strom. Bei einem möglichen Stromausfall stehen Netzersatzanlagen (NEA) vom Netzbetreiber bereit.

---

[1] HBV-Anlage: Anlagen zum Herstellen, Behandeln und Verwenden

3.1 Vegetationsbrand in Lübtheen 2019

	- Es befindet sich eine Gasleitung in 1,5 m Tiefe unter den Brandherden, wird noch als unkritisch betrachtet. Zuschaltung der abgeschalteten evakuierten Ortschaften wird durch Versorger organisiert. - Es befinden sich zwei Tierhaltungen mit zusammen 1 100 Schweinen im Gefährdungsgebiet. Über eine mögliche Evakuierung der Tiere wird nach Lage entschieden. - Für die Löschwasserbereitstellung legt das WSA Lauenburg die Öffnung von Wehren an der Elde-Müritz-Wasserstraße fest.
03.07.2019, 1300 h (LK)	Betroffene Fläche > 1 200 ha Einsatzkräfte 1017
03.07.2019, 2200 h (LK)	Betroffene Fläche > 1 200 ha Einsatzkräfte 764
04.07.2019, 0630 h (BW)	Betroffene Fläche > 560 ha Einsatzkräfte 764, davon 162 Bundeswehr
04.07.2019 (LPBK)	Betroffene Fläche: 560 ha Einsatzkräfte 612 in 13 EA Maßnahmen zum Schutz der Ortschaften greifen Brandausbreitung durch massiven Technikeinsatz
08.07.2019, 1600 h (LK)	Aufhebung Katastrophenalarm

Die auszugsweise Darstellung der Situation aus Lageberichten zeigt zunächst die Wucht, mit der sich das Ereignis entwickelt hat. Auch wenn die Ausstattung und die Führungsstruktur (TEL in einem Feuerwehrgerätehaus) noch nicht optimal waren, hat der Landrat schnelle und in der erforderlichen Dimension notwendige Entscheidungen getroffen.

Schwankende Zahlen bezüglich betroffener Fläche und Einsatzkräften zeigen aber auch, dass innerhalb der Führungsorganisation, insbesondere bei der Kommunikation, Verbesserungsbedarf bestand. Der Landkreis Ludwigslust-Parchim hat nach den Ereignissen in Lübtheen 2019 beispiellos aufgerüstet. Zum einen wurden Einsatzmittel (zum Beispiel Kreisregner) im großen Stil beschafft. Zum anderen hat der Landkreis in Folge der Ereignisse seine Führungsorganisation überdacht und angepasst.

Das Land Mecklenburg-Vorpommern hat ebenfalls mit Ausbildungen in der Vegetationsbrandbekämpfung und mit der Beschaffung von Einsatzmitteln wie zum Beispiel Hytrans Fire System (HFS) Pumpen reagiert.

Ein weiterer Brand in Lübtheen in 2023 war in kürzester Zeit unter Kontrolle, was wiederum verdeutlicht, dass die getroffenen Vorbereitungen Wirkung zeigten.

3.2 Flutkatastrophe im Ahrtal 2021

Andreas H. Karsten

Bei der Flutkatastrophe an der Ahr im Jahr 2021 starben 134 Menschen, 766 wurden verletzt.

Am 10.07.2021 warnte das European Flood Awareness System (EFAS) vor einer extremen Flutgefahr aufgrund von Starkregen in Westdeutschland und in den Benelux-Staaten. Die wesentlichen Ereignisse ab dem 14.07.21 und 15.07.21 zeigt die folgende Tabelle auf.

	14.07.2021
10:31	Warnung (höchste Stufe) des Deutschen Wetterdienstes (DWD) für die Ahr
11:00	Einrichtung einer Koordinierungsstelle bei der ADD. ADD spricht Hilfsangebot an die Landkreise aus.
11:17	Warnung des Landesamtes für Umwelt Rheinland-Pfalz (LfU): Warnstufe rot (zweithöchste Warnstufe) für Ahrregion
13:30	LfU Prognose für Altenahr: 3,30 m (maximaler Pegel beim Jahrhunderthochwasser 2016 = 3,79 m)
15:00	Aktuelle Stunde im Landtag: Ministerin Spiegel warnt Flussanlieger und Campingplatzbetreiber
ab 15:00	LfU informiert Landratsamt Ahrweiler über mehrere Wege über die Gefahr.
15:25	LfU Prognose für Altenahr: mehr als 5 Meter (maximaler Pegel beim Jahrhunderthochwasser 2016 = 3,79 m)
16:20	Bürgermeisterin von Altenahr bittet Landratsamt Kats-Alarm auszurufen.
16:43	Pressemitteilung Umweltministerium: Es droht kein Extremhochwasser.

3.2 Flutkatastrophe im Ahrtal 2021

ca. 17:15	Erste Evakuierungen eines Campingplatzes an der Ahr
17:17	Warnung LfU: Warnstufe violett (höchste Warnstufe) für Ahrregion
17:40	Lagebericht TEL: Brand- und Katastrophenschutzinspekteur des Landkreises übernimmt Einsatzleitung.
18:00	Staatssekretär Erwin Manz im Umweltministerium erkennt fehlerhafte Pressemitteilung. Er erteilt Auftrag heute nicht mehr zu reagieren. Zuständig seien die Behörden vor Ort. Anmerkung: Nach dem »Rahmen Alarm und Einsatzplan Hochwasser« gibt die Hochwassermeldestelle des Landes nicht nur Daten und Warnungen an die Meldestellen in den Kommunen weiter. Sie soll auch die Medien informieren.
gegen 18:00	Innenstaatssekretär Stich informiert Innenminister Lewenz: Leiter der ADD Linnertz soll berichtet haben, dass Wohnwagen in Dorsel abgetrieben werden und Leute auf Dächern ihrer Camper sitzen. Lewenz fährt nach Bad Neuenahr-Ahrweiler. Linnertz nach Eifelkreis Bitburg-Prüm.
18:00	Erste Einsätze an der Oberahr (Gemeinde Schuld)
19:00	LfU: Herabstufung der Warnung von 5 auf 4 Meter Danach Erleichterung in der TEL des Landkreises Ahrweiler (nach späteren Aussagen) (maximaler Pegel beim Jahrhunderthochwasser 2016 = 3,79 m)
gegen 19:00	Altenahr: Kleinwagen werden weggespült. Strom fällt aus.
gegen 19:30	Innenminister Lewentz besucht die TEL des LK Ahrweilers. Hochwasser wird Pegel von 2016 ein wenig übersteigen. Prognose der Hochwassermeldezentrale von 5,19 m auf 4,05 m reduziert. (maximaler Pegel beim Jahrhunderthochwasser 2016 = 3,79 m) Nach späterer Aussage von Herrn Lewentz arbeitet die TEL ruhig und konzentriert. Hinweise auf eine dramatische Lage hat er nicht wahrgenommen.
19:40	Lewentz verlässt die TEL.

3 Darstellung zweier Ereignisse

19:57	LfU: Hochstufung der Warnung für Altenahr auf 6,81 m.
20:00	Wehrleiter Altenahr fragt telefonisch nach bzgl. KatS-Alarm.
20:26	LfU Prognose für Altenahr: 7 m (maximaler Pegel beim Jahrhunderthochwasser 2016 = 3,79 m)
21:42	Ministerpräsidentin Dreyer äußert in einer SMS, dass der Höchststand Hochwasser erst morgen Mittag erreicht werden wird.
21:43	Staatssekretär Erwin Manz informiert Lewentz: Situation in Ahrweiler weitaus drastischer als noch 2016.
21:46	Lewentz an Dreyer: Im Eifelkreis wird es auch schlimmer als 2018.
23:09	KatS-Alarm im LK Ahrweiler
15.07.2021	
00:58	Der ADD liegt kein zusammenhängendes Lagebild vor, da die Feuerwehren vor Ort überall im Einsatz sind, aber nicht nach oben melden. An manchen Stellen ist wohl auch die Kommunikation gestört. Die Polizeipräsidien Trier und Koblenz bauen Führungsstrukturen auf, um die Lage von dort wenigstens teilweise führen zu können.
nach 01:00	Im Behindertenheim Sinzig sterben 12 Menschen (Anmerkung: mehr als 7 Stunden nach den ersten Zerstörungen in Schuld)
Abends	ADD übernimmt Einsatzleitung auf Bitten des Landrats.

Wenn alle beteiligten Personen weder dumm sind noch Menschenleben absichtlich geopfert haben, muss ein mangelndes Situationsbewusstsein bei ihnen vorgeherrscht haben: »Es kann nicht sein, was nicht sein darf.« Im Nachhinein ist der anfängliche Umgang mit der Lage nahezu unverständlich. Der Grund dafür kann nur vermutet werden. Nach Ansicht der Autoren spielt die mangelnde Vorbereitung auf Worst Case Szenarien eine entscheidende Rolle. Dabei war die Ahrtal-Katastrophe kein Schwarzer-Schwan-Ereignis. Genau solch ein Szenario ereignete sich bereits 2002 und 2013 im Weißeritztal, Sachsen. Diese Ereignisse wurden umfangreich durch die Landesregierung des Freistaats Sachsen evaluiert (»von-Kirchbach-Berichte«). Auch befanden sich an vielen Häusern in den Ahrtalorten noch die Marken der Hochwasser von 1910 und 1804.

3.3 Übergang von Schock- zu Stressereignissen im Ahrtal

Marcus Mandt – ehemaliger stellvertretender Brand- und Katastrophenschutzinspekteur im Kreis Ahrweiler

Die Flut im Ahrtal verursachte auf vielfältige Weise Stresssituationen für die Kommunen. Beispielhaft wird dies anhand der Stadt Bad Neuenahr-Ahrweiler dokumentiert:

Wegfall Stromversorgung
Der Ausfall der Stromversorgung betraf in der Spitze ca. 98 % des Stadtgebietes. Die Katastrophe ereignete sich in der Stadt ab 23 Uhr, also in der Dunkelheit.

Viele Trafostationen waren überflutet und zerstört. Unterirdische Stromleitungen wurden mit den Straßen weggerissen. Mit den Brücken wurden auch die Querungen der Stromleitungen über den Fluss weggerissen. Neben den Zerstörungen der Infrastruktur der Netzbetreiber waren auch in den Häusern die Hausanschlüsse, Zählerkästen und auch die Verteilerkästen von der Flut beschädigt. Die Wiederherstellung des Stromnetzes war eine der wichtigsten Aufgaben nach der Katastrophe. Durch die massiven Zerstörungen war es nicht ausreichend die Trafostationen zu ertüchtigen. Um die von der Versorgung durch die Kraftwerke abgeschnittenen Bereiche wieder weitestgehend mit Strom zu versorgen, waren sehr viele große mobile Stromerzeuger notwendig, um in die noch funktionierenden Teilbereiche der Netze einzuspeisen. Auch wurden die KRITIS-Einrichtungen wie das Kreiskrankenhaus, Kliniken, Alten- und Pflegeheime mit Stromerzeugern versorgt. Um die Netze über den Fluss wieder zu verbinden, wurden vom THW-Notstromleitungen über den Fluss gespannt und verbunden.

Um die Stromversorgung in den Häusern wieder in Betrieb zu bekommen, mussten die Zähler ausgetauscht oder zumindest ausgebaut, die Verteilerkästen sowie die Hauseinspeisungen instandgesetzt werden. Die betroffenen Hauseigentümer behalfen sich in den ersten Tagen und Wochen zumeist mit eigenen kleinen Stromerzeugern. Kraftstoff für die betroffenen Haushalte wurde die ersten Wochen kostenfrei über mobile Tankstellen der Bundeswehr zur Verfügung gestellt.

Die meist nicht für den Dauerbetrieb geeigneten handelsüblichen Aggregate verursachten einige Brände und sorgten auch für bewusstlose Personen, da einige Bewohner die Aggregate auch in geschlossenen Räumen und Kellerräumen betrieben, in denen gearbeitet wurde.

3 Darstellung zweier Ereignisse

Der Netzbetreiber wurde logistisch von der Verwaltung unterstützt bei der Beschaffung von Material, Ersatznetzanlagen und auch bei der Verbringung von Ingenieuren und Netzmeistern zu den wichtigen Knotenpunkten und Anlagen, die instandgesetzt werden mussten. Durch das Verkehrschaos und viele unwegsame Wege war es nicht anders machbar, die Fachkräfte zeitnah von einem Ort zum anderen zu fahren als mit Fahrzeugen mit Sondersignalanlagen. Hierzu wurden allein in Bad Neuenahr-Ahrweiler zwölf allradbetriebene Mannschaftstransportfahrzeuge vom Land Mecklenburg-Vorpommern für mehrere Wochen ausgeliehen und genutzt. In der Folge wurden die zerstörten oder fehlenden Trafostationen schnellstmöglich gegen neue Stationen ausgetauscht, um wieder ein funktionsfähiges Netz aufzubauen.

Ein Problem stellte in vielen Bereichen die nicht funktionierende Straßenbeleuchtung dar. Viele Laternen hatten nicht nur keinen Strom. Sie waren flutgeschädigt defekt, umgeknickt oder ganz weg. Hier wurde eine Vielzahl an mobilen Lichtmasten mit jeweils eigenen Aggregaten eingesetzt, die mit einer entsprechenden Logistik zur Kraftstoffversorgung betrieben wurden.

Wegfall Gasversorgung
Eine weitere Folge der Flutkatastrophe war der komplette Ausfall der Gasversorgung. Hier betrug die Ausfallquote 100 %. Wie beim Strom, waren auch hier die Leitungen mit den Straßen und Brücken weggerissen worden. Eine der Gashauptleitungen lag im Ahrufer und ist auf mehreren Kilometern weggerissen worden. Hausanschlüsse und Zählerkästen wurden vom Wasser beschädigt. Die Heizungen in den Häusern waren meist in den Kellern und in den meisten Fällen zerstört. Zudem waren die zwar an sich unbeschädigten Leitungen mit Wasser und Schmutz verunreinigt und ebenfalls unbrauchbar geworden.

Herrichtung einer neuen Gasversorgung für die Wintermonate
In einem Kraftakt wurde bis Dezember eine mehrere Kilometer lange Hauptgasleitung durch die Stadt gelegt, die in der Lage war, die Stadt größtenteils mit Gas zu versorgen. Es wurde zudem eine Einspeisestation errichtet, an der ganze LKW-Züge mit Gas in das Netz einspeisen konnten. Die verschmutzten Leitungen mussten auf vielen Kilometern alle gereinigt werden.

Aus ganz Deutschland wurden Heizungsbauer und Mitarbeiter von Versorgungsbetrieben eingesetzt, um in jedem Haushalt den Gaszähler zu tauschen und Heizungen instand zu setzen. Bei den nicht flutbetroffenen Heizungen mussten die Versorger und Heizungsbauer die Anlagen ebenfalls nach monatelangem Ausfall wieder in Betrieb nehmen und auch die Brenner austauschen oder umstellen. Auch hier musste der Netzbetreiber massiv logistisch unterstützt werden.

3.3 Übergang von Schock- zu Stressereignissen im Ahrtal

Wegfall Wasserversorgung

Das Trinkwassernetz war zu 90 % ausgefallen. Wie beim Strom und Gas waren Leitungen in Straßen und an Brücken weggerissen worden. Wasserwerke und Hochbehälter waren ohne Strom ausgefallen. Viele Pumpstationen waren flutgeschädigt und die höher gelegenen ausgefallen.

In den ersten Tagen wurden hunderte von IBC-Tanks im ganzen Stadtgebiet aufgestellt und täglich mit Wasser durch Feuerwehrfahrzeuge befüllt. Jeder Bewohner konnte sich dort Wasser nehmen. Die Maßnahme wurde mehrere Wochen durchgeführt.

Die Wiederherstellung der Wasserversorgung war auch nur mit enormem Aufwand möglich. Mit Feuerwehrschläuchen wurden über mehrere Kilometer Notleitungen verlegt. Auch die Flussquerungen wurden anfangs mit Schläuchen wiederhergestellt. Die Pumpstationen wurden ertüchtigt und mit Notstrom versorgt, Leitungen instandgesetzt und gespült. Die Wasserversorgung konnte so behelfsmäßig wieder zu einem Großteil in Betrieb genommen werden. Sie war jedoch lange instabil und der hydraulische Druck nicht ausreichend, um zum Beispiel eine Löschwasserversorgung zu gewährleisten.

Hier mussten zusätzliche große Tankwagen vorgehalten werden, um bei einem Brand entsprechende Mengen an Löschwasser bereit zu halten. Auch Tankauflieger mit über 18 000 Liter Wasser kamen zum Einsatz. Hinzu kam, dass das Wasser lange nicht zum Trinken geeignet war und abgekocht werden musste, was zu einem weiteren Hindernis führte, da die Storm- und Gasversorgung gestört war.

Wegfall Abwassersystem

Neben dem Wegfall der Versorgung durch Gas, Strom und Wasser fiel auch ein Großteil der Entsorgung aus. Die Abwasserkanäle wurden zugeschlammt. Dies betraf Schmutz- und Regenwasserkanäle. Einige Abwasserkanäle wurden so stark beschädigt, dass sie einbrachen. Ca. 120 Kilometer Abwasserkanal wurden im Stadtgebiet beschädigt und waren unbrauchbar. Offene Regenwasservorfluter waren mit Geröll zugesetzt oder gar nicht mehr vorhanden.

Um die Kanäle freizubekommen, wurden spezielle Saugbagger in großer Anzahl eingesetzt. Zerstörte Kanäle wurden aufgebaggert und instandgesetzt. Wo keine Maßnahme möglich war, wurden mobile Schmutzwasserpumpen und Schläuche eingesetzt, um Lücken im System zu überbrücken. Das ganze Kanalsystem musste mit Videotechnik abgefahren werden, um Beschädigungen zu beurteilen, zu kategorisieren sowie zu priorisieren. Der Ausfall des Abwassersystems machte viele Toiletten und Bäder nicht nutzbar. In der Folge wurden mehrere tausend Dixi-Toiletten aufgestellt, auch spezielle barrierefreie Dixi-Toiletten für Menschen mit Behinderungen. Die Beschaffung in dieser enormen Anzahl war sehr schwierig.

Zur Ver- und Entsorgung der Toiletten wurden von den Firmen Fahrtrouten geplant. Problematisch war, dass sich verschiedene Bewohner die Dixi-Toiletten für ihre eigenen Bedürfnisse zurechtrückten oder die Häuschen um ganze Straßenzüge versetzten. Dies führte dann dazu, dass die entsprechenden Toiletten nicht ver-/entsorgt wurden und vielfach überliefen. Die Toilettenhäuschen wurden daher später per GPS-Tracker gekennzeichnet.

Wegfall Kommunikation
Die Kommunikationsinfrastruktur war bereits durch den Wegfall von Strom gestört. So funktionierten die Internet-Router zuhause nicht mehr und in der Folge kein Digitalradio und kein Festnetztelefon.

Durch die Zerstörung vieler Verteilerkästen war die Telekommunikation nachhaltig gestört. Die Handynetze, soweit noch verfügbar, waren an der Belastungsgrenze und drüber hinaus. Verbindungen brauchten sehr lange zum Aufbauen und mobiles Internet war extrem langsam. Notfalleinheiten der Telekommunikationsanbieter und auch spezielle THW-Einheiten setzten die Verteilerkästen instand oder tauschten sie aus. Das dauerte mehrere Wochen. Im Übergang haben die Anbieter allen Handys im Schadensgebiet freie Daten- und Telefonievolumen zur Verfügung gestellt, um eine Kommunikation zu ermöglichen. Die Anbieter stellten ebenfalls Notfunkmasten auf, um die Netzqualität und Netzleistung zu verbessern.

Wegfall Straßen und Brücken
In der Stadt stürzten 17 von 19 Brücken ein. Eine noch stehende Brücke kam erst Tage später wieder aus dem Wasser zum Vorschein. Es stand somit tagelang nur eine Brücke zur Verfügung. Jede Querung bedeutete einen extrem langen Umweg. Zudem waren viele Straßen einfach weggerissen oder so mit Schutt und Geröll überspült, dass sie unpassierbar waren. Das Ganze auf vielen Kilometern. Die vierspurige Umgehungsstraße war zum Teil eingestürzt. Brückenbauwerke der Straße selbst und über die Straße waren akut einsturzgefährdet. Der Verkehr konzentrierte sich auf die wenigen nicht betroffenen Straßen und brach regelmäßig durch Überlastung zusammen. Neben den Einwohnern und den Rettungskräften kamen auch immer mehr Spontanhelfende ins Schadensgebiet. Dies in einer so großen Anzahl, dass eine Koordination anfangs nicht möglich war. Durch Freiwillige wurde ein »Helfer-Shuttle« gegründet, dass die Helfenden und Betroffenen den Fähigkeiten und Bedarf nach gezielt zusammenbrachte. Für den Verkehr ganz wichtig: Die Helfenden wurden weit vor dem Schadensgebiet vom »Helfer-Shuttle«

3.3 Übergang von Schock- zu Stressereignissen im Ahrtal

an Sammelplätzen empfangen und eingewiesen. Ebenfalls organisierten sie die gezielte Verbringung mittels Shuttlebussen in das Schadensgebiet.

An den ersten Wochenenden wurde im Tal ein Fahrverbot für Auswärtige durchgesetzt. Weiträumige Absperrungen durch die Polizei hielten die Straßen vor dem Kollaps frei.

Wegfall Schulen und Kigas

Von den zwölf Schulen im Stadtgebiet waren lediglich drei Schulen nicht von der Flut betroffen. Betroffen waren zwei Gymnasien, das Berufsschulzentrum des Landkreises, zwei Förderschulen, zwei Realschulen und zwei Grundschulen. Zudem waren sieben von acht Turnhallen nicht mehr nutzbar. Schüler wurden auf andere Schulen im Kreisgebiet, aber auch in Nachbarkreise umverteilt und dann eine Art Wechselbetrieb eingerichtet. Vormittags die eigentlichen Schüler der Schulen und nachmittags die Schüler der flutbetroffenen Schulen. Die Organisation in den Schulen und die Verbringung der Schüler in die weiter entfernten Schulen (teilweise auf der anderen Rheinseite) war extrem aufwendig. Zusätzlich wurden in Containerbauweise Behelfsschulen für bis zu 1 000 Schüler errichtet. Diese bleiben voraussichtlich noch 4-5 Jahre in Betrieb.

Eigenbetroffenheit Verwaltungen

Die Stadtverwaltung hatte einen hohen Grad der Eigenbetroffenheit. Das Rathaus war ebenfalls überflutet worden und für fast zwei Wochen nicht nutzbar. Viele Mitarbeitende waren privat betroffen und in der Folge nicht arbeitsfähig. Der Betriebshof der Stadt wurde überflutet und das gesamte Inventar sowie ein Großteil der Fahrzeuge und Arbeitsmaschinen zerstört.

Für die Verwaltungsspitze wurde ein großer Schulungsraum im letzten größeren Feuerwehrhaus in Bad Neuenahr das Lagezentrum des Verwaltungsstabes und zugleich provisorisches Rathaus. Die Nachbargemeinde stellte Räumlichkeiten für einen Notbetrieb des Einwohnermelde- und Standesamtes zur Verfügung. Tausende Einwohner hatten ihre Papiere in den Fluten verloren. Auch mussten Totenscheine ausgestellt werden.

In der Stadt selbst wurden Infopoints errichtet. In der Spitze waren es zehn Standorte, die betrieben worden sind. Hier waren Verwaltungsangestellte und auch Mitglieder von Hilfsorganisationen im Einsatz, um Einwohnern und Betroffenen weiterzuhelfen, Informationen zu geben und Hilfen zukommen zu lassen.

3 Darstellung zweier Ereignisse

Versorgung Bevölkerung
Der Lebensmittelhandel war weitestgehend zusammengebrochen. Supermärkte, Bäckereien, Metzgereien vielfach unter Wasser. Die restlichen ohne Gas und Strom. An eine Kühlung der Lebensmittel war nicht zu denken. Einige Supermärkte konnten zeitnah wieder öffnen, allerdings ohne gekühlte Waren. Das Stromnetz war in der ersten Zeit sehr instabil und eine Kühlkette konnte nicht ohne Unterbrechung gewährleistet werden. Die Menschen konnten einkaufen gehen – aber auch hier mit Hindernissen. War noch Geld vorhanden, gab es die EC-Karte noch? Mangels der ausgefallenen Energie konnten sich viele Menschen auch keine warmen Mahlzeiten zubereiten.

Die Versorgung der Menschen in der großen Anzahl über das ganze Gebiet stellte sich anfangs als fast unlösbar dar. Die Verpflegungs-Einheiten des Katastrophenschutzes waren nicht auf die Dauer der Lage ausgelegt. Auch war ein ständiger Wechsel der Einheiten nicht von Vorteil. Viele freiwillige Helfende und Imbissbudenbetreiber stellten ihre Fahrzeuge auf und versorgten die Bevölkerung monatelang spendenfinanziert. Mit dem DRK wurde eine mobile Küche aufgebaut, die pro Tag 10 000 Mahlzeiten kostenpflichtig zubereitete und im Schadensgebiet an festen Ausgabestandorten verteilte.

Müll/Schrottautos
Durch das Wasser wurde in tausenden Haushalten das Inventar unbrauchbar und ein Fall für die Entsorgung. Die Einwohner leerten ihre Häuser, indem sie den Müll einfach auf die Straße und Gehwege warfen. Es entstand zum Schluss eine Müllmenge, die vergleichbar mit der gesamten Sperrmüllmenge der letzten 50 Jahre war. Es mussten Zwischenlager angelegt werden, da die Deponien selbst im größeren Umkreis nicht in der Lage waren, diese Müllmengen aufzunehmen und zu verwerten. Bei den Müllplätzen stellte sich auch stets die Frage des Eigentums und der Genehmigungspflicht, nicht zuletzt aus Wasserschutzgründen. Ein besonderes Problem stellte der kontaminierte Schlamm aus den Abwasserkanälen dar. Auch dieser musste ob der Menge zwischengelagert werden.

Über 4 000 Fahrzeuge aller Art vom Kleinwagen bis zum Lkw lagen von den Wassermassen zerstört oder weggeschwemmt auf Straßen, teilweise übereinander getürmt, in Gärten hinter den Häusern, auf Dächern, in Bäumen. Alle mussten geborgen und den Eigentümern zugeordnet werden. Auch hier wurden Sammelplätze eingerichtet und die Fahrzeuge dort großteils gestapelt. Manche Sammelplätze hatten mehrere hundert Fahrzeuge vor Ort, was auch ein großes Sicherheitsrisiko in Bezug auf einen möglichen Brand bedeutete. Da die Fahrzeuge von diversen Firmen dorthin verbracht wurden, war eine Registrierung sehr schwierig und

3.3 Übergang von Schock- zu Stressereignissen im Ahrtal

aufwendig. Es gab tausende Anfragen von Eigentümern und Versicherungen, ob ihre Fahrzeuge an einem der Plätze wortwörtlich aufgetaucht seien.

4 Herausforderungen bei einem Vegetationsbrand

4.1 Bewältigung von Schockereignissen am Beispiel des Waldbrandes bei Lübtheen im Jahr 2019 aus Sicht der zivil-militärischen Zusammenarbeit

Gerd Kropf – Brigadegeneral des Heeres der Bundeswehr a. D., ehemaliger Kommandeur des Landeskommando Mecklenburg-Vorpommern

Grundlagen

Bei jeder Krise und Katastrophe, vor allem aber bei sogenannten »Schockereignissen«, die unerwartet eintreten, von kurzer Dauer sind und verheerende Auswirkungen haben, sind die richtigen Entscheidungen zum richtigen Zeitpunkt der Schlüssel zum Erfolg. Das schnelle Überwinden der bei Katastrophen immer eintretenden »Chaosphase« zu Beginn und die zügige Aufnahme einer geordneten Stabsarbeit zum zielgerichteten Einsatz von Kräften und Mitteln im Rahmen der Krisenbewältigung, erfordern Führungsfähigkeit und Durchsetzungsvermögen der politisch Verantwortlichen.

Der Umgang mit diesen Ereignissen stellt für alle Beteiligten eine Belastungssituation dar, sowohl persönlich als auch im Hinblick auf die Aufgaben in einem für die Bewältigung eingesetzten Team. Dies gilt für Einsatzkräfte und Stäbe gleichermaßen. Die Erfahrung lehrt, dass dann, wenn man sich mit diesen Lagen weit im Vorfeld beschäftigt hat, wenn man weiß, welche Aufgaben man hat und vor allem, wenn die Erfüllung dieser Aufgaben geübt wurde, die Widerstandsfähigkeit steigt und die innere Anspannung abnimmt.

Unsere Einsatzkräfte, sowohl vom Ehrenamt als auch vom Hauptamt, sind grundsätzlich gut ausgebildet, üben regelmäßig und haben zu großen Teilen Einsatzerfahrung. Dies gilt allerdings weniger für zivile Stäbe, gleich in welcher internen Struktur und Zusammensetzung sie zusammentreten.

Jeder politisch Gesamtverantwortliche sollte sich also sehr früh einige Fragen stellen und sie ehrlich beantworten:

4.1 Bewältigung von Schockereignissen: Der Waldbrand in Lübtheen

1. Fühle ich mich persönlich für die Übernahme von Verantwortung und Führung in Krise und Katastrophe vorbereitet?
2. Ist das mir zur Verfügung stehende Team in meinem Verantwortungsbereich dazu gut ausgebildet?
3. Weiß jeder, welche Aufgaben er zu übernehmen hat?
4. Wurden diese Aufgaben bereits geübt?
5. Steht mir genügend ausgebildetes Personal zur Verfügung, um mehrere Tage und Nächte durchzuhalten?

Sollten eine oder mehrere Fragen mit »Nein« beantwortet werden, ist die politische Kraft Veränderungen herbeizuführen der erste Schritt in die richtige Richtung. Wer vom Reden zum Handeln kommen will, benötigt aber einen langen Atem.

»Auch die längste Reise beginnt mit dem ersten Schritt« (Lao-Tse 6. Jh v. Chr)

Selbst die besten Einsatzkräfte brauchen klare Weisungen, Prioritäten und politisch legalisierte Einsatzaufträge. Das Wissen um die Bedeutung von Stäben und das Zulassen fachlicher Beratung ist also für die politischen Gesamtverantwortlichen die Grundlage für den zielgerichteten Ansatz der Einsatzkräfte. Eine gute und in regelmäßigen Abständen zu überprüfende Vorbereitung der Mitglieder der Stäbe ist dabei zwingend erforderlich.

Dabei gilt es auch bei kürzeren Krisen und Katastrophen, erfahrungsgemäß über einen Zeitraum von mehreren Tagen, die Durchhaltefähigkeit bei Stäben und Einsatzkräften zu berücksichtigen. Im vorliegenden Fall des Waldbrandes bei Lübtheen wurde der Stab in einem 2-Schichtsystem (12 Stunden/Schicht) und die Einsatzkräfte in einem 4-Schichtsystem (6 Stunden/Schicht) eingesetzt. Daraus ergibt sich die grundsätzlich benötigte Gesamtzahl von Personen, die im Einsatz und im Rahmen der Ausbildung verfügbar sein müssen. Die Anzahl der Mitglieder der Stäbe steigt, wenn aus verschiedenen Gründen ein 3-Schichtsystem (8 Stunden/Schicht) gewählt werden sollte.

Im Gegensatz zu militärischen Stäben, die Vorbereitung, Ausbildung und Übungen als dienstlichen Auftrag durchführen können, schränken im zivilen Bereich die Verfügbarkeit von Hauptamt (Grundbetrieb in den Verwaltungen) und Ehrenamt (berufliche Bindung) sowie die dadurch entstehenden Kosten dies grundsätzlich ein. Diese Diskrepanz kann in der Regel nur durch den politischen Willen, Krisenbewältigung als Schwerpunktthema zu sehen, gelöst werden.

Militärische Führer werden ernannt. Ein großer Teil ihrer Ausbildung ist fokussiert auf Führungsfähigkeit, Führungsverhalten und die Arbeit in Stäben, auch in Krise und

4 Herausforderungen bei einem Vegetationsbrand

Krieg. Politisch Verantwortliche werden gewählt, dabei spielen richtigerweise auch andere Kriterien eine Rolle. Umso mehr kommt im zivilen Bereich der beratenden Funktion von Stäben bei Krisen und Katastrophen eine wichtige Bedeutung zu.

Grundsätzlich kann festgestellt werden: Je besser Stäbe und Einsatzkräfte ausgebildet sind, desto widerstandsfähiger und routinierter sind sie vor allem auch in Ausnahmesituationen. Hier gibt es keinen Unterschied zwischen zivilen und militärischen Kräften.

Der gravierende Unterschied zwischen Hauptamt (Polizei, Bundeswehr etc.) und Ehrenamt (Freiwillige Feuerwehren, Technisches Hilfswerk etc.) liegt allerdings im Freiwilligkeitsprinzip. Da sich der Katastrophenschutz in der Bundesrepublik Deutschland zu großen Teilen auf das Ehrenamt stützt, ist dies bereits im Vorfeld bei allen Überlegungen zu berücksichtigen.

Damit schließt sich der Kreis: Die Bewältigung von Krisen und Katastrophen ist in Deutschland grundsätzlich nicht die politische Hauptaufgabe. Das Nachdenken über diese Themen tritt daher vielfach in den Hintergrund. Oft beschäftigt man sich erst damit, wenn der Fall eingetreten ist. Wertvolle Zeit geht verloren und die Chaosphase verlängert sich.

Der Grundsatz »Nach der Krise ist vor der Krise« wird nicht überall umgesetzt. Eine Auswertung nach dem Ende einer Katastrophe im Hinblick auf das Erkennen und das Abstellen gemachter Fehler und vor allem das daraus eventuell resultierende Bereitstellen von Finanzmitteln zur Verbesserung von Kommunikationsmitteln, Infrastruktur und Fähigkeiten der Einsatzkräfte verläuft meist schleppend oder im Sande. Oft wird zu schnell wieder zum »Business as usual« übergegangen.

Die daraus abzuleitende Konsequenz sollte sein, dass in einem ersten Schritt das Bewusstsein aller politisch Gesamtverantwortlichen für den Umgang mit Krisen und Katastrophen geschärft werden muss. Dabei sollte vor allem der gravierende Unterschied zwischen allgemeinen politischen Entscheidungen, die auf ihrem Weg durch die Gremien Zeit benötigen und auch in einem Kompromiss enden können, und Entscheidungen in Krise und Katastrophe, die in einem engen zeitlichen Rahmen und alleinverantwortlich zu treffen sind, herausgestellt werden.

Schockereignisse sind nicht planbar. Die schnelle Alarmierung von Einsatzkräften ist auch im Alltag die Regel. Bei zivilen Stäben sieht dies grundsätzlich anders aus. Deren Zusammensetzung ist in der Lehre ausreichend beschrieben. Für die Beantwortung der Frage, welche Person nach welchem Alarmierungssystem welche Funktion übernimmt und vor allem für deren Ausbildung ist der jeweilig Zuständige verantwortlich. Hier gibt es allerdings oft Nachholbedarf.

In einem zweiten Schritt ist daher die Personalgewinnung für die Stäbe und deren Ausbildung von entscheidender Bedeutung. Dabei sollte eine sogenannte Doppel-

4.1 Bewältigung von Schockereignissen: Der Waldbrand in Lübtheen

besetzung vermieden werden. Das heißt, dass insbesondere beim Ehrenamt in vielen Fällen mehrere Ämter von einer Person ausgeübt werden (z. B. Amtsfeuerwehrführer:innen, stellvertretender Bürgermeister und Mitglied in einer Verwaltung gleichzeitig). Eine zusätzliche Einplanung für einen Einsatz in einer Technischen Einsatzleitung oder in einem anderen Stab führt insbesondere bei komplexen Lagen zwangsläufig zu einem Interessenkonflikt, der im Vorfeld geklärt werden sollte.

In jedem Fall sollten dabei Reserven gebildet werden, um auf besondere Situationen wie Krankheit, Urlaub, Lehrgänge, familiäre Situation und Ähnliches reagieren zu können.

Zusammenfassend ist daher festzustellen, dass eine umfassende gedankliche, konzeptionelle, materielle und ausbildungsmäßige Vorbereitung auf Krisen und Katastrophen weit im Vorfeld die Voraussetzungen für eine erfolgreiche Bewältigung schafft.

»*Die Wahrheit einer Absicht ist die Tat*« *(Georg Wilhelm Friedrich Hegel, 1770–1831)*

Der Brand

Der Waldbrand bei Lübtheen im Sommer 2019 brach während der Hitzewelle in Europa am 30. Juni aus und hatte eine maximale Ausdehnung von 1 200 Hektar. Zeitweise waren mehr als 3 000 Einsatzkräfte aus mehreren Bundesländern und verschiedenen Organisationen mit unterschiedlichen Fähigkeiten im Einsatz. Vier Ortschaften mit mehr als 700 Einwohnern mussten evakuiert werden.

Er war trotz seiner räumlichen Ausdehnung und den Gefahren für Leib und Leben vieler Menschen eine sogenannte »Punktlage«, da alle Einsatzkräfte im weiteren Verlauf zusammengefasst, auf ein Ziel hin ausgerichtet, eingesetzt werden konnten.

Diese Situation ist nicht vergleichbar mit sogenannten »Komplexen Lagen«, die gleichzeitig an verschiedenen, weit auseinanderliegenden Orten mit unterschiedlichen Katastrophenszenarien (z. B. Hochwasser, Brand, Explosion) im Zuständigkeitsbereich einer Unteren Katastrophenschutzbehörde, stattfinden und daher einheitlich koordiniert werden müssen.

Der Brand hatte sich beginnend jeweils am 25. Juni und am 28. Juni aus mehreren, zeitlich gestaffelten, kleineren Bränden entwickelt, die nach den Grundsätzen der Feuerwehrdienstvorschrift 100 (FwDV 100) durch die zuständigen Einsatzleitungen abgearbeitet wurden. Diese für den Einsatz von gut ausgebildeten Feuerwehrkräften grundsätzlich »normale« Lage veränderte sich durch die rasante

Ausbreitung des Feuers und die Bedrohung von mehreren Ortschaften allerdings sehr schnell.

Durch den zuständigen Landrat wurde der Katastrophenfall ausgelöst und der Einsatz einer Technischen Einsatzleitung angeordnet. Diese wurde im Feuerwehrgerätehaus in Lübtheen eingerichtet.

Wie die weitere Lageentwicklung zeigte, hatten diese Entscheidungen viele Vorteile, aber auch einen Nachteil. Wesentlicher Vorteil war die schnelle und vorbehaltlose Ausrufung des Katastrophenfalls. Dadurch bestand die Möglichkeit, weitere Kräfte und Fähigkeiten anderer Blaulichtorganisationen und der Bundeswehr im Rahmen der Amtshilfe zur Unterstützung anzufordern. Dies wurde richtigerweise den zu erwartenden finanziellen Belastungen für den Landkreis übergeordnet.

Bereits sehr früh war erkennbar, dass im Rahmen der Lageentwicklung mehrere Faktoren zusammenkamen, die die Arbeit der Einsatzkräfte behinderten und die weitere Entscheidungen nach sich ziehen mussten.

Entscheidender Faktor zu diesem Zeitpunkt war die Ausdehnung des Brandes auf den ehemaligen Truppenübungsplatz Lübtheen, der auf Grund der Munitionsbelastung aus vergangenen Zeiten zum Sperrgebiet mit Flächen der Kategorie 4 erklärt worden war.

Die damit eintretende Herausforderung war, dass bereits während der Nutzungsphase durch die Bundeswehr, Teile des Platzes der sogenannten »Fauna-Flora-Habitat-Richtlinie« (Richtlinie 92/43/EWG) zugeordnet wurden. Diese Richtlinie bedeutet im Kern, das benannte Gebiet so zu erhalten, wie es vorgefunden wurde. Konkret wurde dabei das vorhandene Wegenetz weiter gepflegt und die Zufahrten in das Innere des ehemaligen Truppenübungsplatzes von Bewuchs freigehalten.

Am 17. Juni 2015 wurde auf Beschluss des Haushaltsausschusses des Deutschen Bundestages die »Lübtheener Heide« in das Nationale Naturerbe überführt. Dies wiederum hatte zur Folge, dass die oben beschriebene Pflege nicht mehr erfolgte und das Gebiet zuwachsen konnte. Im Laufe der Zeit holte sich die Natur das Gelände zurück, das Wegenetz und die Zufahrten waren nicht mehr erkennbar.

Diese Entscheidungen waren seiner Zeit so getroffen worden. Über deren Zweckmäßigkeit im Hinblick auf Brände brauchte also in der aktuellen Lage nicht mehr diskutiert zu werden. »Ein Problem, dass ich nicht lösen kann, ist ein Fakt, den ich berücksichtigen muss.« (zitiert nach Generalleutnant a. D. Hans-Werner Wiermann).

Im Ergebnis hatten es die Einsatzkräfte dadurch mit einem gesperrten Gelände zu tun, das munitionsbelastet war und die früher genutzten Wege nicht mehr erkennbar waren. Rechtlich gesehen war damit das Betreten der belasteten Flächen verboten. Auf Grund der Gefahr für Leib und Leben der Einsatzkräfte durch die deutlich

4.1 Bewältigung von Schockereignissen: Der Waldbrand in Lübtheen

hörbaren Explosionen konnte und wollte sich der verantwortliche Landrat darüber auch richtigerweise nicht hinwegsetzen.

Dadurch konnten die Feuerwehrkräfte die betroffenen Ortschaften in unmittelbarer Nachbarschaft dieses Gebietes lediglich verteidigen, ein Vorgehen in das Sperrgebiet zur Brandbekämpfung war nicht möglich. Eine signifikante Erhöhung der Einsatzkräfte war daher erforderlich und die Evakuierung von bis zu diesem Zeitpunkt mindestens drei Ortschaften war vorzubereiten.

Damit wurde wiederum sehr früh deutlich, dass die Kräfte und Mittel der Technischen Einsatzleitung (Ehrenamt) in der Gliederung gemäß der FwDV 100 nicht mehr ausreichend waren und diese operativ-taktische Komponente durch eine administrativ-organisatorische Komponente ergänzt werden musste. Nach der reinen Lehre der FwDV 100 hätte dies ein Leitungsstab, ein Stab für außergewöhnliche Ereignisse oder eine Leitungs- und Koordinierungsgruppe sein können.

Richtigerweise erkannte der zuständige Landrat, dass der entscheidende Faktor in dieser Situation das Gewinnen von Zeit war. Die Einrichtung eines weiteren Stabes, eventuell an einem anderen Ort, wäre in dieser Hinsicht kontraproduktiv gewesen. Es wurde daher entschieden, dass die bestehende Technische Einsatzleitung durch Personal des Hauptamtes, mit Masse aus dem zuständigen Fachdienst und der Verwaltung, verstärkt werden sollte. Damit arbeiteten das operativ-taktisch führende Ehrenamt und das administrativ-organisatorisch unterstützende Hauptamt nebeneinander und miteinander in einem Stab.

Die Meinungen zu einer solchen Arbeitsweise gehen in der Lehre auseinander. Gute Gründe sprechen für die Arbeit mit zwei Stäben. Ein sogenannter Krisenstab und ein parallel arbeitender Führungsstab sind bei vielen Unteren Katastrophenschutzbehörden die Regel. Die gewonnenen praktischen Erfahrungen bei einem Schadensereignis dieser Größenordnung sprechen rückwirkend betrachtet allerdings eine andere Sprache.

Der entscheidende Punkt war »vor die Welle zu kommen«. Entscheidungen mussten schneller fallen, als sich der Brand ausdehnen konnte. Die Geschwindigkeit der Umsetzung musste dem angepasst werden und die operativ geplanten Maßnahmen mussten durch Verwaltungshandeln vorbereitet und umgesetzt werden.

Konkret bedeutete dies: Die ehrenamtliche Einsatzleitung entwickelte die operative Idee, die hauptamtlichen Verwaltungsmitglieder prüften die Durchführbarkeit und den Zeitbedarf, holten fachliche Expertise ein und bereiteten den rechtlich geprüften Entscheidungsvorschlag vor. Die Anweisungen an die Einsatzkräfte erfolgten danach durch die Einsatzleitung.

Der Nachteil war jedoch, dass die gewählte Infrastruktur für den Aufwuchs des Personals grundsätzlich nicht geeignet war. Geordnete Stabsarbeit war nur durch das

Durchsetzen von geeigneten Ordnungsmaßnahmen möglich. Durch geregelte Abläufe und die Disziplin aller Beteiligten konnte dieser Nachteil kompensiert werden.

Besonders die konsequente Einhaltung der Zeitpläne machte sich dabei positiv bemerkbar. Morgenlage, Abendlage mit Lagevortrag zum Schichtwechsel und zwei regelmäßige Pressekonferenzen sowie feste Zeiten zum Abgleich der Personal- und Materiallage sollen hier explizit angesprochen werden.

Die Lehre aus dieser Entwicklung im Nachhinein war, dass auf Grundlage einer Risikoanalyse die kreisweite Erkundung von geeigneten Liegenschaften angeordnet wurde.

Der Brand entwickelte sich schnell zum größten Waldbrand in der Geschichte Mecklenburg-Vorpommerns. Das gesteigerte Interesse von Politik und Medien war zu erwarten, das tatsächliche Ausmaß allerdings nicht vorauszusehen. Auch hier wurden frühzeitig zwei Entscheidungen getroffen, die sich im weiteren Verlauf als richtig herausstellten:

Erstens, auch im Hinblick auf die Politik, wurde die alleinige Verantwortung durch den Landrat nach Landesrecht herausgestellt und der Übergang vom »Stuhlkreis« (»man müsste, man sollte, man könnte«) zum System der Beurteilung der Lage (Lagefeststellung, Abwägen der Möglichkeiten, Entscheidung) im kleinen Kreis festgelegt.

Zweitens wurde die Vorbereitung und Durchführung von zwei Pressekonferenzen täglich und die Etablierung sogenannter »Zaungespräche« (außerhalb des Gebäudes der Technischen Einsatzleitung) mit den Journalisten zur Beantwortung von Fragen angeordnet. Dadurch und durch begleitete Fahrten der Medienvertreter zu den Einsatzorten konnte der für alle Beteiligten gefährliche »Katastrophentourismus« eingeschränkt werden.

Diese und andere Entscheidungen hinsichtlich Verfahren, Abläufen, Zeitplänen und Organisation der Krisenbewältigung durch den politisch Gesamtverantwortlichen entsprachen, vermutlich intuitiv, den in der FwDV 100 in der Ziffer 2 »Führung und Leitung« angesprochenen Grundsätzen. Führungspersönlichkeit, Führungsverhalten, Führungsstil und die konsequente Einhaltung der Auftragstaktik führten zu einer hohen Motivation, Selbständigkeit und stringenter Umsetzung von Aufträgen bei allen Beteiligten.

Die im kleinen Kreis durchgeführte Lagefeststellung war zu diesem Zeitpunkt einfach, aber hochkritisch:

- Das Feuer war bei drei Ortschaften auf etwa 500 Meter herangerückt.
- Durch die Munitionsbelastung und das Sperrgebiet musste von den Einsatzkräften ein Sicherheitsabstand von 1 000 Metern eingehalten werden.

4.1 Bewältigung von Schockereignissen: Der Waldbrand in Lübtheen

- Die befestigten Wege des ehemaligen Truppenübungsplatzes, die jahrelang genutzt wurden, waren zugewachsen und nicht mehr erkennbar.
- Die Bewegungsmöglichkeiten der Einsatzkräfte waren nicht mehr gegeben, sie konnten sich nur auf die Verteidigung der Ortschaften beschränken.

Das Abwägen der Möglichkeiten führte vor allem auf Initiative der ehrenamtlichen Einsatzleitung zu dem Schluss, dass die Einsatzkräfte zwingend im Sperrgebiet operieren mussten, um die Ortschaften schützen zu können. Der Landrat und der zuständige Munitionsbergungsdienst des Innenministeriums stimmten dieser Absicht mit der Einschränkung zu, dass sich die Einsatzkräfte nur auf den ehemaligen und damit befahrbaren Wegen vorarbeiten dürfen. Es wurde daher zunächst eine Raum- Zeitberechnung angeordnet:

- Wie lange wird es dauern, bis ehemalige Angehörige des damaligen Truppenübungsplatzes mit Ortskenntnis anreisen können?
- Wie viel Zeit kostet die Erkundung des Wegenetzes?
- Wann können Räumkapazitäten der Bundeswehr verfügbar sein?
- Wie viel Zeit wird benötigt, um Schneisen entlang der Ortschaften zu schieben?
- Wie lange können die Ortschaften noch verteidigt werden?
- Wann können zusätzliche Einsatzkräfte eintreffen?

Im Ergebnis wurde ein verfügbares Zeitfenster von 24 Stunden errechnet und der sofortige Beginn der administrativen Maßnahmen angeordnet.
Zum Verständnis der nunmehr erforderlichen Stabsarbeit hier einige Beispiele:

- Einleitung der Suche nach ortskundigem ehemaligem Personal durch das Landeskommando Mecklenburg-Vorpommern in Schwerin.
- Anordnung der Verlegung von schwerem Räumgerät zunächst aus Hagenow durch das damalige Kommando Territoriale Aufgaben der Bundeswehr in Berlin.
- Amtshilfeersuchen an vier Bundesländer zur Unterstützung mit Wasserwerfern.
- Vorbereitung der Erkundung durch den Munitionsbergungsdienst des Landes Mecklenburg-Vorpommern.
- Schaffen der Rechtssicherheit durch das Innenministerium des Landes Mecklenburg-Vorpommern.
- Vorbereitung der Einweisung der Einsatzkräfte durch den/die Einsatzleiter:in.

4 Herausforderungen bei einem Vegetationsbrand

- Planerische Prüfung der freizuschiebenden Schneisen durch die Technische Einsatzleitung.
- Prüfung der Unterbringung und Verpflegung von weiteren 500 Einsatzkräften.

Gleichzeitig wurde durch den Landrat angeordnet, zum Schutz der Menschen und Tiere die bedrohten, mittlerweile vier, Ortschaften zu evakuieren. Durch diese Entscheidung war nunmehr, militärisch gesprochen, eine sogenannte »Operation innerhalb einer Operation« erforderlich, die der Stab ebenfalls unter hohem Zeitdruck vorbereiten musste.

Bei der Bekämpfung des Brandes lag die Koordination der Kapazitäten der Feuerwehren, der Wasserwerfer der Polizeien, der Löschhubschrauber von Bundespolizei und Bundeswehr sowie die Einsatzplanung des schweren Räumgeräts in Verantwortung der Einsatzleitung. Die benötigte Luftraumordnung wurde durch das Innenministerium festgelegt und der Luftraum für zivile Flugzeuge gesperrt. Dadurch hatte die Landespolizei die Möglichkeit, auch gegen Drohnenflüge vorzugehen, die für Fotos eingesetzt wurden und die Hubschrauber gefährdeten.

Als Beispiel für die zwingend erforderliche Unterstützung der Einsatzkräfte durch Verwaltungshandeln soll an dieser Stelle die Bereitstellung von Wasserreserven für die Löschhubschrauber herausgestellt werden. Zeitweise wurden deren Löschwasser-Behälter im Schweriner See befüllt. Nach Beratung durch hinzugezogene Fachexpertise musste dies eingestellt werden, da der Wasserspiegel die vorgegebene Mindestmarke erreicht hatte. Neue Entnahmestellen mussten gefunden und die Hubschrauber durch die Einsatzleitung umgeleitet werden.

Zur Durchführung der Evakuierung waren andere Kräfte mit anderen Fähigkeiten und anderen Aufträgen erforderlich.

Die vorbereitende Information der Bevölkerung, die Registrierung aller Personen und Tiere, der qualifizierte Transport von älteren, kranken oder behinderten Menschen, die Vorbereitung von adäquater Unterbringung und nicht zuletzt der Schutz der dann »leeren« Ortschaften lag in der koordinierenden Verantwortung des Hauptamtes innerhalb der Technischen Einsatzleitung. Es war dabei erforderlich, alle notwendigen Schritte in der richtigen Reihenfolge und ohne Störung der Brandbekämpfung durchzuführen. Die Gesamtverantwortung für alle Entscheidungen blieb selbstverständlich beim Landrat.

Bei der Brandbekämpfung kam es also darauf an, Löschzüge der Feuerwehren, Wasserwerfer der Landespolizeien, Hubschrauber der Bundespolizei und der Bundeswehr, schweres Räumgerät sowie Fähigkeiten des Technischen Hilfswerks und der

4.1 Bewältigung von Schockereignissen: Der Waldbrand in Lübtheen

Landesforst zeitlich und räumlich so zu koordinieren, dass in einem bestimmten Abschnitt die gewünschte Wirkung erzielt werden konnte.

Im Rahmen der Evakuierung waren Fähigkeiten der anderen Blaulichtorganisationen wie Deutsches Rotes Kreuz, Landespolizei, Technisches Hilfswerk und anderen mit den umliegenden Gemeinden abzusprechen und zu koordinieren.

Beides nebeneinander konnte nur durch eine auf Basis der Lagebeurteilung vorzubereitende Raum- und Zeitplanung sowie eine dezidierte Einweisung aller Bereiche erfolgreich durchgeführt werden. Militärisch könnte man es »Befehlsausgabe« nennen.

»Verteidigen – Aufklären – Angreifen – Parzellieren – Einkesseln«. Begriffe des Operationsplans, die von mehreren tausend Einsatzkräften aus länderübergreifenden Feuerwehren, den Blaulichtorganisationen, von Bundes- und Landespolizei und natürlich der Bundeswehr verstanden wurden. Man sprach die gleiche Sprache und verwendete die gleichen Begriffe.

Dies wurde allerdings nicht überall positiv aufgenommen. Martin Kirsch schrieb am 04. Juli 2019 in einem Standpunkt in der Publikation der »Informationsstelle Militarisierung e V.«: »…die Naturkatastrophe (wurde) zu einem Kriegsschauplatz und die Pressekonferenz zum Ort der offensiven Militarisierung des Katastrophenschutzes – sowohl im praktischen Löscheinsatz als auch in den Köpfen der Zuschauer: innen«.

Das kann man natürlich grundsätzlich so sehen. Im Ergebnis führte aber das Benutzen einheitlicher Begriffe über die Organisationen hinweg zu einem umfangreichen Verständnis für das beabsichtigte Vorgehen und der abschnittsweise zu erreichenden Ziele. Militärisch gesehen gibt es den Satz: »Nur wer einheitliche Begriffe hat, kann führen.« Dadurch war der Einsatz erfolgreich und der Großbrand konnte letztendlich gelöscht werden.

Folgerungen

Die positiven Erfahrungen in der gemeinsamen Zusammenarbeit von führendem Ehrenamt und unterstützendem Hauptamt in einer Technischen Einsatzleitung führten beim Verwaltungsvorstand und dem zuständigen Fachdienst des betroffenen Landkreises zur Entwicklung des sogenannten »Modell Ludwigslust-Parchim« (LUP), das genau dies auch zukünftig bei den Technischen Einsatzleitungen vorsieht. Dabei werden selbstverständlich die Grundlagen der FwDV 100 berücksichtigt.

Die intensive nachbereitende Diskussion führte weitergehend zum Ergebnis, dass sich der zweitgrößte Landkreis Deutschlands auch auf die Bewältigung von mehreren parallel verlaufenden Großschadensereignissen vorbereiten muss.

Das Erstellen einer diesbezüglichen »Stabsdienstordnung Einsatz« wurde beauftragt und die Ausbildung von Stäben wurde als wesentlicher Punkt in der Vorbereitung erkannt. Der zuständige Fachdienst »Brand- und Katastrophenschutz« wurde dahingehend umstrukturiert und ein Fachgebiet »Ausbildung« implementiert.

Des Weiteren wurde im September 2022 eine Stabsrahmenübung über zwei Ebenen durchgeführt, die neben zwei weit auseinanderliegenden Großschadensereignissen auch eine flächendeckende, kreisweite Krise zum Inhalt hatte.

Im Rahmen der Übung mussten zwei Technische Einsatzleitungen und die Führungsgruppen der Ämter durch den übergeordneten Katastrophenschutzstab administrativ-organisatorisch koordiniert werden. Die Erfahrungen der Punktlage »Waldbrand« wurden also durch eine politische Entscheidung auf eine »Komplexe Lage« übertragen, um den Ergebnissen der Risikoanalyse für den Landkreis gerecht zu werden. Nach einer intensiven Auswertung konnten die Erfahrungen in die Stabsdienstordnung eingebracht werden.

Im Hinblick auf die Widerstandsfähigkeit der Einsatzkräfte wurden in der Nachbereitung die gute Versorgung durch mehrere Verpflegungspunkte, die zweckmäßige Unterbringung, eine flächendeckende Sanitätsversorgung, die regelmäßigen Ablösungen und der zeitgerechte Austausch von Einheiten positiv hervorgehoben.

Zusammenfassend kann festgestellt werden, dass durch dieses Großschadensereignis ein positives Umdenken der zuständigen Stellen und Verantwortlichen ausgelöst wurde, das mittlerweile die eingangs beschriebenen Grundlagen konsequent umsetzt.

»Beginne mit dem Notwendigen, dann tue das Mögliche und plötzlich wirst Du das Unmögliche tun.« (Franz von Assisi, 1181 oder 1182–1226)

4.2 Bewältigung von Schockereignissen am Beispiel des Waldbrandes bei Lübtheen im Jahr 2019 aus Sicht des Landkreises

Stefan Sternberg – Landrat des Landkreises Ludwigslust-Parchim und Sabrina Panknin – Pressereferentin, Büro des Landrates Ludwigsluft-Parchim

Sommer 2019 – ein Sommer der Superlative. Ein ehemaliger Truppenübungsplatz. Viele Hektar Wald. Und plötzlich brennt es. Ein Brand auf dem ehemaligen Truppenübungsplatz Lübtheen ist genau das Szenario, das sich ein Landrat – per Gesetz der Leiter der Unteren Katastrophenschutzbehörde – nicht wünscht. Schließlich liegt im Boden noch immer Munition, zirka 45 Tonnen je Hektar.

Zwischen dem ersten Feuer und dem Waldbrand, der als größter in die Nachkriegsgeschichte Mecklenburg-Vorpommerns eingehen wird, liegen nur wenige Tage. Der Anruf, dass es wieder brennt, kommt an einem Sonntag – zur Mittagszeit. Dann geht alles ziemlich schnell. Von Grabow geht es nach Lübtheen. Bereits Ludwigslust, nur 30 Kilometer vom Brandgeschehen entfernt, ist stark verraucht. Jetzt ist die Katastrophe da. Dieser Gedanke geht einem durch den Kopf. Doch wie jetzt weiter?

Kein langes Warten in Lübtheen. Bloß keine Zeit verlieren. Ab in den Helikopter. Wie beim Angriff der Klonkrieger sah die Brandfläche aus der Vogelperspektive aus. Als begeisterter Star Wars-Fan ist es genau die passende Beschreibung dessen, was aus dem Helikopter gesehen wurde.

Die Phase des »Total-Erschrockenseins« schwindet. Bisherige Erfahrungen aus Krisen und Katastrophen wurden bereits gesammelt – unter anderem bei den Hochwassern an der Elbe. Beim Waldbrand – ein Dreivierteljahr als Landrat im Amt – ist es anders. Alle Augen sind auf einen gerichtet. Immer mehr rückt Lübtheen in den Fokus, ins Interesse der breiten Öffentlichkeit – bundesdeutsche Medien reisen zum Ort des Geschehens. Landes- und Bundespolitiker kommen und wollen sich einen Überblick verschaffen. An mehreren »Fronten« gleichzeitig muss die Lage im Blick behalten werden – Feuer, Altlasten, Politik, Medien.

Lübtheen ist deutschlandweit plötzlich in aller Munde. Jetzt kommt es darauf an, Ruhe zu bewahren. Trotz der eigenen inneren Unruhe ist es immens wichtig, diese Unruhe nicht zu zeigen. Einen kühlen Kopf bewahren, lautet die Devise. Jetzt muss strukturiert vorgegangen werden. Ein gutes Team um einen herum braucht es ebenfalls. Vertrauen ist das oberste Gebot der Stunde. Vor allem zu Beginn eines

4 Herausforderungen bei einem Vegetationsbrand

Ernstfalls, wenn sich der Katastrophenschutzstab eines Landkreises oder einer kreisfreien Stadt noch in der sogenannten Chaosphase befindet, kommt es auf strukturiertes Handeln an. Jetzt mit dem »Kopf durch die Wand« würde niemandem helfen.

Unaufhörlich brennt der Waldboden. Zu Beginn des Brandes am 30. Juni 2019 sind gegen 15 Uhr gut 35 Hektar betroffen. Am selbigen Abend gegen 23 Uhr sind es bereits 432 ha. Das Feuer breitet sich aus. Mehrere hundert Einsatzkräfte sind vor Ort. Es brennt. Es qualmt. Es knallt. Ein Rankommen ans Brandgeschehen geht aus Sicherheitsgründen nicht. Mindestens 1 000 Meter Abstand müssen eingehalten werden, zu gefährlich ist die explodierende Munition im Boden. Altlasten der Wehrmacht, der Nationalen Volksarmee, der Bundeswehr. Ab dem 2. Juli 2019 brennt es auf zirka 1 200 Hektar Waldfläche. Vieles ist bedroht: Menschen, Tiere, ganze Ortschaften.

Der Waldbrand von Lübtheen im heißen Sommer 2019 – dem mittlerweile zweiten heißen Sommer in Folge – wird niemand der Beteiligten so schnell vergessen. Zu eindrücklich sind die Erfahrungen, die Erlebnisse aus diesen Tagen. Doch Lübtheen war nur eine Katastrophe. Es wird weitere geben, das lehren uns die Erfahrungen der vergangenen Jahre: Corona-Pandemie, Cyber-Angriff, Afrikanische Schweinepest, Ukraine-Krieg – und die daraus resultierende Energiekrise.

»Sometimes you win, sometimes you learn.«

Dieses Zitat vom amerikanischen Buchautor John C. Maxwell beschreibt sehr gut die Erfahrungen aus dem größten Waldbrand in der Nachkriegsgeschichte Mecklenburg-Vorpommerns. »Manchmal gewinnst du, manchmal lernst du.« Aus dem Vegetationsbrand auf dem ehemaligen Truppenübungsgelände Lübtheen im Sommer 2019 wurden viele Erfahrungen gezogen, es wurde gelernt. Schlussendlich aber auch gewonnen. Ohne diese Erfahrungen beim Waldbrand wären einige Entscheidungen anders ausgefallen. Eventuell gäbe es keine neue Stabsdienstordnung des Landkreises Ludwigslust-Parchim. Dann gäbe es heute aber auch nicht das Modell LUP, das gerade 2019 zum Erfolg geführt hat.

30.06.2019, 18:48 Uhr: Es herrscht Katastrophenalarm im Landkreis Ludwigslust-Parchim. Dem zweitgrößten Landkreis Deutschlands. 4 767 Quadratkilometer Fläche, Mitglied der Metropolregion, zentral gelegen an der A14 und A24, zwischen Berlin und Hamburg, inmitten von viel Natur. Der Landkreis Ludwigslust-Parchim hat mehr als 1 000 Kilometer Kreisstraßen, 120 Kilometer Müritz-Elde-Wasserstraße, 59 Natur-

4.2 Der Waldbrand in Lübtheen aus Sicht des Landkreises

schutzgebiete, zwei Biosphärenreservate mit insgesamt 72 000 Hektar – einmalig in ganz Deutschland.

Doch so viel Fläche birgt auch Gefahren. Mal von Straßen und Wasserwegen abgesehen, liefert allein der Faktor Wald schon ein großes Gefährdungspotential. Im gesamten Bundesland Mecklenburg-Vorpommern gibt es – laut Gefährdungsanalyse des Landes – mehrere Gefahrenschwerpunkte: Epidemien, Hochwasser, Extremwetterlagen... Und natürlich Waldbrände. Vor allem in einem Landkreis wie Ludwigslust-Parchim, der von Waldgebieten durchzogen ist. Die dominierende Baumart ist die Kiefer. Dabei handelt es sich um eine Monokultur, die noch zu DDR-Zeiten entstanden ist. Das ist ein wesentlicher Unterschied zu Wäldern in Westdeutschland. Und ein wesentlicher Punkt bei einer Gefährdungsanalyse. Denn vor allem die ätherischen Öle und Harze gelten als Brandbeschleuniger. Aufgrund der geringen Bevölkerungsdichte im Landkreis Ludwigslust-Parchim werden Waldbrände nicht so schnell erkannt, weshalb laut Analyse für den Landkreis im Bereich Wald das Gefährdungspotential als sehr hoch einzustufen ist – wie 2019 bei Lübtheen selbst erlebt.

Grundsätzlich sind Landkreise und kreisfreie Städte per Gesetz – als Untere Katastrophenschutzbehörde des Landes MV – dazu verpflichtet, Katastrophenschutz zu gewährleisten. Dazu müssen vorbereitende Maßnahmen getroffen werden. Das regelt unter anderem der Paragraf 9 des Landeskatastrophenschutzgesetzes sowie auch die neue Stabsdienstordnung des Landkreises Ludwigslust-Parchim. Eine vorbereitende Grundlage bilden dabei Gefährdungsanalysen, die Länder, Landkreise, kreisfreie Städte für sich erstellen sollten.

Krisenmanager:in zu sein, das kann niemand lernen. Wichtige Grundvoraussetzung aber für einen selbst, ist die Bereitschaft, Krisen zu erkennen und Krisen bekämpfen zu wollen. Die innere Einstellung, Haltung ist von grundlegender Bedeutung im Falle einer Katastrophe. Grundsätzlich aber sollten Landräte/-innen und Oberbürgermeister:innen sich dessen bewusst sein, dass ihnen nach Paragraf 16 des Landeskatastrophenschutzgesetzes MV (LKatSG MV) »die einheitliche Lenkung der Abwehrmaßnahmen einschließlich des Einsatzes der im Katastrophenschutz mitwirkenden Einheiten und Einrichtungen als untere Katastrophenschutzbehörde obliegen« (§ 3 LKatSG MV).

Insofern war der Waldbrand in Lübtheen 2019 auch eine gute Lehrstunde. Denn der Fokus lag nach einem Dreivierteljahr als Landrat im Amt alles andere auf einem Katastrophenfall, geschweige denn auf der Erarbeitung einer neuen Stabsdienstordnung.

Beim Waldbrand Lübtheen gab es keine Vorbereitung. Die Katastrophe kam schnell, deshalb wurde Vieles instinktiv entschieden. Um gute und klare Entscheidungen treffen zu können, braucht es ein gutes Team. Ein starkes Team. Vertrauen ist in einer Lage ein oberstes Gebot. Doch auch Strukturen benötigt es. Nachdem der Katastrophenschutzstab des Landkreises Ludwigslust-Parchim einberufen wurde, musste zunächst das weitere Vorgehen geordnet werden. Der Einsatz gegen das Feuer auf dem ehemaligen Truppenübungsplatz brauchte eine verlässliche Struktur. Gefährdungsanalysen, Stabsdienstordnungen sind keine Blaupausen für jede Krise. Jeder Kriseneinsatz ist und bleibt individuell. Dennoch benötigt es diese Grundlagen, die als ein Gerüst dienen, wenn der Katastrophenfall wie in Lübtheen 2019 eintritt.

Nach der anfänglichen sogenannten Chaosphase funktionierte der Einsatz in Lübtheen nach und nach immer besser. Bereits beim Waldbrand wurde nach dem »Modell LUP« vorgegangen, um »vor die Lage« zu kommen. Mit dem »Modell LUP«, dem Handeln von Haupt- und Ehrenamt im Team, weicht der Landkreis Ludwigslust-Parchim bewusst vom Standard ab.

Umstrukturierung Fachdienst Brand- und Katastrophenschutz

Fachgebiet Brandschutz, Fachgebiet Katastrophenschutz, Fachgebiet Ausbildungszentrum – diese drei Fachgebiete wurden als Konsequenz nach dem Waldbrand 2019 im Fachdienst Brand- und Katastrophenschutz aufgebaut, quasi neu geschaffen. Diese Umstrukturierung des Fachdienstes Brand- und Katastrophenschutz braucht es im Landkreis Ludwigslust-Parchim, um der Anforderung, eine flächendeckende Krise sowie zwei parallel stattfindende Schadensereignisse an unterschiedlichen Orten im Kreisgebiet bewerkstelligen zu können. Dazu benötigte es eine neue Fachdienststruktur mit mehr Personal und mehr Technik.

Es gehört zur Hauptaufgabe des Fachdienstes Brand- und Katastrophenschutz, Maßnahmen gegen Brände und Brandgefahren (Brandschutz) zu gewährleisten, wie auch die Abwehr von Katastrophen (Katastrophenschutz) vorzubereiten und abzuwehren. Um dies bewerkstelligen zu können, arbeitet der Fachdienst Brand- und Katastrophenschutz eng mit den Freiwilligen Feuerwehren in den Gemeinden des Landkreises zusammen, wie auch mit den Mitgliedern der im Katastrophenschutz mitwirkenden Hilfsorganisationen und ehrenamtlich Helfenden. Dies erfordert eine gute Planungs-, Koordinations-, Beratungs- und Unterstützungsleistung. Der Fachdienst mit seinen drei Fachgebieten bildet die Schnittstelle zu den ehrenamtlichen Organisationen des Brand- und Katastrophenschutzes. Dazu zählen die Freiwilligen Feuerwehren, das Technische Hilfswerk, das Deutsche Rote Kreuz, der Arbeiter Samariter Bund und die Deutsche Lebensrettungsgesellschaft.

4.2 Der Waldbrand in Lübtheen aus Sicht des Landkreises

Alle »Blaulichtorganisationen« (ASB, DRK, THW, PSNV, Bundeswehr, Kreisfeuerwehrverband, Polizei, Rettungsdienste, Medical Task Force) haben sich zum »Netzwerk Blaulicht« vereint zusammengeschlossen. Dieses Netzwerk startete erstmalig in 2022, mit dem Ziel, im Ernstfall schon vorher »Köpfe zu kennen«. Denn bei einem Schockereignis kommt es auf ein gutes Zusammenwirken aller Beteiligten an. Barrieren braucht es nicht. Innerhalb dieses Netzwerkes fand im Sommer 2022 der erste Blaulichttag und Blaulichtgottesdienst in Ludwigslust statt. Eine weitere Veranstaltung gab es dann im April 2023 – das 1. Blaulichtsymposium, in dessen Fokus Vorträge rund um einen »Massenanfall von Verletzten« – kurz MANV – stand. Die einzelnen Blaulichtorganisationen haben sich und ihre Arbeit in kurzen Vorträgen vorgestellt. Weitere Workshops innerhalb des Netzwerkes sind geplant und werden folgen, um gemeinsam im Einsatzfall immer »vor der Welle« zu sein.

Neue Stabsdienstordnung – »Modell LUP«

Im zweitgrößten Landkreis Deutschlands gibt es 224 freiwillige Feuerwehren mit insgesamt 6 527 Mitgliedern, zwei Betreuungszüge, zwei erweiterte Sanitätszüge, zwei Gefahrgutzüge, zwei Führungskomponenten der Technischen Einsatzleitung (TEL) sowie einen Rettungsdienst in Form eines Eigenbetriebes. Der Waldbrand hat gezeigt, dass es diese Strukturen und diese Einsatzkräfte braucht, um im Einsatz stark zu sein. Des Weiteren aber muss jedem bewusst sein, dass die Katastrophenabwehr nur im Einklang mit einem starken Ehrenamt funktioniert.

In Lübtheen waren nach Auslösen des Katastrophenalarms (KATAL) in der Spitze mehr als 3 000 Einsatzkräfte aus den unterschiedlichsten Organisationen im Einsatz. Darunter auch Kräfte aus der Verwaltung, dem sogenannten Katastrophenschutzstab des Landkreises Ludwigslust-Parchim. Die Mitglieder des KatStabes agieren nach den Vorgaben der Stabsdienstordnung. Sie ist als Dienstvorschrift zu verstehen; demnach werden die Mitglieder des KatStabes hauptamtlich eingesetzt. Im Unterschied zu den Mitgliedern der Freiwilligen Feuerwehren und weiterer Blaulichtorganisationen, ihr Einsatz beruht auf freiwilliger Basis. Bei allen Plänen und Konzepten, die zur Katastrophenabwehr erstellt werden, muss dies zwingend berücksichtigt werden.

Beim Waldbrand 2019 in Lübtheen kam es vor allem auf eins an: Schnelligkeit. Grundsätzlich obliegt im zivilen Krisenmanagement die operative Führung dem Ehrenamt – den Blaulichtorganisationen. Laut Stabsdienstordnung des Landkreises Ludwigslust-Parchim wird bei einem Großschadensereignis, das zeitlich und räumlich abzugrenzen ist, eine Technische Einsatzleitung (TEL) vor Ort eingerichtet. Die

Einsatzleitung der TEL übernimmt das Ehrenamt. Bei Brandkatastrophen und Technischen Hilfeleistungen werden die Freiwilligen Feuerwehren alarmiert – dies regelt der Paragraf 18 des Brandschutz- und Hilfeleistungsgesetz MV. So auch beim größten Waldbrand in der Nachkriegsgeschichte Mecklenburg-Vorpommerns. Nachdem sich das Feuer auf dem ehemaligen Truppenübungsgelände Lübtheen immer schneller ausbreitete und aufgrund der Trockenheit sowie des starken Windes sich auch ein Kronenbrand hätte entwickeln können, musste auf schnelles Handeln gesetzt werden. Dabei stieß die Technische Einsatzleitung (operativ-taktische Komponente) aufgrund der Munitionsbelastung im Boden und dem daraus resultierenden Einhalten des Abstandes von mindestens 1 000 Metern, schnell an ihre Grenzen. Wie die Mitglieder eines Katastrophenschutzstabes einer Behörde haben auch die Freiwilligen Feuerwehrkräfte eine Grundlage, auf der ihr Einsatz im Krisenfall basiert. Dies ist die Feuerwehrdienstvorschrift (FwDV) 100 »Führung und Leitung im Einsatz«. Dabei regelt diese Vorschrift Grundsätzliches: Wie wird vorgegangen? Wie wird geführt? Mit welchen Mitteln wird der Einsatz abgearbeitet?

Aufgrund der prekären Situation in Lübtheen zeigte sich schnell, dass die Mittel – laut FwDV 100 – nicht mehr ausreichen werden. Deshalb musste die operativ-taktische Komponente um die administrativ-organisatorische Komponente erweitert werden. Der Katastrophenschutzstab wurde alarmiert. Ganz nach dem Motto »Hauptamt stärkt Ehrenamt«. Dabei wurden Verwaltungsmitarbeitende aus dem Katastrophenschutzstab unterstützend in der Technischen Einsatzleitung (TEL) eingesetzt. Die taktischen Entscheidungen traf weiterhin der Leiter der TEL. Auf dessen Grundlage traf der Landrat als oberste:r Krisenmanager:in die Entscheidung. Nach Lagebesprechen wurde über Katastrophenfall wie auch Evakuierungen und Information an die Öffentlichkeit beraten und entschieden. Bereits in Lübtheen arbeiteten so Haupt- und Ehrenamt im Einsatz neben- und miteinander. Auf Augenhöhe. Dieses Abweichen vom Standard hat letztendlich auch zum Erfolg beim Waldbrand geführt. Das »Modell LUP« überstand seine erste richtige Feuertaufe und wurde zum Standard im Landkreis Ludwigslust-Parchim.

Dieser Standard wurde zu einem neuen »lebenden« Dokument – der neuen Stabsdienstordnung des Landkreises. Denn vor allem eines hat der Waldbrand 2019 gezeigt: Weitere Schockereignisse, Schadensfälle, sogar eine flächendeckende Katastrophe wäre auf Grundlage der alten Stabsdienstordnung nur schwer zu bewerkstelligen gewesen. Deshalb wurde das Schockereignis nach dem Waldbrand analysiert und reflektiert. Dabei stellte sich heraus, dass die Stabsdienstordnung von 2015 Lücken aufweist und an einigen Stellen veraltet ist. Des Weiteren gab es keine einheitliche Sprache. Die Stabsdienstordnung 2015 war so verfasst und geschrieben, dass es vor allem Behördenmitarbeitende gut verstehen. Doch bei Katastrophen

4.2 Der Waldbrand in Lübtheen aus Sicht des Landkreises

beziehungsweise Schockereignissen arbeiten viele Einsatzkräfte mit Verwaltungsmitarbeitenden zusammen. Unter anderem Bundeswehr, Technisches Hilfswerk, Polizei, Feuerwehren, Deutsches Rotes Kreuz. Deshalb war es wichtig, dass die neue Stabsdienstordnung sprachlich so angepasst wird, dass sie alle verstehen, dass alle eine Sprache sprechen. Damit wurde eine weitere Barriere im Ernstfall abgebaut – die der unterschiedlichen Begrifflichkeiten. Das ist eine Besonderheit im Landkreis Ludwigslust-Parchim. Nach dieser Erkenntnis wurde die Stabsdienstordnung des Landkreises – federführend durch den Fachdienst Brand- und Katastrophenschutz – gemeinsam mit externen Partnern wie dem Kreisfeuerwehrverband und der Bundeswehr grundlegend überarbeitet.

Fest verankert sind Organisationsformen in der Stabsdienstordnung – in der alten wie auch der neuen. Sie ergeben sich aus den Schadenslagen, die per Analyse für den Landkreis Ludwigslust-Parchim ermittelt wurden – unter anderem sind dies extreme Wetterlagen, Cyber-Angriffe, flächendeckender Stromausfall... Die Organisationsformen kommen in unterschiedlichen Phasen der Katastrophenabwehr zum Einsatz. Anders als die Stabsdienstordnung von 2015 hat die neue fünf Phasen der Katastrophenabwehr:

- 1. Phase: Einsatz des Fachdienstes Brand- und Katastrophenschutz (FD 38)
- 2. Phase: Einsatz des Krisenstabes
- 3. Phase: Einsatz einer Technischen Einsatzleitung (TEL)
- 4. Phase: Einsatz des Katastrophenschutzstabes
- 5. Phase: Einsatz des Katastrophenschutzstabes mit bis zu drei Technischen Einsatzleitungen (TEL)

Und anders als die Stabsdienstordnung von 2015, agieren fortan Einsatzkräfte aus dem Verwaltungsstab, dem Katastrophenschutzstab (administrativ-organisatorische Komponente), nebeneinander und miteinander – im Team – mit den Einsatzkräften des Ehrenamtes (operativ-taktische Komponente). Dies beschreibt das »Modell LUP«. Dazu zählt auch, dass weitere Barrieren wie unterschiedliche Fachbegriffe vereinheitlicht werden. Das verringert mögliche Missverständnisse, baut Barrieren immer mehr ab, stärkt zeitgleich den Zusammenhalt. Und nur dieser führt letztendlich zum Erfolg. Wie auch beim Waldbrand 2019 in Lübtheen.

Letztendlich kommt es aber nicht allein auf Konzepte, Gesetze und Verordnungen an, sondern auf Menschen, die einen tatkräftig im Krisenfall unterstützen. Ein »Leben in der Lage« kann nicht von jeder Einsatzkraft bewerkstelligt werden. Auch hier kommt es wieder auf ein starkes Team an – nicht nur physisch, sondern auch psychisch. Deshalb ist es neben den schriftlichen Grundlagen immer wieder von großer Bedeutung, dass sich die Teams untereinander gut kennen. Nicht nur auf

Verwaltungsebene, sondern auch im Ehrenamt. »Köpfe kennen« spielt im Kriseneinsatz eine große Rolle, zumal Barrieren schneller abgebaut werden können, das Miteinander im Einsatz funktioniert dann wie ein Zahnrad.

Auf Verwaltungsebene regelt dies auch die Stabsdienstordnung. Sie bildet die Basis nicht nur im Einsatz, sondern auch bei der Vorbereitung. Deshalb bildet sie auch das Grundgerüst für Schulungen, Workshops und Stabsrahmenübungen. Bereits im September 2022, nachdem die neue Stabsdienstordnung gut ein halbes Jahr in Kraft getreten war, wurde diese auf ihre Tauglichkeit hin überprüft. Eine großangelegte Stabsrahmenübung wurde vorgenommen. Drei Tage »Ernstfall« in Ludwigslust-Parchim. Zum Schockereignis gehörte erneut ein Waldbrand auf dem ehemaligem Truppenübungsplatz Lübtheen im Westen des Landkreises, im Osten bei Goldberg war eine Cargo-Maschine mit Gefahrgut abgestürzt und zu guter Letzt gab es durch einen Tornado einen großflächigen Stromausfall.

Bei der Stabsrahmenübung hat sich gezeigt, dass noch einige Stellschrauben nachgestellt werden müssen. Vor allem aber hat sich abgezeichnet, in welchen Bereichen, welche Kolleg:innen benötigt werden. Wer hat wo seine Stärken? Wer hat wo seine Schwächen? Ist es an mancher Stelle sinnvoll – je nach Stärken und Schwächen des einzelnen – den Einsatzbereich zu wechseln? Diese und weitere Fragen wurden analysiert und wurden nachgearbeitet.

Öffentlichkeitsarbeit

»Größter Waldbrand der Region: Qualm von Lübtheen zieht bis nach Berlin«
Schlagzeile am 1. Juli 2019 bei N-TV

»Waldbrand bei Lübtheen: Evakuierung von Trebs wird um 7 Uhr eingeleitet«
Schlagzeile am 1. Juli 2019 bei RTL

»Mecklenburg-Vorpommern – Es brennt weiter bei Lübtheen«
Schlagzeile am 2. Juli 2019 im Deutschlandfunk

Die Liste der Schlagzeilen könnte endlos so weitergehen, denn plötzlich waren Lübtheen und der Waldbrand deutschlandweit in aller Munde. Medien aus dem gesamten Bundesgebiet interessierten sich für den kleinen Ort in Mecklenburg-Vorpommern im Landkreis Ludwigslust-Parchim. Genau darin lag eine weitere Herausforderung: Das Interesse der Medien am größten Waldbrand in der Nachkriegsgeschichte MV.

4.2 Der Waldbrand in Lübtheen aus Sicht des Landkreises

Im Grunde genommen gab es in Lübtheen 2019 mehrere »Fronten«, an denen die Einsatzkräfte agieren mussten:
1. das Feuer
2. die Altlasten
3. die Politik
4. die Medien

Letztere stellten sich als wirkliche Herausforderung dar, denn einige Journalisten hielten sich nicht an das Betretungsverbot sowie den Sicherheitsabstand und brachten sich sowie andere in Lebensgefahr. Dies musste zwingend unterbunden werden, weshalb auch hier mehr Struktur und Ordnung aufgebaut werden musste. Deshalb wurde entschieden, dass es gemeinsame Pressekonferenzen geben wird, geben muss. Generell gab es mehrere sogenannte Lagebesprechungen – früh morgens und spät abends. Nach den Stabssitzungen wurden mitunter weitere Entscheidungen getroffen – unter anderem Auslösung des Katastrophenfalls oder Evakuierung der Ortschaften. Besonders bewährt haben sich neben den Pressekonferenzen an einem zentralen Ort und zu einer zentralen Uhrzeit auch die sogenannten »Zaungespräche« am Mittag. Dabei konnten Journalisten weitere Fragen stellen und Informationen bekommen. Zentrale »Reisen« in die Nähe des Einsatzortes haben verhindert, dass Medienvertreter heimlich und unter größter Gefahr sich ins Brandgebiet absetzten.

Grundvoraussetzung für eine funktionierende Betreuung der Medien ist ein funktionierender Katastrophenschutzstab. Anders als in der Stabsdienstordnung 2015 ist der Leiter der Information (LDI) mittlerweile dem Landrat direkt unterstellt. Deshalb wurde in der neuen Stabsdienstordnung von 2022 folgendes festgehalten:

»Die Presse- und Öffentlichkeitsarbeit liegt in alleiniger Verantwortung des Landrates. Mitteilungen oder Statements werden nur durch ihn, seine Stellvertretung oder eine vom Landrat autorisierte Person abgegeben. Die Leitung der Presse- und Öffentlichkeitsarbeit ist daher nur dem Landrat zugeordnet und unterliegt keiner weiteren Weisungsbefugnis in ihrem Aufgabenbereich. […]«

Die frühzeitige und umfassende Unterrichtung der Bevölkerung, die Ansprechbarkeit der Verwaltung und eine zeitgerechte, sachorientierte Information der Medien ist in Krisen und Katastrophen Voraussetzung für das Vertrauen der Bürger:innen in die Verantwortlichen im Rahmen der Krisenbewältigung.

Pressekonferenzen und geführte Fahrten zu den Brennpunkten der Einsätze für die Vertretung der Medien und der interessierten Öffentlichkeit haben sich bewährt und sind entsprechend vorzubereiten und durchzuführen.

4   Herausforderungen bei einem Vegetationsbrand

Die frühzeitige Beantragung von Pressefachpersonal und Pressebegleiter:innen im Rahmen der Amtshilfe ist vorzusehen. Durch die umfassende Information der Medien dürfen die Stäbe und die Einsatzkräfte in ihrer Arbeit nicht beeinträchtigt werden.«

Die Informationen für die Öffentlichkeit sammelt das Sachgebiet S5 – Presse- und Öffentlichkeitsarbeit: »Das Sachgebiet S 5 arbeitet der Leitung der Presse- und Öffentlichkeitsarbeit zu und kann neben der Informationszentrale von den Sachgebieten, Fachdiensten und Fachberatenden Informationen einholen.«

Aufgaben auf Weisung der Leitung der Presse- und Öffentlichkeitsarbeit:
- Erstellung des Konzepts zur Information der Öffentlichkeit,
- Einrichtung des Pressezentrums beim Katastrophenschutzstab,
- Information der Medien,
- Bündeln, Abstimmen und Steuern der Presse- und Medienarbeit mit den Vertretungen anderer Behörden, insbesondere der Polizei,
- Organisation der Betreuung für Medienvertretung wie:
  – Informieren, Begleiten der Presse- und Medienvertretung,
  – Vorbereiten und Durchführen von Pressekonferenzen, Interviews, Besuchen.
- Erfassen und Dokumentieren der Presselage,
- Information und Warnung der Bevölkerung über amtliche Verlautbarungen,
- Lautsprecherdurchsagen und Flyer etc. nach o. a. Konzept,
- Einrichtung, Aktivierung und Betrieb des Telefons für Bürger:innen,
- Einrichtung weiterer Pressezentren bei Bedarf bei den TEL,
- Führung der Pressestelle.

Des Weiteren nehmen auch immer mehr Soziale Netzwerke wie Twitter, Facebook und Instagram eine zentrale Rolle ein. Vor allem die jüngeren Einwohner:innen nutzen immer mehr die Sozialen Netzwerke auch als schnelle Informationsquelle. Die Erfahrungen, die während der Corona-Pandemie gesammelt werden konnten, zeigen, dass es im Einsatzfall des Katastrophenschutzstabes an dieser Stelle mehr Personal braucht, um Kommentare oder Direktnachrichten sowie Tweeds schneller sichten und sammeln zu können. Neben der Bürgertelefonie sollten deshalb die Sozialen Netzwerke im Einsatzfall nicht außer Acht gelassen werden. Grundsätzlich aber obliegt es dem Landrat, welche Informationen nach außen gegeben werden.

4.2 Der Waldbrand in Lübtheen aus Sicht des Landkreises

Fazit

»*Hoffnung ist nicht die Überzeugung, dass etwas gut ausgeht, sondern die Gewissheit, dass etwas Sinn hat, egal wie es ausgeht.*«

Immer wenn ich nach Lübtheen komme, bekomme ich Gänsehaut. Bis heute ist das so. Erst kürzlich stieß ich dabei auf dieses Zitat des tschechischen Politikers Václav Havel. Es ist wirklich zutreffend für das Schockereignis Waldbrand Lübtheen 2019.

Der Katastrophenfall hatte insofern Sinn, dass ich als Landrat den Blick auf den Katastrophenschutz gelenkt und geschärft habe. Ohne den Waldbrand hätte ich es wohl nicht getan. Umso mehr kann ich nur an Amtskolleg:innen appellieren, bereitet euch vor. »Nach der Krise ist vor der Krise« ist nicht nur ein schnöder Satz, er birgt sehr viel Wahrheit in sich. Das haben uns die Jahre nach 2019 gezeigt. Denn unaufhörlich gingen die Krisen weiter – deutschlandweit, aber auch in unserem Landkreis Ludwigslust-Parchim. Letztendlich kommt es auf die Person an der Spitze an – im Fall des Waldbrandes von Lübtheen ist es der Landrat gewesen, ihm obliegt die untere Katastrophenschutzbehörde. Diese Person trifft allein die Entscheidung – Katastrophenfall auslösen, Ja oder Nein? Diese Entscheidung nimmt einem niemand ab. Deshalb ist es wichtig zu wissen, dass Krisen, Schockereignisse, Katastrophen geschehen. Wir wissen, dass es geschieht, aber letztendlich nie zu welchem Zeitpunkt. Aus diesem Grund ist eine fundierte Vorbereitung vonnöten. Dazu gehört ein gut ausgestatteter Fachdienst Brand- und Katastrophenschutz – personell wie technisch; aber auch ein gutes Team im Katastrophenschutzstab. Dies bildet eine gute Basis. Doch vor allem kommt es auf ein großes Ganzes an – Hauptamt stärkt Ehrenamt. Jede:r Krisenmanager:in muss sich dessen bewusst sein, ohne die Blaulichtorganisationen funktioniert Katastrophenschutzarbeit und -abwehr nicht.

Bis heute habe ich auch die Gewissheit, dass der Waldbrand 2019 auch anders hätte ausgehen können. Neben der schnellen Entscheidung, den Katastrophenfall auszulösen und den Entscheidungen, die Ortschaften zu evakuieren, gab es vor allem nach dem Brand wegweisende und richtungsgebende Entscheidungen:

- Umstrukturierung des Fachdienstes Brand- und Katastrophenschutz,
- neue Stabsdienstordnung,
- Überarbeitung der Brandschutzkonzepte für den ehemaligen Truppenübungsplatz wie Brandschneisen und Löschwasserbrunnen,
- bessere Ausrüstung der Freiwilligen Feuerwehren wie Löschfahrzeuge des Typs Tatra und Waldbrandanhänger,

- ein gutes Netzwerk aus allen beteiligten Blaulichtorganisationen und dem Hauptamt in der Verwaltung Netzwerk → Blaulicht vereint.

Neben all den Konsequenzen, die gezogen sowie Veränderungen, die eingeleitet wurden, überwiegen aber vor allem die schönen Erinnerungen nach dem gemeinsamen Erfolg im Kampf gegen den Waldbrand. Das lag allen voran an dem Team, das zusammenstand und gekämpft hat. Aber auch das Umfeld hat seinen Beitrag geleistet. Zu gern erinnere ich mich an die Aktionen: Ob Eiswagen oder Kuchenbuffet – all das hat die Kolleg:innen im Einsatz motiviert. Die Lübtheener sind bis heute voller Dankbarkeit. Das ist immer wieder zu spüren, wenn ich in die Region komme.

Zu gern erinnere ich mich zurück, als der Katastrophenfall offiziell für beendet erklärt werden konnte, auch der militärische Katastrophenfall – der MKATAL – wurde offiziell beendet, die Soldat:innen wurden auf dem Platz in Lübtheen verabschiedet. So viele Einwohner:innen waren gekommen, um ihre Dankbarkeit, ihren Respekt vor den Einsatzkräften – egal aus welcher Organisation – zu zeigen. Zu gern erinnere ich mich an die selbstgemalten Bilder der Kinder, die selbstgestalteten Plakate. Dieser Zusammenhalt ist Gold wert und zeigt mir immer wieder, in der schlimmsten Krise stehen wir Seite an Seite. Dann gibt es keinen Unterschied zwischen den Einsatzkräften, den freiwilligen Helfer:innen, den Unterstützern.

Genau diesen Zusammenhalt braucht es in der Gesellschaft, um in Krisenzeiten erfolgreich zu sein. Ein ständiges Gegeneinander ist nur nachteilig. Für wichtige Entscheidungen ist es unerlässlich jegliche Unterschiede beiseite zu schieben – Parteibücher müssen im Katastrophenfall egal sein. Das hat auch der Waldbrand 2019 gezeigt. Ohne das beherzte Eingreifen und das Zusammenstehen unter den Einsatzkräften, in der Politik über Parteigrenzen hinaus, wäre der Waldbrand zur wahren Katastrophe geworden – nämlich der des menschlichen, politischen Versagens.

Ich bin stolz darauf, dass es in Lübtheen anders gekommen ist, unter anderem, weil mir Vertrauen geschenkt wurde, aber auch weil ich die richtige Mannschaft um mich hatte. Einer alleine – auch wenn er per Gesetz dafür verantwortlich ist – wird nie eine Krise bewältigen können. Es braucht diese starke Mannschaft mit der inneren Haltung, der Widerstandskraft, sich auf Krisen einzulassen, sie bekämpfen zu wollen, aus ihnen zu lernen.

Um diese richtige Mannschaft zu finden, braucht es deshalb eine gute Vorbereitung. Nicht erst seit dem Waldbrand, nicht erst heute, sondern viel, viel früher. Ein gutes Grundgerüst zu haben ist wichtig, aber das Team ist von großer Bedeutung. Dieses muss geschult und mitunter auch herausgefordert werden. All das wurde in der neuen Stabsdienstordnung des Landkreises Ludwigslust-Parchim festgehalten und verinnerlicht. Und wurde bei der Stabsrahmenübung im September 2022 praktiziert.

Schlussendlich aber kommt es vor allem auf eins an: Das gegenseitige Vertrauen.

Coach me, and I will learn.
Challenge me, and I will grow.
Believe in me, and I will win.

4.3 Auswirkungen des Vegetationsbrandes – Ein bundesweiter Erkenntnisgewinn

Uwe Becker

Allgemeine Betrachtung

Der Brand auf dem Truppenübungsplatz in Lübtheen in Mecklenburg-Vorpommern zeigt einmal mehr, wie sich offenbar, »alltägliche« Brandereignisse schnell zu Schockereignissen im Sinne der Definition dieses Buches entwickeln können. Die Sichtweisen der Autor:innen in diesem Kapitel beschreiben eindrücklich auch die emotionalen Momente, plötzlich einem solchen Ereignis gegenüberzustehen.

Die Erkenntnisse vorheriger Brandereignisse in der Region veranlassten den Landrat unmittelbar die Katastrophe festzustellen und damit die Einsatzführung an sich zu ziehen. Vor allen Dingen war schnelles Handeln gefragt.

Das galt für die Heranführung einer großen Zahl taktischer Einheiten, aber auch im Aufbau effizienter Führungsstrukturen. Die Heranführung weiterer Einheiten erfolgte über unterschiedlichste Kanäle. Die Feuerwehren des Landes Mecklenburg-Vorpommern wurden über die integrierten Leitstellen angefordert. Wasserwerfer der Polizei auch anderer Bundesländer wurden über das Innenministerium des Landes Mecklenburg-Vorpommern angefordert, Kontakt zu Einheiten anderer Staaten (Löschflugzeug aus Südfrankreich) wurde über das Land und das gemeinsame Lagezentrum des Bundes und der Länder bedient.

Vor und insbesondere **in** Krisen Köpfe zu kennen, kann hilfreich sein, birgt aber auch die Gefahr, dass es zu bilateralen Anforderungen kommen kann, die dann nicht mehr in die rechtmäßige Führungsstruktur eingebaut werden können. Solche Anforderungen sind schnellstens wieder in die allgemeine Führungsorganisation einzubinden.

So wurden zum Beispiel auf »kurzem« Weg Einsatzbereitschaften aus dem Land Niedersachsen angefragt, dann nach Absprache formell über die Lagezentren beider

Länder angefordert. Das hatte dann den Vorteil, dass auf der Geberseite schon Vorbereitungen getroffen werden konnten, bis die offizielle Anfrage übermittelt war.

Ein weiteres gutes Beispiel war die Einrichtung des Landesbereitstellungsraumes in der Kaserne in Hagenow. Angefragt war ein Bereitstellungsraum 500 der Bundesanstalt Technisches Hilfswerk. Die Fähigkeit wurde nach Absprache offiziell beim THW angefordert.

Lernen aus dem Ereignis

Es bleibt festzuhalten, dass mit dem Einsatzende die Hände nicht in den Schoß gelegt wurden. In einem umfangreichen Auswertungsprozess wurden vom Landkreis, vom Land und sogar auf Bundesebene Bedarfe erkannt und ein Bündel von Maßnahmen erarbeitet und bis heute umgesetzt.

Landkreis

Der Landkreis hat seine Führungsorganisation gestärkt. Er hat sich materiell besser ausgestattet. So wurden beispielsweise sogenannte Kreisregner beschafft, die sich auch schon bei aktuellen Bränden bewährt haben.

Landesebene

Das Land hat mit einem einzigartigen Förderprogramm fast dreihundert Fahrzeuge für die Feuerwehren und den Katastrophenschutz beschafft. Zwei Hochleistungspumpen, sogenannte HFS-Systeme stehen an der Landesmitte bereit abgerufen zu werden. Polizeihubschrauber werden zukünftig Lasthaken haben, um Löschwasserbehälter transportieren zu können.

Die Ausbildung an der Landesschule für Brand- und Katastrophenschutz M-V wurde angepasst und Fortbildungen im Bereich Vegetationsbrandbekämpfung angeboten.

Länderbemühungen auf Bundesebene

Auf Bundesebene wurde vom sogenannten Arbeitskreis V (AKV), zuständig für Feuerwehrangelegenheiten, Rettungswesen, Katastrophenschutz und zivile Verteidigung, der Ständigen Konferenz der Innenminister und -senatoren der Länder ein Bund/Länder offener Arbeitskreis »Nationaler Waldbrandschutz« mit Vorsitz Mecklenburg-Vorpommern ins Leben gerufen.

Dieser hat in intensiven Sitzungen die Waldbrandstrategie und das zugehörige Arbeitspapier entwickelt, welches durch die Innenminister der Länder verabschiedet wurde und den Ländern zur Umsetzung empfohlen hat.

4.3 Auswirkungen des Vegetationsbrandes – Ein Erkenntnisgewinn

Teilnehmer der Arbeitsgruppe »Nationaler Waldbrandschutz« sind Mitglieder der Kontaktgruppe der Forstchefkonferenz, der Deutsche Feuerwehrverband, die Länder, das Bundesamt für Bevölkerungsschutz und Katastrophenhilfe, Bundeswehr, Bundespolizei und das Bundesamt für Infrastruktur, Umweltschutz und Dienstleistungen der Bundeswehr (BAIUDBw).

Die oben genannten Maßnahmen sind nur eine Auswahl dessen, was seit dem Brand in Lübtheen umgesetzt wurde. Alle diese Maßnahmen helfen resilienter gegenüber Schockereignisse im Allgemeinen zu werden, da das im Landkreis LUP eingeführte Krisenreaktionssystem ja nicht nur bei Waldbränden anwendbar ist.

Auch im Jahr fünf nach dem verehrenden Waldbrand, funktioniert dieser ständige Prozess des Lernens und die Umsetzung der Erkenntnisse.

5 Erkenntnisse der Flutkatastrophe auf ausgewählte Bereiche

5.1 Risikomanagement einer Kommune

Joachim Schwind – Geschäftsführer beim Niedersächsischen Landkreistag und Autor rechtswissenschaftlicher Veröffentlichungen, insbesondere zum Kommunal- und Gefahrenabwehrrecht

Es kommt auf die schnelle und richtige Reaktion der Akteure vor Ort an! Betrachtet man grundlegende Fragestellungen der Resilienz und der Vorbereitung auf Schockereignisse, so gehört diese Erkenntnis zum Allgemeingut. Fast alle Krisen- und Katastrophenlagen wirken sich zunächst örtlich aus und müssen – und können – vor Ort bekämpft werden. Insbesondere Naturereignisse wie Wald- und Vegetationsbrände, Stürme, Hochwasser an den Küsten oder im Binnenland sind allermeist örtliche Geschehen, die sich zwar großräumiger entwickeln können, aber zunächst einen kleinräumigen Ursprung haben. Selbst bei schweren, landes- oder bundesweiten Unwettern ist nicht mit einer vollständigen flächigen Betroffenheit zu rechnen, weil zumeist nur örtlich Probleme in der Dimension eines echten Schockereignisses, also von Großschadenslagen oder Katastrophenfällen, auftreten. Entsprechend kommt bei der Stärkung der Resilienz und der ständigen Verbesserung der Reaktion auf vielfältige Schocklagen dem Risikomanagement auf kommunaler Ebene eine entscheidende Bedeutung zu.

Zur Abgrenzung: Flächendeckende Lagen

Von den hier näher dargestellten kommunalen Aufgaben der Risikowahrnehmung und des Risikomanagements sind systematisch Ereignisse zu unterscheiden, die die gesamte Bundes-, Landes- und Kommunalverwaltung in Deutschland herausgefordert haben, weil es sich nicht um punktuell örtliche Entwicklungen handelte. Als entsprechende Situationen sind die Flüchtlingskrise 2015/2016, die Corona-Pandemie von März 2020 bis etwa Ende 2022 und die Aufnahme ukrainischer Kriegsvertriebener seit dem März 2022 zu nennen. Bei diesen drei Situationen ist eine flächendeckende Inanspruchnahme der gesamten Verwaltung Deutschlands auf allen Ebenen festzustellen. Ihre Großflächigkeit hatte zum einen zur Folge, dass jede Form von Nachbarschaftshilfe und Unterstützung, wie sie beispielsweise bei der

5.1 Risikomanagement einer Kommune

Flutkatastrophe im Ahrtal in großem Umfang aus ganz Europa geleistet wurde, praktisch kaum mehr möglich war. Es hat sich auch bei diesen drei Krisengeschehen um Lagen gehandelt, bei denen in allen Bundesländern entsprechende Stabs- und Krisenorganisationen aufgerufen waren und bei denen das Krisenmanagement einheitlich durch ein gemeinsames Vorgehen von Bund und Ländern geprägt war. Sichtbarstes Zeichen dieser besonderen Situationen waren die stark öffentlichkeitswirksamen Besprechungen der Bundeskanzlerin oder des Bundeskanzlers mit den Regierungschefinnen und Regierungschefs der Länder, die eine faktisch neue Ebene der zentralen Krisenbewältigung in Deutschland schufen. Diese Lagen bleiben hier im Schwerpunkt außerhalb der Betrachtung, weil sie sich dem kommunalen Risikomanagement entziehen. Zahlreiche Instrumente wie die Nutzung von Krisenstäben und kurzfristigen Betreuungskapazitäten usw. kommen aber in gleicher Weise zum Einsatz.

Die kommunale Ebene ist differenziert zu betrachten

Gemeindliche Ebene
Für die Gefahrenabwehr und die Krisenreaktionskraft ist bedeutsam, dass in der großen Mehrheit der Fläche Deutschlands »kommunal« näher auszudifferenzieren ist: Während im Bereich der kreisfreien Städte und der Stadtstaaten die Gefahrenabwehr- und die Katastrophenschutzbehörde zusammenfallen, so ist in den Flächenbundesländern zwischen gemeindlicher Ebene und Kreisebene zu unterscheiden. In allen Flächenbundesländern ist die Gemeinde zunächst die Einheit, die für die örtliche Gefahrenabwehr zuständig ist. Das ist schon deswegen sinnvoll, weil die gemeindliche Ebene mit der größten Ortskenntnis und ihrer in der Regel sehr leistungsfähigen und schnell einsetzbaren Feuerwehr faktisch den ersten Zugriff bei entsprechenden Gefahrenabwehrmaßnahmen hat. Insbesondere ist auch daran zu denken, dass die Gemeinden durch ihre Zuständigkeiten für die Bauleitplanung, für die Unterhaltung der örtlichen Wege, Plätze und Einrichtungen (Trinkwasserversorgung, Kläranlagen usw.) und ihre grundsätzlich umfassende Allzuständigkeit in jeder Hinsicht als Krisenbehörde schon im Vorfeld beim Risikomanagement gestaltend tätig sein können und müssen. Das Beispiel des Hochwasserschutzes belegt, wie wichtig präventive bauliche Maßnahmen, die Einhaltung von Bauverboten, die Sicherung ausreichender Zu- und Abwege und funktionsfähige Hochwassereinrichtungen sind.

5 Erkenntnisse der Flutkatastrophe auf ausgewählte Bereiche

Kreiskommunale Ebene

Neben der Gemeindeebene besteht als weitere kommunale Ebene die des Landkreises, die je nach Landesrecht in der Regel Rechts- und Fachaufsichtsbehörde über die Gemeinden im Bereich der Gefahrenabwehr ist. Zudem bündelt der Kreis im staatlichen Auftrag zahlreiche Sonderordnungs- und Sondergefahrbehörden. Zu denken ist an die untere Wasserbehörde bei Hochwassergefahren, die Bodenschutz- und Chemikalienbehörde bei Altlastenverdacht, die Gesundheitsämter bei Gesundheitsgefahren, das Veterinäramt bei tierseuchenrechtlichen Fragestellungen, die Immissionsschutzbehörde zur Bekämpfung von durch Anlagen auftretenden Gefahren usw. Ein erst in den vergangenen Jahren wieder in den Vordergrund gerücktes bedeutsames Fachamt der Landkreise ist zudem die Katastrophenschutzbehörde, die als Querschnittsbehörde grundlegende Bedeutung für das örtliche Risikomanagement hat. Sichtbares Zeichen ist das Vorhalten eines entsprechenden Krisen- oder Katastrophenschutzstabes, der typischerweise von der Landrätin/dem Landrat oder seiner Vertretung geleitet wird. Er tritt als Führungsinstrument außerhalb der üblichen Verwaltungsstruktur und als Beratungsgremium mit hoher fachlicher Expertise in Krisenfällen jederzeit kurzfristig zusammen.

Kommunales Zusammenwirken

Das Zusammenspiel zwischen gemeindlicher und kreislicher Ebene ist beim Risikomanagement und im festgestellten Krisen- und Katastrophenfall von besonderer Bedeutung. Zunächst ist daran zu erinnern, dass der Landkreis bei der Krisenbekämpfung über wenige originär eigene »Truppen« verfügt. Seine Kompetenz liegt vielmehr in einer schnellen Vernetzung und Koordinierung aller an der Krisenbekämpfung involvierten Einheiten und Fachdienste. Insbesondere die Anforderung von Nachbarschafts- oder überörtlicher Hilfe geschieht mindestens auf Ebene der Kreise. Für den Einsatz der Bundeswehr ist ein entsprechendes Amtshilfeersuchen der Landkreise als Katastrophenschutzbehörde über die jeweiligen Kreisverbindungskommandos erforderlich. Auch der Einsatz von Spezialfähigkeiten wie des THW, die Einschaltung weiterer Bundesbehörden usw. erfolgt in der Regel über den Stab des Landkreises. Gleichzeitig sind die auf Gemeindeebene vorhandenen Feuerwehren (in Niedersachsen gebündelt als Kreisfeuerwehrbereitschaften (§ 19 Abs. 4 des Niedersächsischen Brandschutzgesetzes)) neben den zumeist von den Hilfsorganisationen gebildeten Einheiten des Katastrophenschutzes auf Kreisebene die wichtigsten Akteure für die örtliche Krisenbekämpfung. Der Krisenstab als Führungsinstrument der Landrätin bzw. des Landrats hat daher primär die Aufgabe, die vorhandenen Ressourcen zu priorisieren, sie an den richtigen Stellen mit klaren Aufgaben in den Einsatz zu bringen, bei weiterem Kräftebedarf externe Kräfte und Spezialfähigkeiten

5.1 Risikomanagement einer Kommune

nachzufordern und Schnittstellenprobleme zu lösen. Dass dafür, sowohl im Vorfeld bei der Risikoanalyse als auch im Einsatz, ein enges Zusammenwirken mit der gemeindlichen Ebene notwendig ist, liegt auf der Hand.

Instrumente der Risikowahrnehmung

Gesetzliche Aufträge im Gefahrenabwehrrecht

Ein erstes bedeutendes Instrument der kommunalen Risikowahrnehmung sind gesetzliche Aufträge. Im Verfassungsstaat kommt den Aufgabenzuweisungen an Behörden besondere Bedeutung zu, weil sie in rechtlich bindender Form Verpflichtungen beschreiben. Nicht zuletzt werden mit diesen Aufgabenbeschreibungen nicht nur Bedingungen und Voraussetzungen für staatliche Mittelzuweisungen, die Einrichtung von Planstellen usw. geschaffen, sondern auch staatliche Schutzpflichten für das Leben (Art. 2 Abs. 2 des Grundgesetzes) und die übrigen Schutzgüter operationalisiert. Systematisiert man wiederum bei der kommunalen Ebene zwischen Gemeinde- und Kreisebene, so ist als herausragende gesetzliche Zuständigkeit die allgemeine Gefahrenabwehr zu nennen. Das Niedersächsische Polizei- und Ordnungsbehördengesetz (NPOG), das hier exemplarisch herangezogen werden soll, formuliert diese in § 1 Abs. 1, auch mit Blick auf die Risikowahrnehmung, mustergültig: »Die Verwaltungsbehörden und die Polizei haben gemeinsam die Aufgabe der Gefahrenabwehr. Sie treffen hierbei auch Vorbereitungen, um künftige Gefahren abwehren zu können. Die Polizei hat im Rahmen ihrer Aufgabe nach Satz 1 insbesondere auch Straftaten zu verhüten.« Damit ist bereits ein ganz erhebliches Zuständigkeitsprogramm einer kommunalen Gebietskörperschaft im Bereich der vorbeugenden Gefahrenabwehr normiert. Der Begriff der Gefahr selbst ist in § 2 Nr. 1 NPOG definiert als »eine Sachlage, bei der im einzelnen Fall die hinreichende Wahrscheinlichkeit besteht, dass in absehbarer Zeit ein Schaden für die öffentliche Sicherheit oder Ordnung eintreten wird.« Sofern nicht die sog. Eilzuständigkeit der Polizei greift (§ 1 Abs. 2 Satz 1 NPOG), sind damit grundsätzlich die Gemeinden die zuständigen Verwaltungsbehörden für die Aufgaben der vorbereitenden Gefahrenabwehr, also das Risikomanagement, sofern keine besonderen Zuständigkeitsregelungen bestehen (für Niedersachen: § 98 NPOG).

Gesetzliche Aufträge im Katastrophenschutzrecht

Auf kreislicher Ebene ist bei der Frage der allgemeinen Risikosteuerung zunächst an die Katastrophenschutzbehörden zu denken. Hier statuiert das wiederum exemplarisch herangezogene niedersächsische Landesrecht eine ausdrückliche Vorbereitungspflicht der Landkreise und kreisfreien Städte als Katastrophenschutzbehörden in § 5 des Niedersächsischen Katastrophenschutzgesetzes (NKatSG). Dieser lautet: »Die untere Katastrophenschutzbehörde trifft die für die Bekämpfung von Katastrophen und außergewöhnlichen Ereignissen in ihrem Bezirk erforderlichen Vorbereitungsmaßnahmen. Sie berücksichtigt dabei die von den in ihrem Bezirk liegenden Gemeinden und Samtgemeinden im Rahmen ihrer Aufgabenstellung getroffenen Maßnahmen.« Diese Formulierung weist also den kommunalen Katastrophenschutzbehörden eine ausdrückliche Vorbereitungspflicht für die Katastrophenbekämpfung zu und verbindet mit dem Hinweis auf die gemeindliche Ebene gleichzeitig das allgemeine Gefahrenabwehr- und das Katastrophenschutzrecht.

Ein bedeutsames gesetzliches Instrument der Vorbereitungspflicht auf entsprechende Katastrophen sind die sog. Katastrophenschutzpläne. Den Mindestinhalt des Katastrophenschutzplans formuliert in Niedersachsen § 10 Abs. 2 NKatSG, wonach insbesondere das Alarmierungsverfahren, die im Katastrophenfall zu treffenden Sofortmaßnahmen sowie die Einsatzkräfte und Einsatzmittel auszuweisen sind. Für Betriebe mit gefährlichen Stoffen nach der europäischen Richtlinie vom 4. Juli 2012 zur Beherrschung der Gefahren schwerer Unfälle mit gefährlichen Stoffen, der sog. Europäischen Seveso-III-Richtlinie sind ohnehin entsprechende externe Notfallpläne in der Regel vorgeschrieben, ebenso wie für Abfallentsorgungseinrichtungen und im Bereich des Atomrechts (siehe §§ 10 a bis c NKatSG). Gerade im Atomrecht ist wegen der starken überörtlichen Auswirkungen einer eventuellen Freisetzung von radioaktiven Stoffen auch für Nachbarkatastrophenschutzbehörden zu einer entsprechenden Anlage ein sog. Anschlussplan zu erstellen (§ 10 c Abs. 1 Satz 4 NKatSG). In all diesen Rechtsgebieten sind also entsprechende Risikoanalysen und die Beplanung entsprechender Not- und Unglücksfälle bereits spezialgesetzlich vorgegeben. Zum Teil sind auch Erprobungen der Notfallplanungen, die regelmäßige Fortschreibung, die Einspeisung in landeseinheitliche elektronische Systeme, die Mitteilung an die oberste Aufsichtsbehörde oder andere Mechanismen der Verzahnungen bei der Risikowahrnehmung vorgeschrieben (§ 10 c Abs. 2 und 3 sowie allgemein zu Übungen § 11 NKatSG). Nur kurz sei erwähnt, dass aus dem Umweltrecht, hier besonders dem Bundesimmissionsschutzrecht, zahlreiche Betreiberpflichten zur Gefahrenanamnese und Risikoerforschung gelten, die im Genehmigungsverfahren und auch im Betrieb solcher Anlagen auch für die allgemeine Gefahrenabwehr und die Katastrophenschutzbehörden von Bedeutung sind. Prominent ist diesbezüglich die Zwölfte Verordnung zur Durchführung des Bundes-Immissionsschutzgesetzes (sog. Störfall-Verordnung – 12. BImSchV). Auch sie regelt umfangreiche Betreiberpflichten, die Erstellung eines Sicherheitsberichts, von Alarm- und Gefahrenabwehr-

5.1 Risikomanagement einer Kommune

plänen und auch Verpflichtungen der zuständigen Behörde zur Etablierung eines Überwachungssystems mit einem Überwachungsprogramm.

Betrachtet man nur dieses durch gesetzliche Aufgaben gezogene Programm der Risikoanalyse und Krisenvorbereitung auf kommunaler Ebene, so wird deutlich, dass sowohl auf der gemeindlichen Ebene als örtliche Gefahrenüberwachungsbehörde als auch auf Ebene des Landkreises als Katastrophenschutzbehörde alle Fäden des Risikomanagements zusammenlaufen. Es besteht also bereits weit vor der Realisierung einer entsprechenden Gefahr die Zuständigkeit und auch die gesetzliche Pflicht, die Risiken im eigenen kommunalen Gebiet präventiv und ständig in den Blick zu nehmen.

Leitstellen als zentraler Dreh- und Angelpunkt des täglichen Risikomanagements

Weiteres bedeutsames Instrument des kommunalen Risikomanagements sind die kommunalen Leitstellen: Auf der Ebene der Landkreise werden in der Regel integrierte Leitstellen für den Feuerwehrbereich und den Rettungsdienst unterhalten. Rechtsgrundlage sind die Brandschutz- und Rettungsdienstgesetze der Länder. In zahlreichen Ländern gibt es zudem auch gemeinsame oder jedenfalls organisatorisch verbundene Leitstellen mit der Polizei (sog. integrierte oder kooperative Leitstellen; die Begriffe werden nicht einheitlich verwendet). Die kommunalen Leitstellen sind durch die Administration der europaweiten Notfallrufnummer 112 für ihr jeweiliges Gebiet oftmals erster messbarer Sensor für ein erhöhtes Gefahrenpotential.

Bekannt ist, wie schnell bei Sturmgeschehen usw. zahlreiche Anrufende über die 112 die Feuerwehr über Gefahren durch herabgestürzte Bäume, wegschwimmende Autos oder andere Not- und Unglücksfälle informieren. Daneben ist der Rettungsdienst, angesichts der Verfügbarkeit von Handys bei praktisch jeder/jedem Bürger:in in Deutschland, bei Bedrohung von Leib und Leben in der Regel sofort angesprochen. Die kommunalen Leitstellen sind damit durch ihre Rund-um-die-Uhr-Verfügbarkeit ein zuverlässiger Seismograph für drohende Risiken in einer Kommune. Durch die Wettervorhersagen, bekannte Großereignisse, die Kenntnis über geplante Bombenräumungen, Ausfälle bei Strom, Telekommunikation oder Wasserversorgung sind die Leitstellen die ersten, die das Alltagsgeschäft der Risikowahrnehmung einer Kommune steuern und entsprechende Maßnahmen bei Bedarf veranlassen.

Kommunale Krisenstäbe

Was zur Vorbereitung auf akut bevorstehende Gefahrenlagen zu veranlassen ist, hängt stark von der Einschätzung der Lage ab und wird vor Ort in der Regel auch immer eng zwischen Verwaltungsbehörde und Polizei abgestimmt. Bestimmte geplante Gefahrensituationen (Bombenräumungen, Großereignisse) werden von vornherein die Begleitung durch einen kleineren, aber aufwuchsfähigen kommunalen Einsatzstab erfordern. Zeichnen sich massive Unwetter oder Überflutungen ab, so wird sehr schnell ein Einsatz- oder Krisenstab (auch Stab außergewöhnliche Ereignisse, Stab-HVB o. a. genannt) zusammentreten. Es empfiehlt sich, bei besonderen Gefahrenlagen bereits im Vorfeld entsprechende Besprechungen und Übungen durchzuführen, um ein gemeinsames Risikoverständnis von der Lage zu erhalten. Bei sich akut entwickelnden Lagen kann auch Katastrophenvoralarm ausgelöst werden, um die Verfügbarkeit von Einsatzkräften zu sichern, Kommunikationswege zu aktivieren und Maßnahmen vorzubereiten. Erfahrungsgemäß sind bei entsprechenden Lagen in der Regel nicht nur die zuständigen Fachbereiche der Verwaltung (also die untere Wasserbehörde bei drohendem Hochwasser, das Veterinäramt bei der Gefahr des Ausbruchs einer Tierseuche usw.) vertreten, sondern in der Regel auch die gemeindlichen Gefahrenabwehrbehörden eng eingebunden. Selbstverständlich ist es für entsprechende Sitzungen keinesfalls notwendig, dass immer die Feststellung des Katastrophenfalles oder seiner entsprechenden Abschichtungen wie des relativ neu in Niedersachsen eingeführten außergewöhnlichen Ereignisses stattfindet (§ 1 Abs. 2 NKatSG, siehe dazu Schwind 2020). Auch die Verwaltungskoordination einer Lage unterhalb des Katastrophenfalles kann Aufgabe des Stabes sein.

Verwaltungsinterne Vorbereitungen auf Polykrisenlagen
Die vielfältigen Maßnahmen der Risikovorbereitung und Risikowahrnehmung sollen selbstverständlich dazu führen, dass entsprechende Katastrophen- und Unglücksfälle eher vermieden oder zumindest begrenzt und eingedämmt, als nur reaktiv abgearbeitet werden. Daraus folgen eine ganze Reihe von verwaltungsinternen Vorbereitungsmaßnahmen, die nur zum Teil gesetzliche Pflicht sind, wie etwa das Aufstellen von Katastrophenschutzplänen. Bei allen Lagen der vergangenen Jahre hat sich gezeigt, dass der Personalverfügbarkeit für Stabsarbeit und Krisenbewältigung ein entscheidender Faktor zukommt: Plant man mit einer durchgängigen Vierfachbesetzung der klassischen sechs Stabsfunktionen, um eine 24-Stunden-Durchhaltefähigkeit über mehrere Tage zu erreichen, benötigt ein kommunaler Krisenstab einschließlich Verbindungspersonen usw. leicht über 100 Personen, die zu großen Teilen aus der Kreisverwaltung selbst kommen, geschult werden und zusammen üben müssen.

Neben der Sensibilität bei allen Dienstposten der Verwaltung für diese unabdingbare Arbeit im Katastrophenschutz müssen auch die Fachämter selbst im Rahmen ihrer fachlichen Zuständigkeit, wenn sie im Kern einer Krise stehen, umfangreich fachspezifisches Krisenmanagement üben und fortbilden. Nicht zuletzt erfordern die

5.1 Risikomanagement einer Kommune

immer häufiger werdenden Polykrisen (Hochwasserbekämpfung unter den Bedingungen einer Corona-Pandemie) die Bildung von Einsatz- bzw. Krisenabschnitten mit weiterem hohem Personalbedarf. Allein das Beispiel der stark gestiegenen Bedeutung der Social-Media Betreuung bei Krisen (Beobachtung, Nutzung für Lageeinschätzung und die eigene Krisenkommunikation, Kommunikation von Warnungen und Handlungshilfen, Reaktion auf Falschmeldungen, Moderation von Informationen und Hilfsangeboten, Lenkung von Spontanhelfenden etc.) und der damit verbundene zusätzliche Bedarf an besonders qualifiziertem Personal und Ausstattung zeigt aktuelle Herausforderungen, denn Vorhalten ausschließlich für den Tag X kann dieses Personal keine Kommunalverwaltung. Geschult werden, schulen und üben im Katastrophenschutz wird deshalb als zusätzliche, beständige Aufgabe auf allen Arbeitsplätzen der Kreisverwaltungen an Bedeutung gewinnen, auch wenn die Personalressourcen dafür mühsam erkämpft werden müssen.

Fazit: Intensivierung des kommunalen Risikomanagements

Das Vorstehende zeigt: Einer die aktuellen, künftig wohl stark zunehmenden Risiken für die Bevölkerung aufgreifenden und vorsorgenden Risikowahrnehmung kommt auf kommunaler Ebene besondere Bedeutung zu. Viele globale Risiken wie beispielsweise die Frage künftiger Epidemien, häufigere und stärkere Hochwasser- und Starkregenereignisse, Hitzewellen und Trockenheit können vor Ort kaum abgewendet werden. Insofern trifft aber die entsprechenden Fach- und die allgemeinen Katastrophenschutz- und Gefahrenabwehrbehörden eine Pflicht, das Risikoprofil ihrer Gemeinde und ihres Landkreises ständig im Blick zu halten. Seit 2009 ist die Risikoanalyse nach dem Zivilschutz- und Katastrophenhilfegesetz des Bundes gesetzlicher Auftrag des Bundesamtes für Bevölkerungsschutz und Katastrophenhilfe, seit 2010 wird jährlich Bericht erstattet. Es hat seitdem methodische Grundlagenarbeit geleistet und stellt Arbeitshilfen auch für den kommunalen Bereich auf seiner Internetpräsenz zur Verfügung.

Der Wechselblick zwischen den allgemein bekannten Entwicklungen des Klimawandels, der immer noch stark zunehmenden Vulnerabilität der Bevölkerung beispielsweise bei Strom- und Dieselmangellagen und der individuellen Situation vor Ort mit ihren Risiken, aber auch ihren individuellen Adaptions- und Vorsorgemöglichkeiten ist ein Schlüssel des modernen Katastrophenschutzrechts. Es ist damit zu rechnen, dass dem Bereich der kommunalen Risikoanalyse und der dann folgenden hoffentlich richtigen Schwerpunktsetzung bei der Vorbereitung auf die wichtigsten Herausforderungen eine immer größere Bedeutung zukommt.

5.2 Warnung der Bevölkerung – Eine Standortbestimmung

Hendrik Roggendorf – Leiter des Referats »Warnung der Bevölkerung« beim Bundesamt für Bevölkerungsschutz und Katastrophenhilfe

Einleitung

Mit Ende des »Kalten Krieges« verschwand das Bewusstsein für die Warnung der Bevölkerung aus den Köpfen vieler Entscheidungsträger. Warnung war als Mittel bei Luftkriegsgefahren anerkanntes Mittel. Wofür – jenseits von Geisterfahrerwarnungen – in der operativen Gefahrenabwehr gewarnt werden sollte, erschloss sich vielen Entscheidungsträgern nicht. Mit der flächendeckenden Verfügbarkeit von Warninfrastruktur und der durch die Politik und die Gesellschaft erhobenen Forderung, gewarnt zu werden, erlebte Warnung als operativ-taktisches Mittel der Gefahrenabwehr in den letzten zehn Jahren einen Neustart.

Auftrag der Warnung

Eine gesetzliche Definition von »Warnung« ist in Deutschland bisher nicht erfolgt. Dies spricht dafür, dass der Begriff als selbsterklärend erachtet wird. Warnung bedeutet, die Bevölkerung über drohende Gefahren oder akute Schadensereignisse zu informieren und ihr in der konkreten Situation Handlungsempfehlungen zu vermitteln. Die Warnung ist damit Teil der Krisenkommunikation. Warnung bedeutet auch, den aus der eigenen Tätigkeit bei Behörden bestehenden Informationsstand mit der Bevölkerung zu teilen, um damit dem Einzelnen die Möglichkeit zu verschaffen, sich selbst vor den drohenden oder bereits eingetretenen Gefahren zu schützen. Damit hat Warnung das Potenzial, Leben und Gesundheit von Menschen zu schützen. Sie kann darüber hinaus Sachschäden sowie Auswirkungen von Ereignissen auf die Umwelt vermeiden oder minimieren, indem z. B. Betreiber von Anlagen rechtzeitig über das Ereignis informiert werden. So können schnell betriebliche Maßnahmen eingeleitet werden, um eine Ausweitung des Ereignisses zu vermeiden. Warnung eröffnet darüber hinaus die Chance, durch entsprechende Handlungsempfehlungen die Reaktion und das Verhalten der betroffenen Personen in der konkreten Lage zu lenken und damit Selbstschutzmaßnahmen zu initiieren, wodurch der Kreis der Betroffenen reduziert wird und damit eine Potenzierung der Anzahl von Betroffenen mit entsprechenden Auswirkungen auf die Größe des

Einsatzes reduziert werden können. Schließlich vermag Warnung Selbstwirksamkeit zu vermitteln und damit den Betroffenen das Gefühl geben, das Heft des Handelns in der Krise in der Hand zu behalten und dem Ereignis nicht schutzlos ausgesetzt zu sein. Dass Warnung Panik auslöse, ist eine verbreitete Befürchtung, wobei es keine konkreten Beispiele gibt, in denen behördliche Warnmaßnahmen tatsächlich zu einer Panik geführt hätten.

»Die Warnung«?

Der Auftrag zur Warnung wird oft mit Zivil- und Katastrophenschutzbehörden in Verbindung gebracht. Tatsächlich sind es jedoch Behörden auf allen staatlichen Ebenen, die einen Warnauftrag besitzen. Zuvorderst zu nennen ist der Deutsche Wetterdienst, der mit seinem gesetzlichen Auftrag für die Unwetterwarnung quantitativ die höchste Anzahl von Warnmeldungen in Deutschland auslöst und damit am häufigsten Menschen in Berührung mit behördlichen Gefahreninformationen bringt. Kommunale Ordnungsbehörden und Feuerwehren nehmen Aufgaben der Warnung aufgrund des Ordnungsbehördenrechts sowie des Brand- und Katastrophenschutzrechts wahr. Die Behörden des Lebensmittel-, Bedarfsgegenstände- oder Arzneimittelschutzes verfügen über spezialgesetzliche Warnaufträge. In den Küstenregionen sehr präsent ist das Bundesamt für Seeschifffahrt und Hydrographie mit seinem gesetzlichen Auftrag für den Sturmflutwarndienst. Wachsende Bedeutung hat das Bundesamt für Sicherheit in der Informationstechnik mit seinem Auftrag, vor Gefahren für die Sicherheit im Bereich der Informationstechnik zu sorgen. Polizeibehörden warnen vor vielfältigen Gefahren, am präsentesten ist hier der Verkehrswarndienst. Und last but not least sind es die Behörden von Bund und Ländern, die vor den besonderen Gefahren eines Verteidigungsfalles warnen würden, wenn die Bundesrepublik Deutschland Partei eines militärischen Konfliktes würde.

Das Modulare Warnsystem

Der Bund, namentlich das Bundesamt für Bevölkerungsschutz und Katastrophenhilfe, hat in den letzten 23 Jahren das Modulare Warnsystem (MoWaS) aufgebaut. Das System ermöglicht es, an allen für Warnung der Bevölkerung zuständigen Stellen auf einer einheitlichen technischen Plattform Warnmeldungen in einem strukturierten Prozess zu erfassen und in einem einheitlichen Auslöseprozess an ein breites Spektrum von Warnmitteln auszusenden. Damit verfügt Deutschland über eines der fortschrittlichsten Warnsysteme weltweit. Das System ermittelt abhängig von den örtlichen Zuständigkeiten der auslösenden Stelle die jeweils verfügbaren Warnmittel und schlägt diese zur Verwendung vor. Für eine Vielzahl möglicher Schadensereignisse stehen vorformulierte Ereignisbeschreibungen und Handlungsempfehlungen zur Verfügung. Diese ermöglichen den Versand der Informationen in aktuell sieben Fremdsprachen.

Das System besteht aus Eingabeterminals, die über eine Satellitenverbindung und terrestrische Redundanzen mit den georedundant vorgehaltenen Komponenten der Systemsteuerung verbunden sind. Darüber hinaus besteht die Möglichkeit der Nutzung des Systems über ein Webportal. Diese Eingabemöglichkeiten stehen heute in Deutschland flächendeckend in allen 16 Bundesländern zur Verfügung. Darüber hinaus verfügen Behörden auf Bundesebene über entsprechende Stationen, neben dem BBK und dem BMI beispielsweise der Deutsche Wetterdienst, das Bundesamt für Seeschifffahrt und Hydrographie oder das Bundesamt für Strahlenschutz.

Warnmittelmix

Die Anbindung der Warnmittel erfolgt über eine möglichst unterschiedlich große Anzahl von Übertragungsnetzen. Hierdurch wird erreicht, auch bei Störung einzelner Übertragungswege, beispielsweise etwa beim Ausfall von Mobilfunknetzen, Warnmeldungen dennoch über alternativ noch verfügbare Wege an die Empfänger zu übertragen. Die unterschiedlichen Empfangsmittel werden mit dem Begriff des »Warnmittelmixes« zusammengefasst. Dieser setzt sich neben klassischen Instrumenten der Bevölkerungswarnung, wie Rundfunk und Fernsehen, auch aus neuen Übertragungswegen zusammen. Neben verschiedenen Warnapps (neben der Warn-App NINA z. B auch die Apps KATWARN und Biwapp) und dem Bundeswarnportal https://warnung.bund.de/ kommen Stadtinformationstafeln, Fahrgastinformationssysteme sowie ein Pagingdienst zum Einsatz. Am technischen Anschluss der in Deutschland bereits heute verfügbaren oder künftig noch zu installierenden Sirenen an das Modulare Warnsystem wird mit Hochdruck gearbeitet.

Warn-App NINA

Der Bund stellt anlässlich der Messe »Interschutz 2015« die Warn-App NINA in Dienst. NINA steht für »Notfall-Informations- und Nachrichten-App«. Neben der Anzeige und Push-Signalisation von Warnmeldungen für eine unbegrenzte Anzahl abonnierter Orte sowie – fakultativ – für den jeweiligen Aufenthaltsort bietet die App Notfalltipps für eine Vielzahl von möglichen Schadensereignissen, die in der App hinterlegt und damit auch bei Ausfall der Mobilfunkverbindung genutzt werden können. Erstmals anlässlich der Corona-Pandemie nutzte das BBK darüber hinaus die Möglichkeit, in der App lage- und ereignisbezogene Informationen für die Bevölkerung als Instrument der Krisenkommunikation anzubieten. Die App steht kostenfrei für die Betriebssysteme Android und Apple-iOS in den jeweiligen Stores bereit.

5.2 Warnung der Bevölkerung – Eine Standortbestimmung

Für Nutzer anderer Betriebssysteme steht das Webportal warnung.bund.de zur Verfügung.

Neben dem Bevölkerungsschutz-Warnkanal bietet die App heute einen Unwetter-Warn-Kanal, der aus den amtlichen Unwetterwarnungen des Deutschen Wetterdienstes gespeist wird, sowie den Hochwasserwarndienst der Länder, dessen Datengrundlage das Gemeinsame Hochwasserportal der Länder bildet. Ein Kanal für polizeiliche Warnmeldungen sowie die Ergänzung der Handlungsempfehlungen um Informationen der kriminalpolizeilichen Prävention befindet sich in Vorbereitung. Die Warnungen der einzelnen Kanäle können individuell konfiguriert werden. Lediglich die Warnstufe 1 (höchste Warnstufe) des Bevölkerungsschutzkanals kann nicht abgewählt werden. Die App wird aktuell von rund 14 Millionen Nutzern auf dem Mobiltelefon eingesetzt.

Cell-Broadcasting

Das BBK begann im Jahr 2020 mit der konkreten Prüfung der technischen und politischen Machbarkeit einer Einführung von Cell-Broadcasting als Warnkanal in Deutschland. Hierzu wurde eine Machbarkeitsstudie in Auftrag gegeben, mit der eine Einführung in die deutsche Mobilfunklandschaft geprüft wurde. Der Ausschuss für Digitalisierung des Deutschen Bundestags befasste sich im Januar 2021 erstmals mit dem Thema.

Die Bemühungen um die Einführung von Cell-Broadcasting erfuhren durch die tragischen Ereignisse des 14./15. Julis 2021 in Teilen von Nordrhein-Westfalen und Rheinland-Pfalz einen starken Impuls. Die Schaffung der gesetzlichen Grundlagen durch Anpassung des Telekommunikationsgesetzes, der Erlass der Mobilfunk-Warnverordnung sowie die Veröffentlichung der Technischen Richtlinie DE-Alert im Februar 2022 stellten den regulatorischen Rahmen der Implementierung dar. In enger Zusammenarbeit zwischen BBK, Bundesnetzagentur, BMI und BMDV sowie den in Deutschland tägigen Mobilfunknetzbetreibern (Telekom, Vodafone, Telefonica und 1&1) wurde das System aufgebaut und an das Modulare Warnsystem als Auslösesystem angebunden.

Eine große Herausforderung bestand in der Einbindung der Mobilfunkendgerätehersteller. Diese mussten für die in Deutschland verwendete Endgeräte-Software den Kanal »Cell-Broadcasting« implementieren. Getragen von dem gemeinsamen Willen, den Warnkanal zu implementieren, gelang es einer Vielzahl von Anbietern, rechtzeitig zum Bundesweiten Warntag am 8. Dezember 2022 die entsprechenden Updates bereitzustellen. Erstmals an diesem Tag wurde in Deutschland eine bundesweite Warnmeldung auch über den Kanal Cell-Broadcasting ausgelöst. Seit dem

5   Erkenntnisse der Flutkatastrophe auf ausgewählte Bereiche

23.02.2023 ist Cell-Broadcasting fester Bestandteil des Warnmittelmixes und wird operativ genutzt.

Operative Implementierung von Warnung
Das Funktionieren von Warnung ist nicht nur eine Frage funktionierender technischer Systeme. Vielmehr ist es erforderlich, Warnung als Aufgabe in einer Einsatzleitung bzw. den entsprechenden Stäben zu verstehen, für die entsprechend eingeplantes, aber auch ausgebildetes Personal zur Verfügung stehen muss. Dabei musste manche Gebietskörperschaft schmerzvoll die Erfahrung machen, dass es eben nicht ausreicht, bei einer Großschadenslage dem Personal der Leitstelle zuzurufen, »mal eben« eine Warnmeldung auszulösen. Neben der Bedienung des Systems ist es zwingend erforderlich, mit dem Krisenkommunikationsmittel »Warnung« auch inhaltlich professionell umzugehen. Hierfür ist eine verständliche und zielorientierte Formulierung der Warnung unerlässlich. Dementsprechend bemühen sich verschiedene Gremien darum, entsprechende Grundlagen und Empfehlungen für die Einbindung von Warnung in die Organisation der Gefahrenabwehr zu schaffen – sei es im Rahmen des Bund-Länder-Projektes »Warnung« die Erstellung eines Lokalen Warnkonzepts oder im Rahmen der Fortschreibung der Feuerwehrdienstvorschrift 100 und der dort zu erhoffenden Schärfung der Aufgabenprofile der einzelnen Stabsbereiche. Gleiche Herausforderungen bestehen für andere warnende Stellen der unterschiedlichen Ressorts und Verwaltungsebenen.

Ausblick

Zukünftig wird die Notwendigkeit bestehen, technische Entwicklungen auf ihre Eignung für den Einsatz in der Warnung als Warnkanal vorherzusehen. Nur dann können neue Wege der Bevölkerungswarnung rechtzeitig technisch und organisatorisch in das bestehende System eingebunden werden. Dabei wird zu beantworten sein, ob beispielsweise DAB+ oder der Emergency-Warning-Service des europäischen Satellitensystems GALILEO in den Verbund der Warnkanäle aufgenommen werden. Auch die Einbindung von Warnmeldungen in Telematiksysteme ist technisch machbar. Marktneutralität, wirtschaftliche Machbarkeit und die Bereitschaft aller mitwirkenden Stellen zur Kooperation sind neben den technischen Anforderungen hier die erforderlichen Elemente.

5.3 Warnung aus Sicht eines Betroffenen

Dieter Franke – pensionierter Pädagogischer Leiter an der BABZ des BBK in Bad Neuenahr-Ahrweiler

Die Warnung kennt viele Wege

Das Warnen vor Gefahren und die dazu erforderlichen Fähigkeiten sind elementarer Bestandteil der Kommunikation von Lebewesen. Inzwischen wird auch bei Pflanzen eine Kommunikation beobachtet, die insbesondere auf die Sicherung des Überlebens ausgerichtet ist (Deeg 2018). Warnungen werden übermittelt durch:

- Verhalten (z. B. Drohgebärden: der Hund, der sehr deutlich seine Zahnreihen bleckt, oder der Gangster im Film, der die gestreckten Finger der Hand waagerecht vor seinem Hals entlangführt),
- Laute (z. B. Warnschreie: der Eichelhäher, der eine Gefahr erkennt, oder die Lokomotive, die vor dem Bahnübergang ihre Pfeife ertönen lässt),
- optische Reize (z. B. Farben und Formen: das Rot der Ampel oder der gelb-schwarze Körper der Schwebfliege, die damit vortäuscht, eine Wespe zu sein) oder
- Botenstoffe (z. B. Duftstoffe und Pheromone: von Insekten befallene Weiden warnen benachbarte Bäume, die daraufhin die biochemische Blattzusammensetzung ändern, oder die Markierungsmarken, mit denen ein Hund sein Revier absteckt).

Untersucht man obige Beispiele genauer, dann lässt sich eine Differenzierung vornehmen. Einige der Beispiele lassen sich eher als Drohung verstehen. So etwa der Gangster, der den Schnitt durch die Kehle andeutet. Drohungen beinhalten eine Warnung und der Drohende ist selbst in der Lage, die Situation, vor der er warnt, herbeizuführen. Hier ist, ob explizit ausgedrückt oder nicht, in der Regel auch eine genaue Anweisung enthalten. Dem Gewarnten ist klar, welche Reaktion von ihm erwartet bzw. verlangt wird. Anders sieht das z. B. beim Warnschrei des Eichelhähers oder bei der Pheromonausschüttung der Weide aus. Hier haben die Warnenden keinen Einfluss auf den Eintritt der Gefahr. Es bleibt dem Gewarnten selbst überlassen, durch eigenes Handeln oder Nichthandeln einem möglichen Schaden vorzubeugen. Je nach Beurteilung der Lage können aufgrund der Warnung Maßnahmen eingeleitet werden, um einen Schaden abzuwenden oder zu vermindern oder die Wahrscheinlichkeit eines Schadenseintritts zu reduzieren.

Ziel einer Warnung ist es also in jedem Fall, eine Verhaltensänderung herbeizuführen, die der jeweiligen Gefahr, vor der gewarnt wird, angepasst entgegnet. So

soll die von der Gefahr ausgehende schädigende Wirkung vermieden oder minimiert werden.
Um eine Verhaltensänderung zu erreichen, muss
- eine Warnung herausgegeben werden, sie muss
- dem Empfänger der Warnung zugehen und sie muss
- von diesem wahrgenommen und verstanden werden können.

Für amtliche Warnungen kommt noch ein wesentlicher Faktor hinzu. Der Warnende muss sich vergewissern, dass der Empfänger der Warnung über die Möglichkeiten zur Umsetzung der von ihm erwarteten Reaktion verfügt.

Das Hochwasser 2021
Ein anschauliches Beispiel findet sich in einem Bericht über die Flutkatastrophe im Ahrtal von 2021 (Neumann 2021). Der Autor gibt hier die Warnung wieder, die per Lautsprecherdurchsage abgestrahlt wurde.

»… Ahr ist die Hochwassergefahr sehr hoch. Innerhalb der nächsten 24 Stunden ist mit Überflutungen, Stromausfall und Verkehrsbehinderungen zu rechnen. Halten Sie sich möglichst nicht in Kellern, Tiefgaragen und tieferliegendem Gelände auf. Sichern Sie flussnahe Gebäude und entfernen Sie Ihre PKWs aus dem Gefahrenbereich. Informieren Sie sich über die Medien und behalten Sie das Wetter und das Abflusssystem im Auge. Achten Sie unbedingt auf Ihre Sicherheit und auf die Anweisungen der lokalen Einsatzkräfte.«

Neumann erläutert im Weiteren, was diese Warnung, die zusätzlich auch Verhaltenshinweise enthält, für ihn, einen mit Großschadenslagen vertrauten Polizeibeamten bedeutet. Seine Interpretation des Warntextes ist sicherlich übertragbar.

»Hohe Hochwassergefahr. Eventuell Stromausfall. Nicht in den Keller gehen (den ich nicht habe). Flussnahe Gebäude sichern (das ich nicht habe). PKW aus dem Gefahrenbereich entfernen (indem ich offensichtlich nicht bin, siehe voriger Satz). Auf meine Sicherheit achten (tue ich immer), Anweisungen lokaler Einsatzkräfte beachten (die ja gerade an unserem Haus vorbeifahren).«

Der Warntext enthält einige Schlüsselwörter, die nicht explizit definiert werden:
- Was bedeutet »hohe Hochwassergefahr«?
- Was heißt »flussnah«?
- Wo beginnt der »Gefahrenbereich«?

Diese Fragen werden von Neumann mit Erfahrungswissen oder Vermutungen beantwortet. Das Hochwasser des Jahres 2016 wurde als Jahrhunderthochwasser

5.3 Warnung aus Sicht eines Betroffenen

eingestuft. Eine »hohe Hochwassergefahr« wird sich daher maximal in diesem Rahmen abspielen, was dann auch daraus folgend »flussnah« und »Gefahrenbereich« definiert.

Für Andy Neumann, 200 bis 300 Meter von der Ahr entfernt wohnend, lautet also das Fazit: »Keine Maßnahmen erforderlich.« Allerdings hielt sich das Hochwasser im Jahr 2021 weder an die Warnung noch an ihre Interpretation. Das Erdgeschoss des Wohnhauses von Andy Neumann wurde fast bis zur Decke geflutet.

Der komplizierte Weg zur Warnung
Hier zeigt sich ein grundsätzliches Problem amtlicher Warnungen. Grundlagen der Warnung sind eine Beurteilung der vorliegenden Lageinformationen und daraus abgeleitet eine Prognose bezüglich der zukünftigen Entwicklung. Die Informationen sind in vielen Fällen wissenschaftlicher Art. Sie beziehen sich z. B. auf die Meteorologie, auf die Hydrologie, auf die Toxikologie oder auf die Topographie. Ihre Beurteilung setzt Expertenwissen voraus und das Vertrauen auf die Validität und die ausreichende Anzahl der vorhandenen Daten.

Hieraus entwickelt dann die zuständige Verwaltung die amtliche Warnung. Wissenschaftliche Aussagen werden in eine Verwaltungssprache transferiert, die der sich in einer Ausnahmesituation befindende Bürger verstehen und in logische Maßnahmen umsetzen soll. Das Ergebnis soll zudem so aussagekräftig und eindeutig sein, dass Rückfragen des Bürgers bei der Verwaltung nicht notwendig sind.

Auf obiges Beispiel zurückkommend ist klar, dass die der Warnung zugrundeliegenden Daten entweder nicht korrekt, nicht ausreichend oder nicht richtig beurteilt worden waren. Das soll hier aber nicht beurteilt werden. Wichtiger ist die Betrachtung des daraus abgeleiteten Warntextes. Veröffentlicht wurde er unter anderem in einem Gebiet, dessen Bewohner sich aufgrund des Textes als nicht betroffen einstuften. Es gab also eine Diskrepanz zwischen dem Inhalt und der Aussage. Obwohl die zuständige Behörde ja offensichtlich in diesem Wohngebiet eine Warnung der Bevölkerung bezüglich eines Hochwassers für erforderlich hielt, sorgte die Interpretation des Textes dafür, dass diese Warnung als eine Entwarnung aufgefasst und entsprechend behandelt wurde.

Genau wie eine Warnung, löst auch eine Entwarnung entsprechende Reaktionen aus. Daher ist es grundsätzlich wichtig, eine Warnphase durch eine entwarnende Meldung wieder aufzuheben, wenn sie nicht durch andere Faktoren eindeutig beendet ist. Dies kann etwa eine mit der Warnung ausgegebene zeitliche Begrenzung sein (z. B. Sturmflut), eine räumliche Begrenzung (z. B. unbeschrankter Bahnübergang) oder eine offensichtliche Beendigung einer Gefahrenlage (z. B. Brand in der Nachbarschaft).

5   Erkenntnisse der Flutkatastrophe auf ausgewählte Bereiche

Die Glaubwürdigkeit einer Warnung
Im Ahrtal konnte ein besonderer Effekt beobachtet werden. Stunden, nachdem die Flutwelle durch das Tal gerauscht war, verbreitete sich eine Information. Danach drohte eine Talsperre zu brechen und für eine zweite und noch stärkere Flutwelle zu sorgen. Die Beunruhigung und die geradezu verzweifelte Hilflosigkeit waren vielfach zu spüren. Der Information wurde geglaubt, was wahrscheinlich ohne die gerade überlebte erste Flutwelle weitaus weniger der Fall gewesen wäre. Aber das vorher Unvorstellbare war geschehen, und dass eine Wiederholung nun kommen könne, war damit vorstellbar geworden. Etwas Unglaubliches, dem unter anderen Umständen mit Misstrauen begegnet worden wäre, wurde nun nicht infrage gestellt, wurde nicht überprüft, sondern als Apokalypse akzeptiert und weiterverbreitet.

Zum Glück war diese Information nur ein Gerücht ohne realen Bezug zur Lage. Die Grundinformation allerdings hatte einen wahren Kern. Nur lag die betreffende Talsperre nicht im Einzugsgebiet der Ahr. Unter anderen Umständen wäre die Warnung, die sich in den sozialen Medien verbreitet hatte, sicherlich allein deswegen schnell als irrelevant entlarvt und gekennzeichnet worden.

Damit stellt sich die Frage nach der Glaubwürdigkeit. Verschiedene Parameter spielen hier hinein. Da sind der Warnende und das Verhältnis zwischen ihm und dem Gewarnten. Wurde der Warnende bislang als vertrauenswürdig wahrgenommen? Ist er persönlich bekannt? War er in anderen Fällen bislang mit seiner Warnung ein verlässlicher Garant? Ein weiterer Aspekt kommt dem Inhalt zu. Passt die Prognose zu den bisherigen eigenen Erfahrungen? Passt sie zum Vorstellbaren, wenn ggf. auch nur aufgrund von Erzählungen? Passt sie zu der dem Warnenden zugeschriebenen Kompetenz?

Ein Beispiel stellt das dreieckige Verkehrsschild dar, mit dem der Autofahrer vor Wildwechsel gewarnt wird. Grundsätzlich darf man der zuständigen Behörde unterstellen, diesen Warnhinweis erst nach entsprechender Prüfung aufgestellt zu haben. Trotzdem verringern nur wenige Fahrzeugführer ihre Geschwindigkeit wirklich merklich. Die langjährige Erfahrung hat bei ihnen keinen Wildwechsel abgespeichert, die Wahrscheinlichkeit eines Wildwechsels erscheint daher als vernachlässigbar gering. Dies gilt nicht nur an bekannten Stellen, die regelmäßig befahren werden. Die Erfahrung des seltenen Wildwechsels wird auch auf solche Strecken übertragen, die zum ersten Mal befahren werden. Verstärkt wird dieses Verhalten durch einen zweiten Effekt, der auch für andere Situationen gilt. Da sich wohl die meisten Autofahrer für erfahrene und sichere Fahrzeugführer halten und zugleich in der Regel noch keinen gefährlichen Wildwechsel erlebt haben, gehen sie davon aus, in einer Realität werdenden Situation noch angemessen durch Bremsen oder Ausweichen reagieren zu können.

5.3 Warnung aus Sicht eines Betroffenen

Das Verhalten nach dem Empfang einer Warnung hängt also nicht nur von der mit ihr verbundenen Glaubwürdigkeit ab, sondern auch von der anschließenden eigenen Beurteilung der persönlichen Lage. Welche Reaktionsmöglichkeiten werden gesehen? Welche Vorkehrungen können getroffen werden?

Zu viel und zu wenig Warnung

Anlässlich der Übung LÜKEX 2015 befassten sich Thomas Kox (FU Berlin) und Dr. Martin Göber (DWD) beim ersten Thementag mit dem »Umgang mit Unsicherheit und Auswirkungen auf die Warnung« (Kox, Göber 2015). Sie zeigten, dass nur 24 % der Befragten eine falsche Warnung vor einem Regenereignis missfällt. Nun ist es wahrscheinlich menschlich, dass die Konsequenz, nämlich Sonnenschein statt Regen, positiver erscheint und daher die falsche Warnung als weniger tragisch eingestuft wird. Das Umgekehrte, also ein Regenereignis ohne vorherige Warnung, wird hingegen von fast 50 % der Befragten missbilligt. Bei Wetterwarnungen geht die Bevölkerung ohnehin davon aus, dass diese mit einer gewissen Unsicherheit behaftet sind.

Beides, zu viel, aber auch zu wenig Warnung, hat Konsequenzen, wenn dies häufig der Fall ist. Tritt das angekündigte Ereignis nicht oder nicht in dem Maße ein wie angekündigt, erscheint die diesbezügliche Warnung in der Wahrnehmung durch den Bürger rückwirkend als »übertrieben« oder »unzutreffend«. Das kann letztendlich dazu führen, dass die nächste derartige Warnung oder gar alle Warnungen des entsprechenden Warnenden insgesamt unterschätzt oder ignoriert und deshalb nur halbherzig bzw. zu spät reagiert wird. Ein Abstumpfungseffekt tritt ein. Dies gilt verstärkt, wenn aufgrund der Warnung – eventuell kostenintensive – Maßnahmen ergriffen wurden, die sich nicht nur als überflüssig erwiesen haben, sondern von Dritten ggf. auch als übertrieben dargestellt werden. Diese Diskussionen sind insbesondere bei Schutzmaßnahmen durch die öffentliche Hand zu verfolgen, wenn Vorkehrungen als Steuerverschwendung abgetan werden.

Eine Abstumpfung kann auch eintreten, wenn unterlassene Warnungen (mit eventuell gravierenden Folgen) dazu führen, dass die zur Warnung verpflichtete Organisation die Warnschwelle deutlich senkt oder wenn wichtige Warnhinweise in einem ganzen Paket von Hinweisen geradezu verschwinden. Diesen Effekt sehen wir regelmäßig etwa bei umfänglichen Beipackzetteln zu Medikamenten. Dabei darf man auch die Angst des Warnenden vor den Folgen nicht außen vor lassen. Warnungen können auch Kosten und Schäden verursachen. Maßnahmen zur Schadensminderung oder -vermeidung können sich als überflüssig erweisen. Fluchtbewegungen können Unfälle verursachen. Auch solche negativen Auswirkungen müssen einkalkuliert werden und beeinflussen dadurch die Frage, wo die Warnschwelle angesetzt wird und welches Risiko in Kauf genommen wird.

Die Warnung an der Ahr
Hier kam vieles hiervon zusammen: Warnung und Gerücht, glaubwürdig und unglaubwürdig, zu spät und unterblieben, verständlich und unpräzise. Sozialwissenschaftler werden noch lange forschen können, wie in einer solchen Situation eine mustergültige und effektive Warnung hätte aussehen können, die vielleicht die Zahl der Toten zumindest reduziert hätte.

Um ihren Zweck erfüllen zu können, müssen Warnungen verständlich sein. Warnungen, die sich an einen vielschichtigen Personenkreis richten, müssen zwecks möglichst hoher Erfolgsaussicht so gestaltet sein, dass sie alters- und sprachunabhängig verstanden werden.
Claudia Schedlich, Kerstin Fröschke und Dr. Jutta Helmerichs haben eine übersichtliche Zusammenstellung wesentlicher Faktoren in ihrem Beitrag zur Übung LÜKEX 2015 gegeben, die hier zitiert werden soll (Schedlich, Fröschke, Helmerichs 2015).
Sie geben als situative Faktoren an:
- »die Qualität und Quantität sowie das Vertrauen in die Glaubwürdigkeit der Warnung,
- die Art und wahrgenommene Intensität der Bedrohung (Naturkatastrophe vs. »man made disaster«, zeitkritisch oder nicht),
- der Vorerfahrung mit ähnlichen Schadensereignissen,
- die Vorerfahrungen mit der Glaubwürdigkeit von Warnbotschaften und Hilfeleistungen,
- die soziale Schicht, kulturelle Deutungsmuster und ethnische Zugehörigkeit,
- die soziale Einbindung und Vulnerabilität,
- das Vertrauen in die Kompetenzen der behördlichen Stellen und der handelnden Personen.«

Für die Steigerung der inhaltlichen Effizienz führen sie an:
- »die Art der Bedrohung genau zu spezifizieren (Grad der Bedrohung, Zeitangaben),
- die Bevölkerungsgruppe, die sich im Risiko befindet, genau einzugrenzen,
- die Region, die sich im Risiko befindet, genau zu benennen,

- Handlungsanweisungen präzise, klar und allgemein verständlich zu formulieren,
- die Organisation, die für die Warnung verantwortlich ist, zu benennen,
- Hinweise auf Unterstützungsangebote für Personen mit spezifischen Bedarfen zu geben, z. B. für sinnesbehinderte Menschen, pflegebedürftige Personen, Kinder.«

5.4 Vertrauen der Bevölkerung in den Bevölkerungsschutz

Uwe Hamacher – Geheimschutzbeamter beim Bundesamt für Bevölkerungsschutz und Katastrophenhilfe

Dieser Beitrag fußt weder auf empirischen Studien noch auf großflächigen Befragungen, er ist vielmehr das Ergebnis aus 35-jähriger Erfahrung ehrenamtlicher Mitarbeit in einer Hilfsorganisation in verschiedensten Funktionen und Fachdiensten.

So habe ich den klassischen Sanitäts- und Fernmeldedienst komplett durchlaufen, habe mich im Betreuungs- und technischen Dienst zur Einsatzreife fortbilden lassen und an zahlreichen Einsätzen in unterschiedlichen Funktionen teilgenommen. Ferner war ich im Bereich der Versorgung und Logistik von Notleidenden im Ausland an vielen Einsätzen in Kroatien, Bosnien, Russland, Serbien und Polen beteiligt. Erinnerungen und Erfahrungen von Großveranstaltungen und Großschadensereignissen in Deutschland sind mir stets präsent. Darüber hinaus nahm ich auf verschiedenen Leitungsebenen in unterschiedlichen Stäben und Leitungsgruppen an diversen Einsatzführungen von größeren Veranstaltungen teil.

Vertrauen, Zutrauen, Respekt

Im Laufe der Jahre habe ich drastische Veränderungen zum Negativen bei den Menschen gegenüber dem Bevölkerungsschutz bemerkt. Diese beziehen sich auf Vertrauen, Zutrauen und Akzeptanz.

Das Vertrauen geht dabei, meiner Meinung nach, mit Respekt einher. Dieser hat in den letzten Jahrzehnten, so erlebe ich es, deutlich abgenommen, zum Teil ist er sogar ganz verloren gegangen. Wenn ich also einem Menschen im Bevölkerungsschutz oder dem System Bevölkerungsschutz oder auch letztendlich dem Staat keinerlei Respekt entgegenbringen kann, kann ich diesem auch nicht vertrauen und umgekehrt. Es lassen sich dabei meines Erachtens demografische als auch geografische Unterschiede ausmachen.

Verlorener Respekt gegenüber dem Bevölkerungsschutz nach Alter aus städtischer Sicht (Demografie)

Mir fällt auf, dass ältere Menschen, ab ca. 60 Jahren, die Kräfte des Bevölkerungsschutzes, also die bekanntesten Hilfsorganisationen, wie der ASB, DRK, JUH und MHD sowie die Feuerwehren und das Technische Hilfswerk aber auch Kräfte des Katastrophenschutzes, eher als staatliche Hilfskräfte anerkennen, öfter bereit sind, ihren Hinweisen oder Anweisungen zu folgen und somit auch Vertrauen signalisieren.

Allerdings kann es, je nach Typ Mensch, auch bei dieser Personengruppe dazu kommen, dass Einzelne respektlos und mit Vorwürfen gegenüber den etablierten Organisationen bzw. deren Vertretern auftreten. So musste ich schon mehrere Male bei großen Umzügen, z. B. Karnevals- oder auch Martinzüge, mit einem Kranken-/ Rettungswagen aus einsatzlogistischen Gründen an bestimmten Kreuzungen stehen, um nach allen Seiten hin abfahren zu können. Bestimmte Personen hatten hierfür allerdings wenig Verständnis und machten ihrem Ärger darüber, dass sie vom Zugweg angeblich nichts mehr sehen könnten, lautstark Luft und forderten mich auf, woanders zu parken. Auch Erklärungen über den gewählten Standort wurden nicht akzeptiert und verhallten ohne Wirkung. Ebenso wurden mir und vielen meiner Kolleg:innen Rangiermaßnahmen schwer gemacht, weil man einfach nicht bereit war, zur Seite zu gehen oder wir sogar bewusst zugeparkt wurden.

Menschen in einem deutlich jüngeren Alter, bis ca. 35 Jahre, machen sich häufiger lustig über die Kräfte des Bevölkerungsschutzes als Ältere. Die Helfenden werden besonders gerne dann verhöhnt, wenn sie, um für den/die Bürger:innen da zu sein, bei eisiger Kälte, im starken Regen/Schnee oder bei brütender Hitze ihren Sanitätswachdienst, Brandschutzdienst oder die technische Unterstützung bei Veranstaltungen leisten.

Alkohol

Bei Karnevalsumzügen, Volksfesten, Kirmes- oder Open-Air-Veranstaltungen geht bei vielen Besuchern, offensichtlich in adäquater Abhängigkeit vom Alkoholkonsum, sehr schnell der Respekt für die Arbeit des Bevölkerungsschutzes verloren. So habe ich erlebt, dass am Ende eines Open-Air-Sommerfestes eine Einsatzfahrt mit dem Rettungswagen mit Sondersignalen zum Problem wurde. Jüngere, deutlich angetrunkene Festivalteilnehmer, stellten sich, bei langsamer Fahrt durch die Menge, auf die vordere Stoßstange des Rettungswagens und schlugen mit flacher Hand auf die Frontscheibe und verlangten, für 10 Euro nach Hause gefahren zu werden.

Wie derartige Situationen auf transportierte Patient:innen wirken, kann sich jeder bestimmt gut vorstellen. Im geschilderten Fall erschraken Patient und Sanitäter

5.4 Vertrauen der Bevölkerung in den Bevölkerungsschutz

derart, dass beide bis zur Ausfahrt aus dem Gelände Angst vor einem Überfall und die Befürchtung hatten, dass die Angetrunkenen bis ins Fahrzeuginnere vordringen würden.

Auch das Aufreißen von Türen zum Behandlungsraum kommt bei Großveranstaltungen öfters vor. Nicht selten musste zur Klärung derartiger Situationen sogar die Einsatzfahrt unterbrochen werden, bis hin zum Polizeieinsatz.

In den letzten Jahren sind leider auch tätliche Übergriffe, insbesondere von alkoholisierten Jugendlichen, häufiger geworden. Bis dato kenne ich dies nur vom Hörensagen, selbst habe ich keine derartigen Übergriffe erlebt.

Jüngere Menschen, die sich mit dem Staat und seinen Vertretern noch nicht oder nicht mehr identifizieren können oder wollen, neigen eher dazu, mit ablehnendem Aktionismus zu reagieren. Auch bei Demonstrationen ist mir dies schon bewusst geworden. So war das Vertrauen der Teilnehmenden einer Demonstration für die Zusammenlegung von RAF-Häftlingen in die staatlichen Organe ganz schnell verloren gegangen, da einige Polizisten Demonstranten, die auf einer sehr hohen Krankenhausmauer saßen, an den Füßen herunterzogen und hierdurch verletzten.

Junge Männer, die mit sehr patriarchalischen Wertvorstellungen erzogen wurden oder sich diese zu eigen gemacht haben, sind sehr häufig extrem respektlos besonders weiblichem Personal des Bevölkerungsschutzes gegenüber. Hierbei spielt Alkohol längst nicht immer eine Rolle.

Schlechte Erfahrungen mit dem Staat
Menschen, die (häufig) schlechte Erfahrungen mit dem deutschen Staat gesammelt haben, weil sie z. B. keine Arbeit, Wohnung, Asyl oder andere Dinge bekommen oder aber negative Erlebnisse mit der Obrigkeit in einem anderen Staat gemacht haben, sind ebenfalls häufiger respektlos.

Unterschied zwischen Stadt und Land, West und Ost (geografisches Gefälle)

Land
In eher ländlichen Regionen habe ich mehr Zutrauen und Vertrauen in den Bevölkerungsschutz als in Städten erlebt. Durch die Abgelegenheit und größere Abhängigkeit voneinander ist man sozusagen aufeinander angewiesen.

Wenn es im Dorf brennt, kommt seltener die Berufsfeuerwehr, sondern ehrenamtliche Feuerwehrleute, meist die eigenen Nachbarn, um den Brand zu löschen. Ähnlich sieht es bei den Hilfsorganisationen aus.

Die Hilfsorganisationen leisten in ländlicheren Gebieten einen wesentlichen Beitrag zum Rettungsdienst. Sie sind bei Verkehrsunfällen oftmals schneller am Unfallort als der Rettungswagen von der nächsten hauptamtlich besetzten Wache. Auch der Notarzt ist häufiger aus der Praxis von nebenan, den man noch persönlich kennt. Ob als First Responder, als Feuerwehrmann/frau, Rettungsdienstler/in oder als gut in technischen Problemen ausgebildete Hilfskraft des THW – überall kommen auf dem Land/in ländlichen Regionen diese helfenden Hände zum Einsatz und unterstützen die Bevölkerung bei Notlagen.

Stadt (größere Städte)
Im städtischen Umfeld stellt es sich anders dar. Eine Vielzahl von Einsatzkräften und Einsatzfahrzeugen sind innerhalb kürzester Zeit vor Ort, um Hilfe zu leisten, aber zumeist ohne persönlichen Bezug zum betroffenen Menschen. Wobei dort die Bevölkerung glaubt, dass es genügend Rettungskräfte gibt und man sie nur rufen muss.

Leider kommt es immer häufiger vor, dass der Notruf für kleinere Probleme gewählt wird, die eigentlich vom Hausarzt, Krankenpflegepersonal oder Apotheker behoben werden könnten. Dadurch werden auch nicht lebensnotwendige und nicht lebensbedrohliche Einsätze durch hochqualifizierte Fachkräfte durchgeführt, die dann an anderer Stelle fehlen. So erlebte ich beim Einsatz am Bürgertelefon der Feuerwehr, dass ein Bewohner die Feuerwehr für das Beseitigen einer kleineren Wasseransammlung im Keller rief, da er sich nicht in der Lage sah, das Wasser mit Aufnehmer und Eimer aufzuwischen.

Auch für Betrunkene, die nicht mehr in der Lage sind, den Schlüssel der Wohnung ins Schloss zu stecken, sollen Hilfskräfte ausrücken. So eine Vielzahl von überflüssigen Anforderungen, aber auch daraus resultierenden Einsätzen, führt bei Hilfskräften zu unnötigem Frust und zur künstlichen Verknappung der Einsatz- und Rettungsdienste.

Der Bevölkerungsschutz heute
Verschwiegen werden darf aber auch nicht, dass das Herunterfahren der Kapazitäten des Zivil- und Katastrophenschutzes zum Ende der 90er-Jahre viel Vertrauen in den Bevölkerungsschutz gekostet hat. Der Rückbau von Bundes- und Landesstrukturen, eine mangelnde oder überalterte Ausstattung, Fahrzeuge, die nicht repariert oder ersatzbeschafft wurden, die fehlenden bzw. niedrigen staatlichen Investitionen, besonders die in das Ehrenamt, ließen den Bevölkerungsschutz mehr und mehr in den Hintergrund treten.

Der, aus meiner Sicht, zu niedrigen Wertschätzung der Helfenden, die viele Stunden ihrer Freizeit opfern, die sich in langen Ausbildungsgängen und kontinu-

5.4 Vertrauen der Bevölkerung in den Bevölkerungsschutz

ierlichen Fortbildungen engagieren, muss entgegengewirkt werden. Zwar werden von der Politik medienwirksam nach Großschadenslagen Orden und Urkunden verteilt, eine wirklich ernst gemeinte Anerkennung sollte sich meines Erachtens aber auch monetär auszahlen, z. B. durch steuerliche Erleichterungen für Menschen, die sich ehrenamtlich engagieren. Oder durch die Erstattung der Kosten für ehrenamtliches Telefonieren, für das Waschen der Einsatzbekleidung oder der komplette Ersatz von Fahrkosten – nicht nur bei behördlichen angeordneten Einsätzen. Um in einer anerkannten Einsatzformation mitwirken zu können, bedarf es vieler Ausbildungen, freizeitlicher Entbehrungen und Aufwendungen, für die es nur selten anerkennende Entschädigungen gibt.

Wenn sich Menschen allerdings in akuten Notsituationen befinden, sind eher positive Reaktionen zu verzeichnen. Benötigen Menschen den Rettungsdienst oder die Feuerwehr, weil sie oder Angehörige sich in einer akuten Gefahrensituation befinden, sind die Bevölkerungsschutzkräfte gerne gesehen. Egal ob es sich dabei um ein häusliches Unglück, den Gang in eine Unfallhilfsstelle bei einer Veranstaltung oder um eine Katastrophe handelt. So sind Menschen aus Riesa nach der zweiten großen Elbe-Flut gerne zu meiner Hilfsorganisation gekommen, um Verpflegung zu erhalten, nachdem ihr zu Hause ein zweites Mal unterspült wurde und die eigenen Küchen voll Wasser und Schlamm standen. Mit Tränen in den Augen waren diese Menschen dankbar, dass es eine eingerichtete Not-Küche gab. Genau wie in Sarajewo, wo wir zum Ende des Balkan-Krieges mehrere Not-Küchen mit Lebensmitteln versorgt haben.

Schlussbemerkung
Unabhängig von der Betrachtung nach Demografie und Geografie oder ggfs. nach Bildungsstand, hier bewusst weggelassen, lässt sich festhalten, dass Gewalt gegen staatliche und zwischenstaatliche Organe in den letzten Jahrzehnten zugenommen haben. Gleiches berichten Kolleg:innen, die täglich auf der »Straße« ihren Dienst verrichten bei Veranstaltungen, im Rettungsdienst oder den vielen anderen Gegebenheiten.

Ein demokratischer Staat kommt bei vielen hier beschriebenen Situationen schnell an seine Grenzen. Wenn er nicht mit aller Härte durchgreifen und damit zur Verschärfung der Ablehnung beitragen möchte, kann er nur mit Aufklärung, Milde und größtmöglichem Verständnis reagieren.

Natürlich kann und will ich nicht alle Menschen über einen Kamm scheren. In der Tat werden die negativen Ereignisse eher durch Minderheiten verursacht. Diese aber unterwandern mit ihrem respektlosen und unverständlichen Verhalten die Akzeptanz eines im Grunde funktionierenden Bevölkerungsschutzes.

6 Gefahrenabwehrentitäten

6.1 Allgemeine Betrachtung
Uwe Becker

Behörden und Organisationen mit Sicherheitsaufgaben (BOS) spielen eine zentrale Rolle in der Gewährleistung der Sicherheit und des Schutzes von Bürger:innen sowie der Aufrechterhaltung der öffentlichen Ordnung. Diese vielfältigen Einrichtungen sind für die Bewältigung mit einer breiten Palette von Aufgaben verantwortlich, von der Prävention von kriminellen Aktivitäten über die Reaktion auf Notfälle bis hin zur nationalen Verteidigung.

Hier werden wir uns ausführlicher mit Behörden und Organisationen mit Sicherheitsaufgaben befassen, einzelne Aufgabenträger der nichtpolizeilichen Gefahrenabwehr näher beleuchten sowie die entscheidende Bedeutung hervorheben, die sie für die Stabilität einer Gesellschaft und die Sicherheit der Bürger:innen haben. Wir werden auch die Herausforderungen und Entwicklungen in diesem wichtigen Bereich aufzeigen, der in der heutigen komplexen Welt eine ständige Anpassung und Weiterentwicklung erfordert.

Die Steigerung der Resilienz von Behörden und Organisationen mit Sicherheitsaufgaben ist von entscheidender Bedeutung, da sie in der Lage sein müssen, auf vielfältige Herausforderungen und Krisensituationen angemessen zu reagieren. Hier sind einige wichtige Schritte und Maßnahmen, die dazu beitragen können, die Resilienz dieser Einrichtungen zu stärken:

1. Risikoanalyse und -management: Behörden und Organisationen sollten fortlaufend Risikoanalysen durchführen, um potenzielle Bedrohungen und Schwachstellen zu identifizieren. Dies ermöglicht es, präventive Maßnahmen zu ergreifen und Notfallpläne zu entwickeln.
2. Interdisziplinäre Zusammenarbeit: Zusammenarbeit und Koordination zwischen verschiedenen Behörden und Organisationen sind entscheidend. Dies fördert einen ganzheitlichen Ansatz zur Sicherheit und ermöglicht eine effiziente Reaktion auf komplexe Herausforderungen.
3. Ausbildung und Schulung: Die Mitarbeitenden sollten regelmäßig in Bezug auf aktuelle Sicherheitsprotokolle und bewährte Verfahren geschult werden. Dies verbessert die Fähigkeit, auf Krisensituationen angemessen zu reagieren.

6.1 Allgemeine Betrachtung

4. Technologische Investitionen: Investitionen in moderne Technologien, einschließlich Frühwarnsysteme, Kommunikationstechnologie und Datenanalyse, können die Effizienz und Effektivität von Sicherheitsorganisationen erheblich steigern.
5. Notfallpläne und -übungen: Das regelmäßige Durchführen von Notfallübungen und die Aktualisierung von Notfallplänen sind entscheidend, um sicherzustellen, dass die Reaktionsfähigkeit in Krisensituationen optimiert wird.
6. Ressourcenallokation: Die angemessene Zuweisung von finanziellen und personellen Ressourcen ist wichtig, um sicherzustellen, dass Sicherheitsorganisationen ihren Aufgaben gerecht werden können.
7. Einbindung der Öffentlichkeit: Das Einbeziehen der Öffentlichkeit in Sicherheitsmaßnahmen und -vorbereitungen stärkt die Unterstützung und das Vertrauen der Bevölkerung in die Behörden und Organisationen.
8. Flexibilität und Anpassungsfähigkeit: Behörden sollten flexibel und anpassungsfähig sein, um auf sich verändernde Bedrohungen und Herausforderungen reagieren zu können.
9. Evaluierung und Verbesserung: Eine kontinuierliche Überprüfung und Evaluierung der Reaktionsmaßnahmen und Sicherheitsprotokolle ist wichtig, um Schwachstellen zu identifizieren und zu verbessern.
10. Führung: Starke und kluge Führung ist entscheidend, um klare Ziele und Prioritäten zu setzen und die Umsetzung von Sicherheitsmaßnahmen zu leiten.
11. Das Wissen über eine ausreichende soziale Absicherung und einer Psychosozialen Notfallversorgung (PSNV).

Die oben aufgezeigten Schritte und Maßnahmen zeigen, dass nur eine umfassende und langfristige Herangehensweise zur Resilienzsteigerung beiträgt. Nur dadurch können Behörden besser auf Herausforderungen und Krisen vorbereitet sein und die Sicherheit der Bevölkerung effektiv gewährleisten.

Die Beiträge über Feuerwehr und Bundesanstalt Technisches Hilfswerk (THW) zeigen exemplarisch, mit welchen Methoden die einzelne Einsatzkraft aber auch die Organisation aus einer kritischen Eigenbetrachtung resilienzsteigernde Maßnahmen für sich entwickelt haben.

Die Stärkung der individuellen Resilienz durch Betrachtung von Persönlichkeitsmerkmalen zur Verbesserung individueller Fähigkeiten durch Schulung und Nachsorge ist ein Schwerpunktthema des Feuerwehrbeitrags.

Der Beitrag des THW betont, wie wichtig es ist, nach der Bewältigung von großen Schadensereignissen die gesamte Organisation auf den Prüfstand zu stellen.

Eine Kette ist nur so stark wie ihr schwächstes Glied. Diese Erfahrung haben schon viele erfahrene Führungskräfte machen müssen. Eine Herausforderung ist, dass alle Beteiligten an den Schnittstellen ohne Verluste an Effektivität kooperieren. Interoperabilität setzt unter anderem kompatible Strukturen oder mindestens kompatible Schnittstellen zwischen den Organisationen voraus. Brüche an dieser Stelle sind nur ein Grund für fehlenden Einsatzerfolg. Bei der Flutkatastrophe im Ahrtal haben diese Schnittstellen an vielen Stellen offensichtlich nicht funktioniert.

Mindestens eine solide Aus- und Weiterbildung, gemeinsame Übungen und akribische Vorbereitungen auf allen Ebenen beschreiben alle Autoren des Kapitels als notwendige Grundlage.

6.2 Resilienz aus Sicht der Feuerwehr

Hartmut Ziebs – ehemaliger Präsident des Deutschen Feuerwehrverbandes

Mit dem Begriff Resilienz beschreibt man vereinfacht die Fähigkeit, schwierige Situationen unbeschadet zu überstehen. Bezogen auf die Feuerwehrleute sind damit Einsatzsituationen, Krisen oder Katastrophen gemeint. Resilienz ist vielfach lernbar und es gibt Menschen, die von Haus aus sehr resilient sind.

Anfang 2023 kam es zu einem verheerenden Einsatz in Ratingen. 12 Einsatzkräfte der Feuerwehr, des Rettungsdienstes und der Polizei wurden von einem Straftäter mit einer brennbaren Flüssigkeit übergossen und angezündet.

Diese Einsatzkräfte schafften es trotz schwerster Verbrennungen vom 10. Geschoss eines Hochhauses durch das Treppenhaus auf die Straße zu kommen. Bis zum Eintreffen weiterer Rettungskräfte versorgten sich die Kräfte untereinander medizinisch selbst. Sogar bis an den Rand des menschlich Möglichen.

Solch ein Verhalten ist nur praktizierbar durch ständiges Training. Die Einsatzkräfte von Feuerwehr, Rettungsdienst und Polizei üben regelmäßig Resilienzstrategien, ohne dass ihnen dies bewusst ist. Man kann also Resilienz lernen, muss dies aber auch üben. Und es gibt Menschen, die im Laufe des Lebens diese Widerstandsfähigkeit entwickelt haben.

Als junger Gruppenführer der Feuerwehr kam ich zu einem Wohnungsbrand im zweiten Obergeschoss eines dreigeschossigen Wohnhauses.

Das dritte Oberschoss war vollkommen verqualmt, die dort lebenden Personen mussten über tragbare Leitern gerettet werden. Aufgrund von Personalmangel

6.2 Resilienz aus Sicht der Feuerwehr

musste der Gruppenführer zur Menschenrettung ins dritte Obergeschoss vor als der Löschzug ankam. Dort saß ein sehr altes Ehepaar am Küchentisch. Die Koffer waren gepackt und der Ehemann sagte: »Meine Frau bitte zuerst. Ich habe zwei Weltkriege überlebt, dann schaff ich das hier auch noch.« Wir haben das Ehepaar gerettet, natürlich die Frau zuerst. Mich haben diese beiden Menschen beeindruckt.

Resilienz kann man lernen!
Nur ganz wenigen Feuerwehrleuten ist bewusst, dass sie im Rahmen ihrer Ausbildung auf Situationen vorbereitet werden, in denen gerade eine besondere Resilienz erforderlich ist. Gerade aus dieser Widerstandsfähigkeit, außergewöhnliche, manchmal ausweglose Situationen unbeschadet zu überstehen, erwächst die Fähigkeit überhaupt den Feuerwehrdienst zu versehen.

Genau an dieser Stelle muss man aber auch sagen, dass eine Nachsorge von extremen Situationen notwendig sein kann. Während des Einsatzes funktionieren Feuerwehrleute im optimalen Fall einfach, sie haben es gelernt und rufen das Erlernte ab. Erst dann, wenn etwas Ruhe einkehrt und der Einsatz reflektiert wird, beginnt die Psychologie zu wirken. Dies ist nicht bei allen Menschen gleich. Es gibt Menschen, die gehen mit belastenden Situationen entspannter um. Und es gibt Menschen, die auf solche Einsätze besonders belastet reagieren.

Genau an dieser Stelle darf man Feuerwehrleute, Einsatzkräfte allgemein, nicht allein lassen. Genau hier beginnt die Einsatznachsorge durch Psycholog:innen und Seelsorger:innen. Resilienz kann auch vielfach wieder hergestellt werden. Gelingt uns dies einmal nicht, dann darf man es nicht als Versagen werten. Vielmehr kann man das so formulieren: Die Psyche ist wie ein Behälter von undefinierter Größe und individuell unterschiedlich. In den einen Behälter passt mehr, in den anderen Behälter weniger. Der eine Behälter ist schon nach einem Erlebnis voll, der andere Behälter kann wesentlich mehr aufnehmen. Und bei dem einen Behälter ist ein großes Ventil und bei dem anderen Behälter ein kleines Ablassventil verbaut.

Feuerwehrleute erleben in ihrer Dienstzeit qualitativ und quantitativ unterschiedlich belastende Situationen. Gelingt es uns nicht, diese Ventile zu öffnen und entsprechend Erlebtes zu verarbeiten, kann es auch zum Ausfall der Einsatzkraft führen. Resilienz kann man also lernen, muss sie aber auch pflegen.

Einsatznachbesprechungen bieten daher nicht nur die Möglichkeit der Reflexion, sondern auch zu erkennen, welche Einsatzkraft besonderen Gesprächsbedarf entwickelt.

Gute Führungskräfte erkennen in der Entwicklung einzelner Menschen, wann eine Einsatzsituation besonders belastend wirkt. Will diese Führungskraft, die erlebte und antrainierte Resilienz seiner Einsatzkräfte dauerhaft erhalten, wird sie/er jeden einzelnen Menschen dauerhaft beobachten und bewerten.

Vielen Führungskräften in der Feuerwehr ist nicht bewusst, dass das Wissen über Persönlichkeitseigenschaften zum Beispiel nach dem Fünf-Faktoren-Modell der Persönlichkeitspsychologie nach Gordon Allport und Odbert überaus nützlich ist.

- Offenheit für Erfahrungen
- Gewissenhaftigkeit
- Extraversion
- Verträglichkeit
- Neurotizismus

Wenn genau diese fünf Faktoren passen, stimmig sind, dann ist die Wahrscheinlichkeit der Resilienz in der Feuerwehr sehr hoch. Nur wenn Aufgeschlossenheit, Perfektionismus, Geselligkeit, Empathie und eine stabile Psyche vorhanden sind, wird eine resiliente Feuerwehreinheit entstehen.

Die stabile Psyche ist der schwierigste Faktor. Familiäre Probleme, finanzielle Probleme, Probleme zwischen Feuerwehrleuten, belastende Einsatzsituationen, Führungskräfte, Vorgesetzte, eigene Krankheiten, die Liste ist fast unendlich, können die stabile Psyche beeinflussen. Dies kann temporär und kurzfristig sein, aber leider auch von längerer Zeitdauer. Eine kurzfristige psychische Labilität kann man durch eine temporär begrenzte andere Verwendung der Einsatzkraft überbrücken. Gilt eine Einsatzkraft als dauerhaft psychisch labil, kann ein resilientes Verhalten nur schwerlich erwartet werden.

Resilienz ist also lernbar, aber dauerhaft mit einer ständigen Aus- und Fortbildung und dem Fünf-Faktoren-Modell der Persönlichkeitspsychologie verknüpft. Erst wenn alle Faktoren stimmig sind, kann man Feuerwehrleute als resilient bezeichnen, dann sind sie besonders widerstandsfähig.

Diese Feuerwehrleute wirken dann auch positiv auf die notwendige Resilienz der Menschen, denen sie im Einsatz helfen müssen.

6.3 Bundesanstalt Technisches Hilfswerk (THW)

Claus Böttcher – THW-Fachberater und Mitglied im EU-Katastrophenschutz

Den Kern der wirksamen Unterstützung durch das THW bilden flächendeckend disloziierte, zum Aufwuchs fähige, ehrenamtlich besetzte Einheiten. Das THW löscht weder Brände, noch erbringen seine Helfer:innen Betreuungs- oder Sanitätsdienstleistungen. Von besonderem Wert sind sie, wenn die überregionale technische Unterstützung störungsarm funktioniert und eine individuelle Stehzeit von mindestens 10 Tagen erreicht wird. Als ergänzende Fähigkeiten müssen alle Kräfte des THW bewährte Methoden für »groß und ungewiss« beherrschen und im Einsatz anwenden. Da dies keine Einbahnstraße ist, sollten sich die Stellen der örtlichen Gefahrenabwehr planerisch öffnen und leistungsfähige Schnittstellen zwischen ihrer Führungsorganisation und der überörtlichen Verstärkung und Ergänzung entwickeln, durchgängig einüben und im Ernstfall schnell aktivieren. Bei Einsätzen für die Vereinten Nationen und die Europäische Union erleben Helfer:innen des THW, dass gemeinsame Standards auch in fremden Welten, über kulturelle Unterschiede und Sprachbarrieren hinweg funktionieren, wenn beide Seiten nach denselben Standards trainiert wurden und diese nun implementieren.

Das Gesetz über das Technische Hilfswerk überträgt der Bundesanstalt vier große Aufgabenbereiche. Um diese Definitionen erfolgreich auf das bestehende System des Bevölkerungsschutzes in Deutschland anzuwenden, sind die grundgesetzlich geregelte Gesetzgebungskompetenz einerseits und die formulierten Absichten des Bundesgesetzgebers andererseits in alle weiteren Überlegungen einzubeziehen. Im Jahr 1950 wurde das THW als Bundesoberbehörde des Bundesministeriums des Inneren und für Heimat errichtet. Es betreibt an 668 Standorten Ortsverbände mit den Kernkompetenzen Zivilschutz und technische Unterstützung zuständiger Stellen bei der Wahrnehmung ihrer Aufgaben. Die dafür erforderlichen Fähigkeiten werden von rund 1 800 (THW 2023) ehrenamtlich besetzten und geführten Einheiten und mehr oder weniger autarken Teileinheiten bereitgestellt. Die Züge des THW umfassen je 35 bis 75 Einsatzkräfte und je fünf bis 15 Land- und Wasserfahrzeuge. Gleichartig aufgestellte und ausgerüstete Fachgruppen (FGr) und spezialisierte Trupps (Tr) bieten 25 sehr unterschiedliche Fähigkeiten an, die fast alle den Sektoren der Kritischen Infrastruktur zuzuordnen sind. Ihre Anzahl reicht von bundesweit 13 FGr Trinkwasserversorgung (TW) über 44 FGr Sprengen (Sp) und 142 FGr Wasserschaden/Pumpen (WP), bis über 700 FGr Notversorgung/Notinstandsetzung (N) und über 1 000 Bergungsgruppen (B), die insbesondere für die Rettung von Menschen aus beschädigten Gebäuden aufgestellt, ausgerüstet und ausgebildet sind.

Ein durchgängiges System ehrenamtlich getragener Aus- und Fortbildung über alle Verwaltungsebenen wird durch drei Ausbildungszentren des THW ergänzt. Aufgaben der Verwaltung und viele interne Dienstleistungen erbringen rund 1 700 Tarifbeschäftigte und 600 Beamt:innen; etwa 800 Menschen leisten Bundesfreiwilligendienst. Den Schwerpunkt des hauptamtlichen Personaleinsatzes bildet die THW-Leitung in Bonn. Dort sitzt die Behördenleitung mit ihren Stäben, ergänzt um ein Präsidialbüro in Berlin.

Sowohl für die technische Hilfe im Zivilschutz als auch zur Bekämpfung von Katastrophen, öffentlichen Notständen und Unglücksfällen größeren Ausmaßes muss systematisch gearbeitet werden. Stäbe der 66 Fachzüge Führung/Kommunikation (FZ FK) bieten örtlich zuständigen Behörden eine Schnittstelle mit Insiderwissen an, um die Unterstützungsleistung des THW effizient koordinieren zu lassen. Fünf bis acht Technische Züge kann ein FZ FK führen. Je ein Fachzug Logistik (FZ Log) sorgt im Einsatzfall für die Durchhaltefähigkeit von Menschen und Material des THW im Regionalbereich. Der Fachzug verpflegt Einsatzkräfte und versorgt bei Bedarf Fahrzeuge und Geräte mit Betriebsstoffen. Auch die Wartung und Instandsetzung von Ausstattung und Fahrzeugen übernehmen die taktisch zusammengefassten Fachgruppen aus einer Hand.

Als Beispiel für ein derartiges System im Zivilschutzfall mag die Sprengung eines bei der Bergung von Opfern aufgefundenen Blindgängers durch eine FGr Sprengen (Sp), die Trennung großer Trümmer durch die FGr Schwere Bergung (SB) und deren anschließende Räumung durch eine FGr Räumen (R – Typ A) des THW dienen. Um die Notinstandsetzung der Abwasserleitung im Bereich des Sprengtrichters kümmert sich eine FGr N, die auch beheizte Aufenthaltszelte und Hygienestationen aufstellt, während Helfende der FGr Infrastruktur (I) und R (Typ B) die Mitarbeiter des Wasserversorgers bei der Instandsetzung der Trinkwasserleitung unterstützen. Die bestehende Versorgungslücke überbrückt derweil eine FGr Trinkwasserversorgung (TW) mit ihren Einsatzmitteln.

Für die Bewältigung von Flächenlagen oder die Arbeit im Katastrophengebiet kommt den Zugtrupps (ZTr) der Technischen Züge (TZ) eine herausragende Bedeutung zu. Unterstützt durch selbständige Trupps mit zeitgemäßer Sensortechnik (Trupps ESS, MHP, UL und FGr O und W (soweit mit Sidescan-Sonar für Unterwasserortung ausgestattet)) erkunden ZTr TZ Schadensgebiete. Dazu können sie als eigenständige Erkundungstrupps, als Untereinsatzabschnittsleitungen oder parallel zu ihrer Kernaufgabe, den Betrieb der Führungsstelle des TZ, eingesetzt werden. Ihre Meldungen helfen der übergeordneten Führungsstelle bei der Feststellung der Lage auf ihrer Ebene.

6.3 Bundesanstalt Technisches Hilfswerk (THW)

Auch Großschadenslagen werden schneller bewältigt, wenn die Fähigkeiten der Fachgruppen sinnvoll kombiniert werden. Nach einem Starkregenereignis zum Beispiel, können FGr Wassergefahren (W) Personen, Tiere und Sachwerte aus Hochwassergefahr retten. Einsatzkräfte der FGr WP unterstützen Abwasserbetriebe oder Wasser- und Bodenverbände mit dieselgetriebenen Großpumpen dabei, Niederschlagswasser aus dem Entwässerungssystem in große Vorfluter zu fördern. Sobald die Regenwasserkanalisation ihre Aufgabe wieder erfüllt, werden Bergungsgruppen und insbesondere FGr N eingesetzt, um gefüllte Kellerräume zu lenzen. Bis dahin sorgen die Helfer:innen für Notversorgung mit Strom, Licht und beheizten Zelten. Da der Strom im überfluteten Bereich vorsorglich abgeschaltet wurde, sind auch höhergelegene Trafostationen spannungsfrei. Nach Abtrennung solcher Netzabschnitte können FGr E angeschlossene Haushalte mit Notstrom versorgen. Auch hier kommen Notinstandsetzungen in Betracht; neben Arbeiten an Leitungsnetzen vor allem die Räumung von Wasserläufen und Verkehrsflächen von Schlamm, Kies und Trümmern. Falls das Hochwasser Brücken beschädigt hat, können Systembrücken der FGr Brückenbau eine Entlastung bringen.

Die beiden Beispiele geben einen kleinen Einblick in den Umfang der Fähigkeiten des THW. Natürlich reicht es in Deutschland nicht aus, Aufgaben wahrnehmen zu können. Öffentliche Aufgabenträger benötigen zudem die gesetzliche Befugnis zum Eingreifen und auch bei der Durchführung der Aufgaben müssen die Regeln der Technik eingehalten werden. Während der Bund einige Gesetze (BBK 2023) mit dem Ziel geschaffen hat, besondere Gefahrenlagen zu bewältigen, stehen die Einsatzkräfte im Großschadensfall vor einem Dickicht von Gesetzen, Verordnungen, Regeln und Normen, die uns allen einen sicheren Alltag in ständiger Gegenwart von Gefahrenquellen wie elektrischem Strom, Erdgas und Abwasser bescheren. Im Einsatz muss deshalb aber im Einzelfall abgewogen und dokumentiert werden, warum der gebotene Verstoß gegen Normen verhältnismäßig erscheint. Im Zweifel wird man ermitteln, wer Teile der Regeln unbeachtet ließ. Falls dann vorwerfbares Handeln bewiesen werden könnte, würde sich eine strafrechtliche Verfolgung gegen die Einsatzkraft richten. Bisher formulieren nur wenige zivile Regeln Ausnahmetatbestände, die einen Spielraum für professionelle Umgehungen eröffnen.

Seit 2020 geben Vorschriften dem THW immerhin mehr organisatorische Flexibilität. Derzeit geltende Regeln ermöglichen es, haupt- und ehrenamtliche Kräfte kurzfristig zusammenzufassen, um Planung und Organisation zu unterstützen oder, wie mit dem »System Bereitstellungsraum 500«, verbandsartige Einsatzeinheiten zu bilden. Der Gesetzgeber fordert das THW zudem ausdrücklich auf, sich so zu strukturieren, dass örtlichen Stellen ein effektives Angebot gemacht werden kann. Trotz dieser Forderung und leistungsfähiger Einheiten und Einrichtungen, enthält das

THW-Gesetz aber keine Ermächtigung zur Gefahrenabwehr oder zu eigenverantwortlichen Leistungen in der Katastrophenhilfe. Das THW verkörpert vielmehr ein spezialgesetzlich formuliertes Angebot des Bundes zur Amtshilfe. »Nichts muss, aber es geht viel mehr.« könnte man es zusammenfassen. Für den Katastrophenschutz und die Abwehr von Gefahren nach besonders schweren Unglücken zuständige Behörden tun daher gut daran, dieses Angebot genau zu prüfen und ggf. in eigene Notfallpläne einzubeziehen. Der gemäß § 6 Abs. 1 Satz 2 THW-Gesetz geltende Regelverzicht auf Auslagenerstattung des Bundes macht den Wert dieser Zusammenarbeit offensichtlich. Viele Schlüsselfähigkeiten des THW können zudem ohne jede Schwächung des Grundschutzes »leergezogener« Regionen über einen langen Zeitraum überörtlich im Einsatz bleiben. Eine weitere Option bietet die Übertragung von Aufgaben im Wege von Vereinbarungen gemäß § 1 Abs. 2 Ziffer 4 THW-Gesetz. Das THW sichert dem Aufgabenträger mit Garantenpflicht vertraglich zu, die beschriebene Leistung gegen Entgelt in definierter Weise zu erbringen. Zusätzlich vereinbart werden oft die Haftung auf Gegenseitigkeit und Organisatorisches.

Unterstützungsleistungen des THW in der Fläche verantworten acht Landesbeauftragte. Ihre Dienstbezirke umfassen jeweils ein bis drei Bundesländer oder Stadtstaaten. Für die in Deutschland zunächst zuständige, kommunale Ebene unterhalten die Landesverbände insgesamt 66 Regionalstellen mit hauptamtlich Beschäftigten. Für die effektive Durchführung von Einsatzaufgaben kommt den ehrenamtlichen Ortsbeauftragten des THW die Schlüsselrolle zu: Sie entscheiden nach pflichtgemäßem Ermessen über Amtshilfeersuchen auf örtlicher Ebene, zum Beispiel nach einer Alarmierung des THW durch eine Feuerwehreinsatz- und Rettungsleitstelle. Ihre Aufgabe ist es zu gewährleisten, dass motivierte und gut ausgebildete Helfer:innen Bedarfsträger effektiv und effizient unterstützen. Viele Ortsbeauftragte beraten zudem zuständige Stellen über Einsatzoptionen oder entsenden ihnen direkt unterstellte THW-Fachberater:innen, um eine zuverlässige Verbindung herzustellen und zu unterhalten. Zudem führen sie ihre rein ehrenamtlich besetzte Dienststelle in eigener Verantwortung und nehmen die Fürsorge für alle Gliederungen des OV wahr, also auch für die THW-Jugend.

Entscheidender Faktor bleibt jedoch auch in dieser technisch geprägten Behörde der Mensch. Unterschiedliche Perspektiven von intrinsisch motivierten und professionell distanzierten Personen sind im ehrenamtlich getragenen Bevölkerungsschutzsystem strukturell verankert. Die parallele Aufgabenerledigung durch Haupt- und Ehrenamt entwickelt das THW ständig weiter, um dem Bedarf der Zukunft weiterhin rund um die Uhr gerecht zu werden.

Der Blick auf den Status quo greift jedoch zu kurz. Insbesondere die Folgen der Überschwemmungen deutscher Gebiete im Sommer 2021 und slowenischer Gebiete

6.3 Bundesanstalt Technisches Hilfswerk (THW)

im Sommer 2023, die ausgedehnten und anhaltenden Waldbrandlagen in Europa, Folgen schwerer Stürme, Erdrutsche, Bergstürze und sich auch wegen ausstehender Anpassungsmaßnahmen derzeit gegenseitig verstärkende Binnenhochwasser- und Sturmflutlagen erfordern eine stetige Prüfung der eigenen Vorbereitungen. Mit dem Rahmenkonzept des Jahres 2016 beschlossene Anpassungen sind angestoßen, bzw. vollzogen. Wie bei Leitstellen und Berufsfeuerwehren sind nun auch beim THW mehr und mehr taktisch-organisatorisch Befähigte beider Dienstverhältnisse rund um die Uhr zu erreichen. Die Aufstellung der Fachzüge Führung und der Fachzüge Logistik, die Erweiterung der Räumtechnik um Telelader und Schreitbagger, sowie die Errichtung von zunächst vier weiteren Logistikzentren sind wichtige Beispiele dafür. Der Ausbau von Logistikzentren bietet dem THW nun weitere stationäre Logistikfähigkeiten. Bei kluger Vorplanung helfen sie, Unterbrechungen von Lieferketten zu puffern. Materielle Beiträge und Vorräte an Nahrung und Betriebsstoffen stärken die Resilienz des THW in der Fläche. Das Kommunikationssystem im Hauptamt wurde um Satellitentelefonie erweitert, um für Bundes- und Landesregierungen erreichbar zu bleiben. Viele THW-Regionen entdecken motorisierte Melderinnen und Melder als probate Rückfallebene wieder.

Im Jahr 2023 hat das THW nun gegenwärtige Ereignisse wie Flucht und Migration, Dürre und Hitzewellen analysiert und gesellschaftliche Phänomene wie »erodierende Achtung geltenden Rechts« und »Gefahren im Cyber-Raum« betrachtet. Die Fortschreibung des Rahmenkonzepts aus dem Jahr 2023 greift die nationalen Strategien zur Sicherheit, zur Resilienz und zur Gesamtverteidigung auf. Es liefert dem THW ergänzende Denkanstöße für die Entwicklung zukunftsfähiger Systeme, für die Bildung, für Übungen und zur Anpassung der eigenen Taktik. Da auch aktuelle Megatrends Deutschland erreichen werden, fordert das Rahmenkonzept die Anpassung an absehbare Szenarien, um die Kapazität des THW für den Bevölkerungsschutz mittelfristig zu erhalten.

Fast jedes Jahr sammeln Einsatzkräfte des THW persönliche Erfahrungen in Katastrophengebieten rund um die Welt. Ihre Erlebnisse multiplizieren sie in das THW. Dies hält die Innovationsdynamik hoch und liefert Anregungen zur Vorsorgeplanung vor Ort. Als Angehörige von Schnelleinsatzeinheiten und EU-Modulen, sowie der UN-Fähigkeiten für internationale Hilfe erwerben Auslandsexpert:innen Spezialfähigkeiten, die sie selbstverständlich auch in ihre Inlandsleistungen einbringen. Ausgewählte Fach- und Führungskräfte erhalten zudem die Möglichkeit zur Weiterbildung durch die Vereinten Nationen oder im Rahmen des Europäischen Katastrophenschutzverfahrens. Dies erweitert deren Methodenportfolio und stellt einen unschätzbaren Wert dar. Sowohl das THW selbst, vor allem aber Elemente des

Bevölkerungsschutzes vor Ort, können dieses Potential als systematische Bereicherung in ihre Arbeit für eine sichere Heimat nutzen.

6.4 Aufgaben der Polizei

Eugen Linden – Dozent/Referent Polizei und Katastrophenschutz beim Bundesamt für Katastrophenhilfe und Bevölkerungsschutz

Grundlagen der Zusammenarbeit

Herausragende Einsatzlagen, sog. »größere Schadensereignisse (gSE)«, bei denen die Gefahr besteht, dass das Leben oder die körperliche Unversehrtheit einer Vielzahl von Menschen beeinträchtigt werden könnte oder sogar schon beeinträchtigt wurde, erfordern eine enge und abgestimmte Zusammenarbeit aller Sicherheitsakteure. Die Ursachen für derartige Herausforderungen sind dabei vielschichtig. Terroristische oder kriegerische Auseinandersetzungen sind ebenso möglich wie wetterbedingte Einsatzlagen. Für die Mehrheit der Bevölkerung gehen mit diesen Lagen häufig Existenzängste oder das Infragestellen grundlegender Werte einher (Kasper & Hendigk 2022).

Größere Schadensereignisse sind in aller Regel Sofortlagen, d. h. Zeitpunkt und Örtlichkeit des Ereignisses sind nicht vorhersehbar. Sie können nur dann erfolgreich bewältigt werden, wenn alle beteiligten Stellen – jede in ihrem Zuständigkeitsbereich – schnell, kompetent, gemeinsam und koordiniert zusammenwirken. Jede Organisation hat dabei eigene (hoheitliche) Aufgaben mit klaren Zuständigkeiten, eigenen Kompetenzen und eigenen Verantwortungsbereichen. Es gibt untereinander eine Vielzahl an Berührungspunkten in der Zusammenarbeit. Zur erfolgreichen Lagebewältigung ist dabei jede Organisation auf die Fachkenntnisse, die Erfahrungen, die Fähigkeiten und Fertigkeiten des anderen angewiesen.

Vom Ereignis Betroffene, aber auch die nicht betroffenen Bürger:innen, in politischer Verantwortung stehende Personen und auch die Medien erwarten eine schnelle, professionelle und umfassende Lagebewältigung und somit ein Hand-in-Hand-Arbeiten.

Zur bestmöglichen Vorbereitung auf diese besonderen Einsatzlagen und um die Arbeitsweise der Polizei zu verstehen, sollten gemäß dem Grundsatz »in Krisen Köpfe kennen« (sogenannte 3-K-Regel) bereits im Rahmen des täglichen Dienstes ein regelmäßiger und fest terminierter Austausch mit den Akteuren dieser Lagen stattfinden. Im Einsatzfall – womöglich unter Zeitdruck – bleibt für das gegenseitige Kennenlernen keine Zeit mehr.

6.4 Aufgaben der Polizei

Neben den alltäglichen Berührungspunkten im täglichen Einsatzgeschäft bieten sich z. B. gemeinsame Besprechungen, ein Austausch vor Ort, gegenseitige Führungshospitationen, die Teilnahme an Schulungen und eine fachliche Unterstützung in Aus- und Fortbildungsmaßnahmen sowie gemeinsame Übungen an, um im Einsatzfall ein reibungsloses Zusammenwirken zwischen polizeilicher und nichtpolizeilicher Führung zu gewährleisten.

Landespolizei

Das Tätigwerden aller deutschen Polizeien ist in der bundesweit gültigen Polizeidienstvorschrift 100 (PDV 100) geregelt. Die Vorschrift ist die Basis für andere Spezialvorschriften oder länderinterne, ergänzenden Regelungen. Sie ist bundesweit verbindlich eingeführt und bindet die Polizeiführung in ihren Entscheidungen. Ein Abweichen bedarf der kritischen Betrachtung spätestens in der Phase der Nachbereitung. Neben polizeitaktischen Definitionen zur Einordnung eines Ereignisses werden auch Ziele und polizeiliche Aufgaben für verschiedene Einsatzanlässe benannt (Kasper & Hendigk 2022).

Das Beachten von Einsatzgrundsätzen ist Voraussetzung für erfolgreiches taktisches Handeln. »Einsätze sind für Sofortlagen und für Zeitlagen vorzubereiten. Hierzu dienen vorrangig Planentscheidungen und Planunterlagen, Übungen sowie Ausbildung und Fortbildung.« (PDV 100, Ziff. 1.6.1.1)

Im Falle eines eintretenden Ereignisses soll auf der Grundlage dieser Planentscheide eine schnellstmögliche und hohe Handlungssicherheit sowie eine einheitliche Struktur gewährleistet werden (Kasper & Hendigk 2022).

Die Bearbeitung einer polizeilichen Lage erfolgt grundsätzlich im Rahmen der Allgemeinen Aufbauorganisation (AAO). Dies ist die »ständige Organisationsform für die Aufgaben des täglichen Dienstes, in der die Zuständigkeiten (Funktionen/Kompetenzen), der hierarchische Aufbau (Instanzen) sowie die Kommunikationswege und Entscheidungswege (Dienstwege) festgelegt sind« (PDV 100, Anlage 20). Bei der Einsatzbewältigung im Rahmen der AAO geht die Polizei davon aus, dass sie mit ihren Kräften des täglichen Dienstes auskommt und keine weiteren Alarmierungen oder der Aufbau einer Besonderen Aufbauorganisation (BAO) erforderlich sind.

Ruft die Polizei hingegen eine Besondere Aufbauorganisationen (BAO) auf, schafft sie eine »zeitlich begrenzte Organisationsform für umfangreiche und komplexe Aufgaben, insbesondere Maßnahmen aus besonderen Anlässen, die im Rahmen der Allgemeinen Aufbauorganisation nicht bewältigt werden können« (PDV 100, Anlage 20). Die Einrichtung einer BAO ist erforderlich, wenn eine Lage durch die AAO wegen des erhöhten Kräftebedarfs bzw. der erforderlichen Konzentration von Kräften oder Führungs- und Einsatzmitteln (FEM), der Einsatzdauer

6 Gefahrenabwehrentitäten

oder der notwendigen einheitlichen Führung, insbesondere bei verschiedenen Zuständigkeiten nicht bewältigt werden kann (PDV 100, Ziff. 1.4.2.2).

Mit Kenntnis eines herausragenden Ereignisses wird die zuständige Dienststelle/Leitstelle zunächst das Geschehen polizeitaktisch klassifizieren. Polizeilich macht es einen Unterschied, ob es sich bei dem bekanntgewordenen Sachverhalt um einen Unglücksfall bzw. Unfall handelt oder ob bereits in diesem frühen Stadium ein größeres Schadensereignis nach polizeilicher Definition der PDV 100 (PDV 100, Ziff. 5.13.1.1) vorliegt. Ist ein größeren Schadensereignisses polizeilich kommuniziert, hat das wesentlichen Einfluss auf die zu treffenden taktischen und technisch-organisatorischen Maßnahmen, die in der PDV 100 niedergeschrieben sind.

Als Ziele kommen vorrangig die Abwehr von Gefahren für die Bevölkerung, das Verhindern einer Schadensausweitung bzw. eines (weiteren) Schadenseintrittes, das Gewinnen von Informationen, das Ermitteln von Ursachen, das Verhindern oder Verringern der Verunsicherung der Bevölkerung, das Gewährleisten einer beweissicheren Verfolgung von Straftaten und insbesondere das Gewährleisten des ungehinderten Einsatzes der originär zuständigen Behörden und Fachdienste in Betracht (PDV 100, Ziff. 5.13.2).

Die konkreten Aufgaben der Landespolizei bei der Bewältigung von größeren Schadensereignissen leiten sich aus den jeweils einschlägigen Polizeigesetzen der Länder und den Gesetzen auf Bundesebene ab.

Originäre Aufgaben der Polizei bei größeren Schadensereignissen sind das Absperren und Räumen von Gefahrenstellen, ggf. nach Vorgaben der nichtpolizeilichen Gefahrenabwehr (z. B.: Gefahrenradius), die Aufklärung zum Schadensausmaß und möglichen Schadensausweitungen, die Verhinderung von Plünderungen zum Schutz von Eigentum, das Treffen verkehrspolizeilicher Maßnahmen mit der Konzentration auf das Freihalten von Not- und Rettungswegen sowie das Schaffen von Aktionsräumen zur Gewährleistung des ungehinderten Einsatzes von Kräften der nichtpolizeilichen Gefahrenabwehr und deren Einsatzmaterial.

Aus den Polizeigesetzen der Länder ergibt sich zudem u. a. der polizeiliche Auftrag der Gefahrenabwehr. So wird die Polizei – sofern es unter Berücksichtigung der eigenen Aufgabenwahrnehmung leistbar ist – die originär zuständigen Behörden und Fachdienste z. B. beim Retten und Bergen gefährdeter und/oder verletzter Personen oder bei der Warnung der Bevölkerung unterstützen. In den Fällen der Gefahrenabwehr besteht dabei oftmals nur eine subsidiäre Zuständigkeit, d. h. die Polizei nimmt die Aufgaben nur wahr, wenn die zuständige Behörde (der nichtpolizeilichen Gefahrenabwehr) die Gefahr nicht oder nicht rechtzeitig abwehren kann. Sofern Maßnahmen im Rahmen dieser Eilzuständigkeit getroffen wurden, muss die Polizei die zuständigen Behörden unverzüglich von allen Vorgängen, deren

6.4 Aufgaben der Polizei

Kenntnis für die Aufgabenerfüllung dieser Behörden von Bedeutung sind, unterrichten (= Unterrichtungspflicht). Die zuständige Behörde kann die getroffen Maßnahmen aufheben oder abändern. Darüber hinaus leistet die Polizei anderen Behörden nach den Polizeigesetzen Vollzugshilfe.

Neben den Aufgaben der Gefahrenabwehr hat die Polizei auch die Aufgabe zur Strafverfolgung. Treffen diese beiden Aufgaben aufeinander, ist die Polizei angehalten, ihre Maßnahmen an dem Grundsatz »Gefahrenabwehr vor Strafverfolgung« auszurichten. Bei der Verfolgung von Straftaten im Rahmen der Strafprozessordnung als Bundesgesetz gilt für die Polizei das Legalitätsprinzip, d. h. die Polizei muss beim Verdacht (= zureichende tatsächliche Anhaltspunkte) auf das Vorliegen einer Straftat Ermittlungen aufnehmen. Die Polizei wird daher auch Maßnahmen zur Bearbeitung von Vermisstenangelegenheiten oder Todesermittlungsverfahren veranlassen und ggf. Ursachenerforschung zum Ereignis betreiben.

Schließlich obliegt ihr im Rahmen einer subsidiären Zuständigkeit auch der Schutz privater Rechte. Falls die Verwirklichung des Rechts vereitelt oder wesentlich erschwert würde und ein gerichtlicher Schutz nicht rechtzeitig zu erlangen ist, wird die Polizei die Lage in dem gegenwärtigen Sachstand einfrieren.

Der polizeiliche Einsatz bei einem größeren Schadensereignis gliedert sich grundsätzlich in zwei Phasen:

Die **Phase 1** nach Eintreten des Ereignisses wird oftmals als »Chaotische Phase« bezeichnet. Sie beinhaltet die Sofortmaßnahmen nach Bekanntwerden und ist insbesondere gekennzeichnet durch eine unzureichende Informationslage und ein Kräftedefizit in quantitativer und qualitativer Hinsicht. Gerade in der Anfangsphase reduzieren sich daher die polizeilichen Maßnahmen auf wesentliche Kernaufgaben. Nach der beschriebenen notwendigen Klassifizierung des Ereignisses sind zunächst Führungsentscheidungen (Gesamtführung und Einsatzabschnittsführungen) zu treffen und zu kommunizieren. Optimalerweise sind diese in vorzuhaltenden Planentscheiden bereits geregelt. Der Kräfterahmen muss sondiert und zur Verfügung stehende Einsatzkräfte mit klarem Auftrag entsandt bzw. zusätzliche Kräfte angefordert werden. Der Einsatz wird nach den zutreffenden Planunterlagen bzw. -entscheiden strukturiert, d. h. die zu bildenden Einsatzabschnitte werden benannt und personell bestückt. Alle getroffenen Entscheidungen und Maßnahmen sind von Anfang an zu dokumentieren. Darüber hinaus sind behördeninterne und externe Meldepflichten zu erfüllen.

Während die nichtpolizeiliche Gefahrenabwehr regelmäßig »von vorne« führt, gilt bei der Polizei überwiegend der Grundsatz des »Führens von hinten«, d. h. die Polizeiführung – in der Phase 1 regelmäßig eine in Führungsverantwortung stehende

Person der polizeilichen Leitstelle – befindet sich in ortsfesten Stabsräumen, meist am Sitz der Behörde.

Die **Phase 2** wird ausgerufen, sofern die den Einsatz tragenden Einsatzabschnitte und der Führungsstab aufgebaut und einsatzbereit sind. Der Führungsstab unterstützt die Polizeiführung aufgrund des erhöhten Koordinierungsbedarfes, des hohen Informationsaufkommens und der Notwendigkeit einer einheitlichen Führung bei seinen Entscheidungen (Hofinger & Heimann 2016, S. 4 f.). Die nach Planentscheid vorgesehene Polizeiführung übernimmt die Führung des Gesamteinsatzes. Die nun strukturierte Einsatzbewältigung erfolgt mit der vorgesehenen BAO.

Spätestens mit Bekanntgabe des Überganges in die Phase 2 sind Verbindungspersonen mit anderen am Einsatz beteiligten BOS – ggf. auch auf unterschiedlichen Ebenen – auszutauschen. Verbindungspersonen sind im Gegensatz zu Fachberater:innen »Nachrichtenmittler:innen«. Sie gewährleisten nach den PDV 100 u. a. einen Informationsaustausch zur entsendenden Stelle, geben Entscheidungen, Ersuchen und Erkenntnisse weiter, nehmen an Lagebesprechungen der aufnehmenden Stelle teil und beraten diese zu Aufgaben und Unterstützungsmöglichkeiten der entsendenden Stelle. Bei der Auswahl von Verbindungspersonen sollte darauf geachtet werden, dass diese über gute bis hervorragende Organisationskenntnisse und -abläufe verfügen (Kasper & Hendigk 2022).

Bundespolizei
Im System der inneren Sicherheit in der Bundesrepublik Deutschland nimmt die Bundespolizei (BPol) umfangreiche und vielfältige polizeiliche Aufgaben wahr, insbesondere in den Bereichen Grenzschutz, Bahnpolizei und Luftsicherheit. Im Rahmen dieser Aufgaben ist die Bundespolizei auch in der Kriminalitätsbekämpfung tätig. Innerhalb des bestehenden Sicherheitsverbundes arbeitet die Bundespolizei auf der Grundlage von Sicherheitskooperationen eng mit den Polizeien und anderen Sicherheitsbehörden von Bund und Ländern zusammen und darüber hinaus mit vielen ausländischen Grenzbehörden. Die Aufgaben und Befugnisse der Bundespolizei sind im Wesentlichen im »Gesetz über die Bundespolizei (Bundespolizeigesetz – BPolG)« geregelt. Weitere Aufgabenzuweisungen finden sich darüber hinaus auch in zahlreichen anderen Rechtsvorschriften, wie zum Beispiel im Aufenthaltsgesetz, im Asylverfahrensgesetz und im Luftsicherheitsgesetz (Bundespolizei 2023).

Bei größeren Schadensereignissen nimmt die Bundespolizei auf dem Gebiet der Gefahrenabwehr ihre originären, nach dem BPolG zugewiesenen Aufgaben auf Bahnanlagen wahr. Gemäß § 3 BPolG hat sie Gefahren für die öffentliche Sicherheit und Ordnung abzuwehren, die den Benutzern, den Anlagen oder dem Betrieb der

6.4 Aufgaben der Polizei

Bahn drohen oder beim Betrieb der Bahn entstehen oder von Bahnanlagen ausgehen (sog. Eisenbahnspezifische Gefahren) (Spielvogel, Reissig-Hochweller, Trautmann, et al. 2013, S. 70 ff.). Die Zuständigkeit ist räumlich auf das Gebiet der Bahnanlagen und funktional auf die Abwehr sog. Eisenbahnspezifischer Gefahren begrenzt.

Die Bundespolizei nimmt gemäß § 12 Abs. 1 Nr. 5 BPolG die Aufgaben der Strafverfolgung wahr, soweit der Verdacht eines Vergehens (= rechtswidrige Taten, die mit einer Freiheitsstrafe von unter einem Jahr oder die mit Geldstrafe bedroht sind) besteht, dass auf dem Gebiet der Bahnanlagen der Eisenbahnen des Bundes begangen wurde und gegen die Sicherheit eines Benutzers der Anlagen oder des Betriebes der Bahn gerichtet ist oder das Vermögen der Bahn oder ihr anvertrautes Vermögen betrifft. Darüber hinaus, soweit der Verdacht eines Verbrechens nach § 315 Abs. 3 Nr. 1 des Strafgesetzbuches besteht (Spielvogel, Reissig-Hochweller, Trautmann, et al. 2013, S. 70 ff.).

Befinden sich Gefahren- oder Schadensorte in diesen Bereichen, müssen Landespolizei und Bundespolizei sich mit Kenntniserlangung der Lage gegenseitig unterrichten, da sowohl die sachliche als auch die räumliche Zuständigkeit der Landespolizei und der Bundespolizei berührt sein können. Im Rahmen der jeweils eigenen Zuständigkeit und Befugnisnormen sind die in der PDV 100 beschriebenen Aufgaben wahrzunehmen. Eine enge und vertrauensvolle Zusammenarbeit ist dabei unverzichtbar.

»Die Bewältigung von Größeren Gefahren-, Schadenslagen und Katastrophen (GGSK) ist durch gemeinsame Planentscheidungen vorzubereiten. Dabei ist durch die personelle Besetzung der Besonderen Aufbauorganisation (BAO) zu gewährleisten, dass die fachspezifische Erfahrung und Kenntnisse der beteiligten Organisationen berücksichtigt werden. Bei größeren Gefahren- und Schadenslagen wird die Führung im Regelfall durch die Landespolizei wahrzunehmen sein. Sofern im Ausnahmefall das Schwergewicht der Gefahrenabwehr im sachlichen und räumlichen Zuständigkeitsbereich des BGS (jetzt BPol, Anm. d Verf.) liegt, führt der BGS.«

Hierfür sind regionale und örtliche Absprachen zwischen den Landespolizeien und der Bundespolizei notwendig, die auf der Grundlage der Sicherheitskooperationsvereinbarungen zwischen dem BMI und den Landesinnenministerien/Senatoren des Inneren abzuschließen sind (Spielvogel, Reissig-Hochweller, Trautmann, et al. 2013, S. 70 ff.).

Auf Grund der Regelungen des BPolG hat die Bundespolizei bei größeren Schadensereignissen keine weitergehenden originären Aufgaben und ein Einsatz zur Bewältigung eines größeren Schadensereignisses ist aus der o. a. Aufgabenzuweisung nicht ableitbar.

Die Verwendung der Bundespolizei zur Unterstützung eines Landes ist im § 11 BPolG geregelt. Nach § 11 Abs. 1 Nr. 2 kann die Bundespolizei zur Unterstützung eines Landes verwendet werden zur Hilfe bei einer Naturkatastrophe oder bei einem besonders schweren Unglücksfall nach Artikel 35 Abs. 2 Satz 2 und Abs. 3 des Grundgesetzes, soweit das Land ohne diese Unterstützung eine Aufgabe nicht oder nur unter erheblichen Schwierigkeiten erfüllen kann.

Die Unterstützung richtet sich nach dem für das Land geltenden Recht. Vorbehaltlich des Artikels 35 Abs. 3 des Grundgesetzes unterliegt die Bundespolizei dabei den fachlichen Weisungen des Landes (§ 11 Abs. 2 BPolG). Nach § 11 Abs. 4 BPolG ist einer Anforderung der Bundespolizei zu entsprechen, soweit nicht eine Verwendung der Bundespolizei für Bundesaufgaben dringender ist als die Unterstützung des Landes. Die Anforderung soll alle für die Entscheidung wesentlichen Merkmale des Einsatzauftrages enthalten. Die durch eine Unterstützung eines Landes nach Absatz 1 entstehenden Mehrkosten trägt das Land, sofern nicht im Einzelfall aus besonderen Gründen in einer Verwaltungsvereinbarung etwas anderes bestimmt wird. Die Verpflichtung zur Amtshilfe bleibt unberührt (§ 11 Abs. 5 BPolG).

Erfolgt der Einsatz der Bundespolizei zur Hilfe bei einer Naturkatastrophe nach Artikel 35 Abs. 2, S. 2 GG, so werden die Unterstützungskräfte der Bundespolizei regelmäßig in die BAO der Polizei des anfordernden Landes integriert. Im Vorhinein erstellte gemeinsame Planentscheidungen fördern dabei die Eingliederung. Weiter ist zu berücksichtigen, dass die Bundespolizei weiterhin originäre Aufgaben in eigener gesetzlicher Zuständigkeit wahrnimmt.

Bei Bewältigung einer Katastrophe unter Leitung der zuständigen Katastrophenschutzbehörde unterstellt sich die Bundespolizei dieser unmittelbar.

6.5 Leitstellen als Führungsunterstützungswerkzeug

Andreas H. Karsten

Leitstellen des Bevölkerungsschutzes haben unterschiedliche Aufgaben, u. a.:
- Notrufannahme
- Auswertung des Notrufes
- Disposition der Einsatzkräfte
- Alarmierung der Einsatzkräfte
- Unterstützung der Einsatzleitung

6.5 Leitstellen als Führungsunterstützungswerkzeug

Im folgenden Beitrag soll die letztgenannte Aufgabe während Schockereignissen näher betrachtet werden. Je nach Größe der Einsatzleitung (nur Einsatzleiter:in oder Unterstützung durch einen Führungstrupp, einer -staffel, -gruppe oder Stab) werden immer mehr Aufgaben von der Leitstelle auf die anderen Führungsentitäten übertragen. Wird die FwDV 100 zurate gezogen, so ergeben sich je nach Übertragung auf die anderen Entitäten folgende Aufgaben für die Leitstelle:

- Kommunikationszelle der Führung (IuK bzw. KGS)
- Bereich S1:
    - Alarmieren von Einsatzkräften
    - Heranziehen von Hilfskräften
    - Alarmieren von Ämtern, Behörden, Organisationen
    - Führen von Kräfteübersichten
- Bereich S2:
    - Beschaffen von Informationen
    - Anfordern von Lagemeldungen
    - Informationsbereitstellung aus Datenbanken (z. B. Geoinformationssysteme)
    - Informationsbereitstellung aus dem Internet (z. B. Social Media)
    - Auswerten und Bewerten der Informationen
    - Führen von Einsatzübersichten
    - Unterrichten der Bevölkerung (via Warnapps, Sirenen usw.)
    - Einsatzdokumentation (z. B. Aufzeichnung des Funkverkehrs)
- Bereich S3:
    - Beaufsichtigen und Kontrollieren der Einsatzdurchführung
    - Veranlassung von Sofortmaßnahmen für die gefährdete Bevölkerung – zum Beispiel: Warnung
- Bereich S4 und S5:
    - Kommunikationszelle
- Bereich S6:
    - Feststellung des Ist-Zustandes der Fernmeldeorganisation
    - Aufteilung der zugewiesenen Kanäle
    - Anfordern von Sonderkanälen
    - Übermitteln von Befehlen, Meldungen und Informationen
    - Überwachen des Kommunikationsbetriebes
    - Dokumentation des Kommunikationsbetriebes

Selbst wenn komplette Stäbe implementiert wurden, übernehmen Leitstellen einige der genannten Aufgaben entsprechend ihrer personellen und technischen Ausstattung und der unterstützenden Führungsentität. Häufig ist es zweckmäßig, dass eine Leitstelle die Paralleleinsätze/das Tagesgeschäft führt. Damit die Aufgabenverteilung Einsatzführung und Leitstelle als Führungsunterstützung eindeutig ist, sollten klare Absprachen schon vor einem Einsatz festgelegt werden. Bei Leitstellen, deren Zuständigkeitsbereich sich über mehrere Katastrophenschutzbehörden erstreckt, sind darüber hinaus einheitliche Regelungen für alle Katastrophenschutzbehörden anzustreben.

Situationsbewusstsein vermitteln
Eine der wichtigsten Aufgaben der Leitstelle ist das Vermitteln des geeigneten Situationsbewusstseins an alle Entitäten ihres Zuständigkeitsbereiches. Am Anfang aller Lagen – auch bei sehr großen Katastrophen – werden die ersten Informationen aus dem Schadensgebiet in der Leitstelle eintreffen. Aber auch im späteren Verlauf eines Einsatzes werden die Informationen aus der Bevölkerung über den Notruf in der Leitstelle auftreten. Dazu werden je nach technischer Ausstattung der unterstützten Führungsentität Meldungen anderer Behörden und Organisationen über die Leitstelle eingehen.

All diese Meldungen können eins zu eins an den S2 des Führungsgremiums übermittelt werden. Solch ein ungefiltertes Verfahren belastet zum einen die Kommunikationswege und zum anderen den Bereich S2. Sinnvoller ist es, zumindest eine Selektion der eingehenden Informationen vorzunehmen. Besser ist es, wenn in der Leitstelle ein nutzbringendes Lagebild generiert wird und dem Führungsgremium zur Verfügung gestellt wird. Eine Leitstelle, wie die Integrierte Leitstelle Koblenz während der Flutkatastrophe 2021, die aufgrund von Überlastung nur noch Adressen von Anrufern aufnehmen kann, kommt ihrer Aufgabe als Führungsunterstützungswerkzeug nicht mehr nach.

Rückwärtige Führungseinrichtung
Wie im Anhang 1 der FwDV 100 beschrieben, unterstützt die Leitstelle als rückwärtige Führungseinrichtung die/den Einsatzleiter:in. Gerade wenn nur ein Führungstrupp etabliert ist, muss die Leitstelle wichtige Stabsbereiche nahezu komplett wahrnehmen. Dazu gehören besonders der Bereich S1 (bis auf die Aufgaben des Inneren Dienstes), des S2, S4 und des S6. Der Führungsstab ist quasi zweigeteilt: Einsatzleiter:in und Führungsassistent:innen vor Ort und die Leitstelle rückwärtig. Dabei ist eine funktionierende Kommunikation zwischen den beiden entscheidend.

Zusätzlich muss geklärt werden, wer das Tagesgeschäft im Zuständigkeitsbereich wahrnimmt.

6.5 Leitstellen als Führungsunterstützungswerkzeug

Grundvoraussetzung für eine solche Aufgabenverteilung ist, dass das Personal der Leitstelle über entsprechende Kompetenzen (Ausbildung und Befugnisse) verfügt. So muss nach meiner Einschätzung mindestens die/der Schichtführer:in über die Befähigung zum/zur Verbandsführer:in verfügen und eine Grundschulung in Stabslehre absolviert haben. Viele Berufsfeuerwehren kommen dieser Forderungen schon seit Jahren mit der Funktion des/der Lagedienstführers:in nach.

Kommunikation mit der Bevölkerung
In den letzten 10 Jahren hat sich bundesweit die Telefonreanimation (T-CPR) als Standard durchgesetzt. Überträgt man diese Qualität auf die allgemeine Gefahrenabwehr und den Katastrophenschutz, so müssen die Leitstellenmitarbeiter:innen der Bevölkerung auch in diesen Lagen Verhaltenshinweise vermitteln.

Eine wichtige Aufgabe besteht auch darin, die Bevölkerung zu beruhigen, Zuversicht zu vermitteln und zu erläutern, dass Hilfe unterwegs ist. Der Bevölkerung muss das Gefühl vermittelt werden, dass die staatlichen Gefahrenabwehrbehörden die Situation beherrschen und schnellstmöglich Hilfe leisten werden. Dieses Vertrauen in die staatliche Gefahrenabwehr ging vielen Menschen während der Flutkatastrophe im Ahrtal 2021 verloren. Folge davon war, dass sich zivilgesellschaftliche Gefahrenabwehrstrukturen ausgebildet haben, die neben bzw. gegen die staatlichen Maßnahmen gearbeitet haben. Die Leitstellen müssen die Bildung »staatsfreier« Räume im Bereich der Gefahrenabwehr verhindern. Nur so können alle Potentiale – staatliche wie zivilgesellschaftliche – optimal zum Nutzen der Betroffenen eingesetzt werden.

Kontrollinstanz der Gefahrenabwehr
Die Leitstellen sind ein wichtiger – vielleicht der wichtigste – Knotenpunkt im Kommunikations- und Informationsmanagement. Sie verlinken die Führung der Gefahrenabwehr mit der Bevölkerung (Lageinformationen von der Bevölkerung und Handlungshinweise an die Bevölkerung) und mit anderen Beteiligten. Von daher sollten sie eine Art zusätzliche Kontrollinstanz für die Einsatzführung und deren Aufsichtsbehörden übernehmen.

Unter extremen Stress, der in vielen Einsatzsituationen auf den Führungskräften lastet, unterlaufen uns Menschen unbewusst Fehler. Sollte eine Katastrophenschutzbehörde trotz erheblicher Schäden und einem hohen Koordinierungsbedarf die Situation als nicht so kritisch einstufen und deshalb keinen Katastrophenalarm ausrufen, muss die Leitstelle bei der Katastrophenschutzbehörde kritisch nachfragen, ob sie im Moment der Entscheidungsfindung über das richtige Lagebewusstsein verfügt hat. Dies ist ein Teil der Führungsunterstützungsaufgaben.

Aufgabe aller Entitäten der Gefahrenabwehr ist, Menschen in Not besonders in Lebensgefahr, zu helfen. Nimmt man diese Maxime als Grundlage der Arbeit einer Leitstelle und nicht nur die herrschende Gesetzeslage, so ist noch ein weitergehendes Handeln von den Leitstellen zu fordern. Sollte eine Katastrophenschutzbehörde trotz korrigierender Hinweise der Leitstelle nicht adäquat agieren, so muss die Leitstelle die zuständigen Aufsichtsbehörden entsprechend informieren. Dies kann mit der Remonstrationspflicht im Beamtenrecht verglichen werden.

Um es ausdrücklich klarzustellen: es geht nicht um ein Anschwärzen. Es geht um die Rettung von Menschenleben. Auch wenn die Gesetze derzeit diese Aufgabe den Leitstellen nicht explizit vorschreiben, müssen die Leitstellen diese Aufgabe für sich aus moralischen Gründen im Einsatzfall wahrnehmen. Ableiten lässt sich diese Aufgabe aus Kants kategorischen Imperativ oder dem § 323 c StGB.

Gemeinsame Leitstellen für mehrere Katastrophenschutz-Behörden
In den letzten Jahren wurden vermehrt Leitstellen verschiedener Behörden zusammengefasst. Zu fragen ist, ob die erheblichen finanziellen und Qualitätsvorteile im Alltagsgeschäft die Nachteile bei außergewöhnlichen Schockereignissen wie Katastrophenfällen aufwiegen. Dabei ist die Eintrittswahrscheinlichkeit solcher Extremlagen zu berücksichtigen.

Ein wichtiger Nachteil von zusammengelegten Leitstellen tritt auf, wenn diese Leitstelle ausfallen sollte. Dies kann zum Beispiel aufgrund von technischen Problemen (Stromausfall), Unglücksfällen (Brand in der Leitstelle) oder Cyber-Attacken erfolgen. Umso kleiner der Zuständigkeitsbereich der Leitstelle ist, desto geringer ist die Anzahl der davon betroffenen Menschen und Entitäten. Je dezentraler ein System ist, desto resilienter ist es in der Regel. Gerade bezüglich des Zivilschutzes ist dies kritisch zu beachten.

Eine Fehlerquelle, die durch zusammengelegte Leitstellen eingeführt wird, liegt in deren Aufgabenwahrnehmung als Führungsunterstützungswerkzeug im Katastrophenfall. Wenn die Leitstelle z. B. die Auslösestelle für MoWaS (Modulares Warnsystem des Bundes, über das ein Großteil der Bevölkerungswarnung auch im Nichtverteidigungsfall erfolgt) ist, kann es in der Stresssituation zu Falschwarnungen kommen, wenn die einzelnen Katastrophenschutzbehörden unterschiedliche, ggf. sich widersprechende Bevölkerungswarnungen aussprechen. Die Leitstelle muss auch priorisieren, in welcher Reihenfolge Aufträge der einzelnen Katastrophenschutzbehörden abgearbeitet werden sollen. Hier sind entsprechende Absprachen schon im Vorfeld zwischen dem Träger der Leitstelle und den betroffenen Katastrophenschutzbehörden zu treffen.

Schnelles Aufwachsen der Fähigkeiten muss möglich sein

Aus wirtschaftlichen Gründen ist es nicht möglich, genügend Personal für einen extremen Einsatzfall 24/7 in der Leitstelle vorzuhalten. Es muss aber organisatorisch sichergestellt werden, dass in einer hinreichenden Zeit, dass Personal der Leitstelle bedarfsabdeckend aufwachsen kann. Darauf hat der Bundesgerichtshof in einem Urteil bereits 1994 hingewiesen (BGH Az. III ZR 109/92). Wird eine Personalaufstockung vom Verantwortlichen in der Leitstelle nicht veranlasst, so ist dies als seine Pflichtverletzung anzusehen. Ist eine entsprechende Aufstockung aus organisatorischen Gründen nicht möglich, so ist dies als Organisationsverschulden des zuständigen Leitstellenträgers zu werten.

Nach dem Flutereignis 2021 im Zuständigkeitsbereich der Integrierten Leitstelle Koblenz wurde im Untersuchungsausschuss des Landtages Rheinland-Pfalz von den Verantwortlichen zugestanden, dass 16 Leitstellenplätze für solch ein Ereignis nicht ausreichend sind. Für die Zukunft ist die Frage zu beantworten, wie wahrscheinlich das Eintreten einer vergleichbaren Lage ist und daraus ableitend, wie groß die Reserve sein muss, um die Leitstelle kurzfristig personell zu verstärken. Hier empfiehlt es sich – wie in anderen Bereichen der Gefahrenabwehr auch – Schutzziele zu definieren und politisch zu verabschieden.

Einführung von Kats-Einsatzzentralen

In der Vergangenheit gab es Leitstellen, die die Polizei betrieben hat und Einsatzzentralen der Feuerwehr, die bei einem Einsatz von speziell ausgebildeten ehrenamtlichen Einsatzkräften besetzt wurden. Ein analoges System aus einer zentralisierten integrierten Leitstelle für das Alltagsgeschäft beim Rettungsdienst und in der Feuerwehr und dezentralen Einsatzzentralen für extreme Einsatzlagen für jede untere Katastrophenschutzbehörde kann die oben beschriebenen Probleme verringern. Voraussetzung ist die Vorhaltung entsprechender personeller und technischer Ressourcen. Idealerweise befinden sich die Stabsräume für die jeweils operativ-taktischen und die administrativ-organisatorischen Komponenten in räumlicher Nähe zu solch einer Einsatzzentrale.

Fazit

Den Leitstellen und den ggf. existierenden Einsatzzentralen kommt heute bei den komplexen und hochdynamischen Lagen eine entscheidende Rolle zu. Sie können sich nicht mehr mit Inbetriebnahme der IuK-Zelle bzw. KGS der Führungs- und Verwaltungsstäbe aus dem Einsatzgeschehen zurückziehen.

Deshalb bedarf es nicht nur klarer Abstimmungen zwischen den verschiedenen Stäben in den Zuständigkeitsbereichen der Leitstellen, sondern auch entsprechender

Ausbildungen der Leitstellen- und Einsatzzentralen-Mitarbeitenden und zusätzlicher gemeinsamer Übungen mit den Stäben der Gefahrenabwehrbehörden.

6.6 Bundeswehr

Erwin Langer und Jakob Varady – Dozenten an der Bundesakademie für Bevölkerungsschutz und Zivile Verteidigung

Grundsätzliche Strukturen und Verfahren

In vielen Betrachtungen zur Einsatzbereitschaft der Bundeswehr wird und wurde diese in den letzten Jahren, nicht zuletzt aufgrund der Auslandseinsätze, eher als gering und weniger gut dargestellt. Dem entgegen zeigte sich die Bundeswehr gerade bei schweren, auch kurzfristigen Schadens- bzw. Katastrophenereignissen als reaktionsschnell, leistungsfähig und in begrenztem Umfang auch als kaltstartfähig. Im Rahmen dieser Betrachtung sei besonders hervorgehoben, dass in diesem Artikel die Leistungsfähigkeit in der Amtshilfe und hier speziell im Amtshilfeeinsatz der Bundeswehr im Inland betrachtet wird. Mit der Reduktion von Kräften und Mitteln im Zivil- und Katastrophenschutz seit den 1990er Jahren stieg die Anforderung an die Bundeswehr im Rahmen der Amtshilfe. Vor diesem Hintergrund ist zu beachten, dass die Bundeswehr nur noch ca. 27 % ihres Gesamtumfanges an Soldat:innen im Vergleich zum Zeitpunkt der Wiedervereinigung umfasst.

Bei der Hilfeleistung der Bundeswehr im Inland war bis zum 30.09.2023 das Führungselement der Bundeswehr das Kommando für Territoriale Aufgaben der Bundeswehr (KdoTerrAufgBW) Berlin. Grundsätzlich basiert die Hilfeleistung der Bundeswehr im Inland auf dem Artikel 35 des Grundgesetzes. Auch im Ahrtal hat die Bundeswehr lediglich Hilfeleistung im Rahmen des Artikels 35 Absatz 1 als technisch logistische Amtshilfe geleistet. Ein Einsatz der Bundeswehr im Inneren, der sich nach Artikel 35 Absatz 2 oder Absatz 3 ableiten würde und somit auch die Wahrnehmung hoheitlicher Aufgaben umfasst, war bisher nicht notwendig. Bei jeglicher Hilfeleistung der Bundeswehr bleibt dabei stets das Subsidiaritätsprinzip Auflage für das Handeln und Eingreifen der Streitkräfte. Das bedeutet, dass die Bundeswehr erst helfen darf, wenn die dafür vorgesehenen Kräfte der zivilen Gefahrenabwehr nicht mehr ausreichen.

Das KdoTerrAufgBW wurde seit seiner Aufstellung im Jahr 2013 medial sehr schnell auf das »Hilfeleistungskommando der Bundeswehr« reduziert, was grundsätzlich zwar seine Hauptaufgabe darstellt, aber den vielfältigen Aufgaben dieses

6.6 Bundeswehr

Kommandos und seiner für Deutschland einzigartigen Operationszentrale nicht gerecht wird. Seit seiner Aufstellung war dieses Kommando mit seinem nachgeordneten Bereich für die reibungslose Steuerung aller Unterstützungsleistungen der Bundeswehr gegenüber der zivilen Seite im Inland verantwortlich. Das KdoTerrAufgBW hat seit 2013 die Hilfeleistung der Bundeswehr bei nachstehenden Ereignissen geleitet:

- Elbehochwasser 2013, bei dem große Verbände der Bundeswehr entlang der Flüsse Elbe und Donau vorausstationiert wurden,
- diverse Vegetationsbrandereignisse – vom klassischen Waldbrand bis hin zu Moorbränden in militärischen Erprobungsstätten,
- Bekämpfung der Afrikanischen Schweinepest und des Borkenkäfers.

Aber auch Unterstützung bei Schaden- und Sonderereignissen, wie sie seit 2017 in diversen Antiterrorübungen, zur Bekämpfung bzw. Bewältigung von Anschlägen irregulärer Kräfte geübt wurden, oblagen dessen Koordinationsaufgabe und Zuständigkeit. Die bisher größte Hilfeleistung erbrachte die Bundeswehr unter der Leitung des KdoTerrAufgBW über mehrere Jahre hinweg im Rahmen der COVID 19 Pandemie.

Neben Katastrophen-, Terror und Schadensereignissen führte das KdoTerrAufgBW auch jegliche Unterstützungsmaßnahmen von Großevents wie G7- oder G20- Gipfel, Papstbesuch, Fußballweltmeisterschaft etc. Hieraus etablierte sich in diesem Fähigkeitskommando eine Kompetenz, die mutmaßlich auch dazu führte, dass der verantwortliche Kommandeur dieses Kommandos während der Pandemiephase 2021 durch die politische Leitung zum Führer des Krisenstabes des Bundeskanzleramts berufen wurde.

Die Verfahren der ZMZ lassen sich in Bezug auf die Hilfeleistung wie folgt beschreiben: Bereits im Falle eines sich abzeichnenden Koordinierungsbedarfes sollte ein Verbindungskommando der Bundeswehr ebenengerecht in den Krisenstab von Landkreis/kreisfreier Stadt, Mittelbehörde oder Bundesland eingebunden werden. Sobald auf ziviler Seite Fähigkeitslücken erkannt und im Zuge der Subsidiaritätsprüfung keine anderen Hilfemöglichkeiten ermittelt werden, kommt es zum Beratungsgespräch zwischen dem Führenden des Verbindungskommandos und dem/der zivilen Krisenstabsleiter:in. Hieraus wird ein Antrag auf Hilfeleistung erstellt. Dieser wird über das zuständige Landeskommando dahingehend ergänzt, ob die im Antrag angeforderte Fähigkeit im eigenen Bundesland verfügbar ist und dann unmittelbar an das TerrFüKdo Berlin übersendet. Dort wird neben einer Rechtsprüfung eine Ressourcenprüfung innerhalb der Bundeswehr durchgeführt. Ergibt diese Prüfung ein positives Ergebnis, ergeht der Marschbefehl an den ausgewählten Verband und der Antragsteller (das ist in der Regel ein Landkreis) wird auf dem Dienstweg (a. d. D.) über die bevorstehende Hilfeleistung informiert.

Natürlich leistet die Bundeswehr, wie beschrieben, auch außerhalb des Katastrophenfalles Amtshilfe. Hierbei wird aber normalerweise der Antrag direkt an die Dienststellen der Bundeswehr gestellt, dieser wiederum an das TerrFüKdo weitergeleitet. Das Netzwerk der Verbindungskommandos auf Kreis und Mittelbehördenebene muss dann nicht aktiviert werden.

Nicht zuletzt, bedingt durch die sicherheitspolitischen Entwicklungen in Europa, wurde am 01. Oktober 2022 das KdoTerrAufgBW in das neue Territoriale Führungskommando der Bundeswehr KdoTerrAufgBW überführt, das neben dem bereits bestehenden Auftrag der Hilfeleistung der Bundeswehr im Inland auch die Zuständigkeit für Angelegenheiten des Heimatschutzes, verteidigungswichtiger Infrastrukturen und des sogenannten Host Nation Supportes (Unterstützung anderer Streitkräfte durch nationale/zivile Einrichtungen) erhielt. Ein weiterer Auftrag dieses Kommandos ist die Unterstützung bei der Gestellung eines nationalen Krisenstabes. Diese Aufgabe entspringt augenscheinlich den fachlichen Erfahrungen, die man während der Pandemie gemacht hat, erscheint aber durchaus als Redundanz zu den Strukturen, die das Bundesministerium des Inneren vorhält.

Im Wesentlichen erscheint die Aufstellung des TerrFüKdo in Berlin als schlussrichtige Konsequenz der Bundeswehr auf die Herausforderungen der aktuellen sicherheitspolitischen Gegebenheiten. Mit der OPZ TerrFüKdo verfügt die Bundeswehr über ein operatives Führungskommando. Dieses nimmt die Aufgabe der Führung von Kräften – sei es im Rahmen von Hilfeleistungen im Inland oder im Rahmen von Host Nation Support – auf dem Staatsgebiet der Bundesrepublik Deutschland wahr. Analog führt das Einsatzführungskommando die Einsätze der Bundeswehr außerhalb des Staatsgebietes aus einer Hand. Zum jetzigen Zeitpunkt ist noch offen, ob die nachgeordneten Strukturen des TerrFüKdos, das sogenannte »Territoriale Netzwerk« auf Ebene Bundesland als Landeskommando, Regierungsbezirk (oder vergleichbar) als Bezirksverbindungskommando, Landkreis/Kreisfreier Stadt als Kreisverbindungskommando mit ihren Strukturen und Prozessen für den neuen Auftrag geeignet sind, oder ob auch dort weitere Anpassungen vorgenommen werden sollten.

Hilfeleistung der Bundeswehr im Rahmen von Sturmtief Bernd

Für die Bundeswehr lässt sich der Ablauf um das extreme Flutereignis und die daraus resultierende Katastrophe vom 14.07.2021 sowie den Tagen danach im Ahrtal und

6.6 Bundeswehr

im südlichen Bereich Nordrhein-Westfalens wie folgt skizzieren: Bereits im Laufe der ersten 24 Stunden waren Einheiten und Verbände im Rahmen der sogenannten Soforthilfe in den Katastrophengebieten im Einsatz. Beim Verfahren der Soforthilfe ist ein formeller Antrag vorab, wie im vorigen Abschnitt beschrieben, nicht notwendig. Soforthilfe kann jedermann anfordern und kann auch durch die Bundeswehr selbständig ausgeführt werden. Voraussetzungen hierfür sind, dass die für die Gefahrenabwehr zuständigen Behörden und Organisationen nicht in der Lage sind, zeit- und artgerecht einzugreifen, Gefahr für Leib und Leben oder Gefahr eines großen Umwelt- oder Kulturschadens besteht. Dann dürfen Kräfte der Bundeswehr im begrenzten Rahmen Hilfeleistung ausführen, solange bis die unmittelbare Gefahr gebannt ist oder die Leistung in eine Amtshilfe nach Regelverfahren übergeht. Bei der Soforthilfe durch die Bundeswehr ist die Wahrnehmung hoheitlicher Aufgaben ebenso wie bei der technischen Amtshilfe des Regelverfahrens ausgeschlossen.

Bei den Kräften der Soforthilfe handelte es sich im Wesentlichen um fliegende Einheiten (Hubschrauber), Kräfte eines Sanitätsregimentes sowie mehrere Bataillone, die aufgrund räumlicher Nähe und Entscheidung der Kommandeure Soforthilfe vor Ort leisteten. Zu Beginn des Katastrophenereignisses verfügten weder Bundeswehr noch die zivile Einsatzleitung über ein aussagekräftiges Lagebild. Dieses musste erst durch eigene z. T. unkonventionelle Wege und Mittel geschaffen werden. Mangels einer klaren Lageinformation waren auch noch nach Tagen nach wie vor Soforthilfemaßnahmen notwendig. Erst danach wurde die Durchführung geordneter Amtshilfeersuchen möglich.

Das für die Beratung des Landkreises und Beurteilung der militärischen Lage zuständige Kreisverbindungskommando, das in der Regel aus 12 Reservistendienstleistenden besteht, aber aufgrund Eigenbetroffenheit und anderer Gründe deutlich geringer besetzt war, stand von Anfang an unter Höchstdruck. Als auf ziviler Seite die nächsthöhere Führungsebene der zivilen Katastrophenschutzbehörden (die Aufsichts- und Dienstleistungsdirektion Trier) die Führung übernahm, wurde auch auf militärischer Seite das Landeskommando Rheinland-Pfalz (LKdo RP) erst mit der Koordination und Beratung im Rahmen der Hilfeleistungsanträge, später auch mit der Führung der im Einsatzgebiet operierenden Einheiten und Verbänden der Bundeswehr beauftragt. Dies war in diesem Fall ein Novum, da in bisherigen Einsatzszenarien die militärischen Führer der jeweiligen Großverbände diese Aufgabe wahrgenommen hatten. Brigaden und Divisionen verfügen als Großverbände personell und materiell über die Voraussetzungen, derartige Einsätze zu führen. Diese Aufgabe war bis zur Flut im Ahrtal grundsätzlich nicht bei den Landeskommandos verortet und daher musste das LKdo RP zuerst mit Material und Personal so ertüchtigt werden, dass der Auftrag zur Führung der Truppe auch vollumfänglich erfüllt werden konnte. Hierbei sei aber nochmals ausdrücklich erwähnt, dass die Führungsverantwortung und Einsatzführung im Inland bei Katastrophe und schwerem Unglücksfall immer auf Seiten der zivilen Einsatzleitung verbleibt. Die Bundeswehr mit ihren Einheiten unterstellt sich in der Fachlichkeit der zivilen Einsatzleitung – die militärischen Führungsstrukturen bleiben davon unberührt.

Die Führung der Kräfte der Hilfeleistung der Bundeswehr durch Führungsstrukturen der Bundeswehr (einheitliche taktische militärische Führung vor Ort durch das LKdo RP und operative Führung durch das KdoTerrAufgBW in Berlin) und ein konkreteres Lagebild ermöglichten es, nach wenigen Tagen aus der – zwar schnellen, aber weniger strukturierten Soforthilfe – in eine klare, geordnete Hilfeleistung der Bundeswehr im Inland überzugehen. Die Hilfeleistungsverfahren liefen nun im Regelbetrieb der Amtshilfe mit einem jeweils vorab gestellten Antrag auf Hilfeleistung. Wesentliche Leistung war es, ein Lagebild für alle im Einsatz befindlichen Einheiten zu erstellen und diese dann, ausgerichtet an den Prioritäten der zivilen Einsatzleitung, auf der Basis der Anträge auf Hilfeleistung zum Einsatz zu bringen. Bis dahin hatten die in den einzelnen Dörfern im Ahrtal agierenden Kräfte der Bundeswehr über ihre jeweiligen militärischen Einsatzleiter unmittelbar mit den vor Ort anwesenden taktischen zivilen Einsatzleitern Verbindung aufgenommen und gemäß deren Anweisungen direkt Hilfe geleistet. Bedauernswerterweise stagnierte die Zusammenarbeit zwischen LKdo RP – Zivile Einsatzleitung ADD. Ein nach wie vor unvollkommener Überblick über die Lage und ein fehlender gemeinsamer Zeichenvorrat erschwerte die Kommunikation erheblich. Dieser Mangel rührte im Wesentlichen aus dem regelmäßigen Personalaustausch auf Seiten des zivilen Krisenstabes, in den alle 8 Stunden Führungskräfte aus ganz Deutschland eingewechselt wurden. Die fehlende gemeinsame Fachsprache wurde dadurch zu einem Dauerproblem.

Die Flutwelle im Ahrtal brachte nicht nur Tod und Zerstörung für das Hab und Gut der Bewohner, sondern zerstörte auch alle wichtigen Infrastrukturen. Neben Straßen und Kanalisation, wurden auch die Strom-, Wasser-, und Kommunikationsanbindungen zerstört. Hieraus ergab sich auch die Herausforderung für die Bundeswehr. Es gab Kompatibilitätsprobleme der Kommunikationssysteme der Bundeswehr mit den Netzen der zivilen Seite und es kostete viel Zeit, digitale Notfallnetze in Betrieb zu nehmen. Bei dem Schadensereignis handelte es sich um eine regional begrenzte Schadenslage, inwieweit diese Aufgabe in einer Flächenlage für die Bundeswehr zu bewältigen wäre, bleibt fraglich.

Aus dem Katastrophenszenario 2021 leiten sich für die Bundeswehr und die Zivil-Militärische Zusammenarbeit vielfältige Erkenntnisse ab:

Die Kaltstartfähigkeit der Bundeswehr in der Flutkatastrophe wurde durch die Fähigkeit einzelner Verbände zur Soforthilfe dargestellt. Wobei man sich schon vor

6.6 Bundeswehr

Augen führen muss, dass die Kasernen der Bundeswehr heutzutage nicht 24/7 mit einem hohen Bereitschaftsgrad besetzt sind. Dies bedeutet, es bedarf Alarmierungsverfahren, um im Einsatzfall die Soldaten kurzfristig einsatzbereit zu machen. In der Bundeswehr wird hierzu der sogenannte »militärische Katastrophenalarm« genutzt. Dieser kann durch das KdoTerrAufgBW, bzw. seine Nachfolgeorganisation TerrFüKdo ausgelöst werden und somit Truppenteile und Einheiten der Bundeswehr in eine erhöhte Verfügbarkeit befehlen. Dadurch ist das TerrFüKdo heute in der Lage bei erkennbaren, relevanten Ereignissen Maßnahmen zu ergreifen, um »vor die Welle zu kommen«. Dabei wird eine Truppe mit voraussichtlich benötigten Fähigkeiten voralarmiert, mit steigender Brisanz in Bereitschaft versetzt, bis sie bei der höchsten Stufe des MILKATAL »auf gepackten Koffern sitzt«. So wird im Bedarfsfall wertvolle Zeit gespart, die Kräfte können schneller in Bereitschafträume verlegt bzw. gleich zum Einsatzort in Marsch gesetzt werden. Die 24/7-aktive Operationszentrale des TerrFüKdo, die 365 Tage im Jahr die Lage in Deutschland beobachtet und bewertet, ist hierzu das zentrale Steuerungstool der Bundeswehr. BOS, BBK und andere Akteure in der Katastrophenhilfe entsenden Verbindungspersonen auf Abruf in diese OPZ. Dennoch mangelte es bisher oft am gemeinsamen Lagebild, was sich auch tragisch im Ahrtal zeigte. Das Fehlen eines Lagebildes auf ziviler Seite wurde von militärischer Seite durch unkonventionelle Wege kompensiert, indem militärische Aufklärungsmittel zur Erstellung des Lagebildes genutzt wurden.

Die Strukturen des Territorialen Netzwerkes, d. h. Kreisverbindungskommandos, Bezirksverbindungskommandos und die Landeskommandos, die die Bundeswehr als Verbindungsorganisation vorhält, haben sich auch in schwierigen Situationen bewährt. Im Falle der Hilfeleistung Ahrtal wurde die zur Hilfeleistung eingesetzte Truppe erstmalig durch ein Landeskommando geführt. Dies könnte auch für weitere militärische Aufgaben in der Fläche Deutschlands Schule machen. So sollen einige der Landeskommandos der Bundeswehr grundsätzlich dazu befähigt werden, taktische Führungsfunktion zu übernehmen. Dies nicht nur in der Hilfeleistung, sondern grundsätzlich auch in anderen territorialen Aufgaben u. a. auch im Rahmen der Gesamtverteidigung, Führungsaufgaben beim Heimatschutz, beim Schutz Kritischer bzw. verteidigungswichtiger Infrastrukturen, bei der Unterstützung der Streitkräfte sowie bei der Unterstützung alliierter Streitkräfte, d. h. beim Host Nation Support. Hierbei werden die zuvor beschriebenen Aufgaben operativ aus dem Territorialen Führungskommando zentral geführt.

Das TerrFüKdo arbeitet an einem Projekt »Territorialer Hub«. Ziel des Projektes ist es, eine digitale Lagebildführung zu schaffen, die eine Vernetzung mit zivilen Behörden, BOS-Organisationen und den Akteuren des nationalen Krisenmanagements unterschiedlicher Führungsebenen ermöglicht. Damit haben alle Teilnehmer des territorialen Hubs die Möglichkeit, abgestimmte Entscheidungen auf der Basis des gemeinsamen Lagebildes zu treffen. Das ermöglicht es, den Einsatz von Kräften in allen Lagen von nationaler Bedeutung zu koordinieren.

Damit wird ein Spektrum von der gemeinsamen Bekämpfung von Katastrophen und schweren Unglücksfällen bis hin zur Operationsführung im Rahmen der Gesamtverteidigung abgedeckt. Bekannterweise investieren und forschen derzeit auch andere Bereiche der staatlichen Sicherheitsvorsorge im Bereich der digitalen Lageführung, bedauerlicherweise gibt es dort weder eine Bündelung von Kräften noch einen ressortübergreifenden Ansatz. Ein gemeinsamer Ansatz schont nicht nur Mittel und Kräfte, er bietet auch die Chance kompatibler Lösungen. Ohne gemeinsames Lagebild ist eine koordinierte Operationsführung sehr unwahrscheinlich.

»Übung macht den Meister.« Das Kennenlernen, das Erproben und Einüben von Prozessen fördert die Einsatzbereitschaft. Eine hohe Einsatzbereitschaft aufgrund eines hohen Übungsgrades ist eine gute Voraussetzung, damit im »Ernstfall« Kräfte rasch und gezielt zum Einsatz kommen.

Eine gute Zusammenarbeit erfordert:

- Den zivilen Führungskräften sind die Prozesse zur Anforderung einer Hilfeleistung durch die Bundeswehr bekannt.
- Beide Seiten (Bundeswehr auf der einen Seite, zivile Katastrophenschutzbehörden andererseits) kennen ihre örtlich zuständigen Ansprechpartner.
- Beide Seiten beziehen die jeweils andere Seite in ihre Ausbildungsvorhaben und Übungen mit ein.
- Im Vorfeld eines sich abzeichnenden Hilfeleistungsfalles wird das zuständige Verbindungskommando durch die Katastrophenschutzbehörde frühzeitig in den Krisenstab mit einbezogen. Damit kann das Verbindungskommando die Lageentwicklung von Anfang an »mitplotten« und fundiert beraten.
- Hinterlegung der Verbindungsdaten der Angehörigen des Verbindungskommandos in der Alarmierungsliste der Katastrophenschutzbehörde und umgekehrt.
- Kenntnis der aktiven Truppenteile und Standortältesten in Abstufung der räumlichen Entfernung (»Entfernungsspinne«) mit jeweiligen Verbindungsdaten bei Verbindungskommando und ziviler Katastrophenschutzbehörde. Dies kann bei Erfordernis einer Soforthilfe von Nutzen sein.
- Kompatibilitätsprobleme und Probleme unterschiedliche »Sprache« rechtzeitig vor Eintritt einer Krisensituation erkennen und lösen. Gemeinsames Üben schafft auch hier Abhilfe.

- Einschlägiges Seminar- und Ausbildungsangebot an BABZ und BBK nutzen.

6.7 Helfer-Shuttle – Ein Dank den Helfenden

Thomas Pütz und Michel Peter Löffler – Mitbegründer des Helfer-Shuttles

Die Nacht vom 14. auf den 15. Juli 2021 führte im Ahrtal zu einer Katastrophe, die bis zu diesem Zeitpunkt in Deutschland von der Dimension der konzentrierten Zerstörung, dem Grad der individuellen Betroffenheit und auch der Anteilnahme und Hilfsbereitschaft schwer vergleichbar ist. Es gab viele helfende Hände, viele helfende Gruppen, Dachzeltnomaden, Helferstab (die heute noch tätig sind) und den Helfer-Shuttle (Löffler 2022).

Am Anfang des Helfer-Shuttles standen zwei Freunde, Thomas Pütz und Marc Ulrich. Ahrtäler durch und durch und Unternehmer, die Selbstständigkeit gewohnt. Beide teilweise betroffen und, wie alle anderen auch, schockiert über das unglaubliche Ausmaß der Flutkatastrophe. Die notwendige Entscheidung des örtlichen Katastrophenschutzes, die verbleibenden Zugangspunkte für Retter freizuhalten und weithin bekannt zu machen, dass autonome Helfer nicht kommen können/sollten/dürfen – es gab je nach Standpunkt unterschiedliche Interpretationen der Sperrung. Dies löste in ihren Köpfen zwei Gedanken aus: Wir glauben es nicht! Und: Lass uns etwas machen!

Ein paar Telefonate, ein alter Campingtisch und ein Sonnenschirm (es war ja warm) später, hatten wir ein Starterkit und die Idee, den Helfer-Shuttle zu starten. Schnell kristallisierten sich auch zwei Grundsätze heraus: Jeder kann helfen! Und: Jeder trägt (seine eigene) Verantwortung! Nach zwei Tagen wurden die ersten 300 Spontanhelfenden geshuttelt. Mit anderen Worten: Der Rest ist Geschichte. Insgesamt wurden 125 000 Freiwillige transportiert. Insgesamt leisteten die Ehrenamtlichen 937 500 »Dienststunden«.

Dies entspricht einer Wertschöpfung bzw. Wiederaufbauleistung von 37,5 Millionen Euro. Mehr als eine halbe Million km Shuttlefahrten, 15 000 individuelle Anfragen/Bestellungen/Aufträge. Und das alles in einer spontan entwickelten Konstruktion agil und spontan arbeitender Menschen. Ist das ein Zufall? Jeden Tag zwischen sieben und acht Uhr morgens dröhnte Nana Mouskouri aus den Lautsprechern und füllte den Raum im Support-Shuttle mit: Guten Morgen, Guten Morgen Sonnenschein. Das war der Weckruf. Das Signal. Der Ausgangspunkt der so entstehenden Alltagsroutinen. Die Routinen hatten sich einfach entwickelt.

Das »Küchenpersonal« hatte den ersten Kaffee und die ersten Brötchen zubereitet. Durch Spenden von überall her war es möglich, das Nötigste zu sichern, beginnend mit einem kleinen Frühstück. Die Tagesplanung wurde am Vorabend abgeschlossen und war in der Regel bis 22 Uhr »festgelegt«. Darin wurden alle telefonisch, per E-Mail oder online eingegangenen Anfragen in einem Formular zusammengefasst, Touren geplant, gruppiert und zugeordnet. Die tägliche Planung klingt so stabil und sicher.

Sicher war nur: Es gibt wieder viel zu tun. Sicher war auch: Irgendwas ändert sich noch ad hoc. Und sicher war auch: Erst gegen 11:00 Uhr werden wir wissen, ob wir es wieder »geschafft« haben, oder Hilfesuchende auf den Folgetag vertrösten müssen. Die täglich große Unbekannte war nämlich: Wie viele Spontanhelfende werden am Morgen dem Aufruf in den (sozialen) Medien gefolgt sein und packen mit an. Geplant und vorbereitet war ja »nur«, wo werden wir heute erwartet. Schlamm schippen, entrümpeln, kärchern, Putz abschlagen, umräumen. Nach Ortschaften, Adressen und Truppstärke sortiert, begann ab 09:00 Uhr nach einer kurzen prägnanten Sicherheits- und Verhaltensbelehrung die Sortierung auf geplante Fahrzeuge.

Das schlüpfrige Terrain der Prognosen betraten wir erst in der dritten oder vierten Woche. Ich war davon überzeugt, dass jeder Wurstverkäufer ein Gespür dafür entwickeln muss, wie viele Portionen er auf dem Grill zubereiten und garen kann. Wenn er das nicht tut, wird er bankrottgehen. Es muss also möglich sein, hier mit der Berechnung von Prognosen zu beginnen.

Wir haben es geschafft, und zwar sehr gut. Zweifellos entwickelte sich daraus schnell ein interner Wettbewerb, der für alle weiteren Planungen äußerst hilfreich war. Die prognostizierte Volatilität schwankte im Durchschnitt um plus oder minus 50 Spontanhelfende. Die Spannbreite der Ankommenden vergrößerte sich wöchentlich von den »ruhigen Tagen« mit 250 bis zu den »heißen Tagen« mit bis zu 3 500 Spontanhelfenden.

Das bedeutete immer: Werden wir morgen bei der Hinfahrt und bei unserer Rückkehr genügend Fahrzeuge, Fahrer mit den richtigen Führerscheinen, Getränke und Essen haben? Sind die sanitären Einrichtungen ausreichend? Werden wir morgen genug Spontanhelfende haben, die uns bei der Organisation unterstützen: bei der Tourismusplanung, der medizinischen Versorgung vor Ort, dem Essenszelt, der Materialbevorratung?

Irgendwann nimmt das Materialdepot immer mehr den Charakter eines kleinen Baumarkts an. Eine Schmiede entsteht. Wichtig war die Koordination der ehrenamtlichen Verpflegungsspender, die inzwischen auf uns aufmerksam wurden, uns verstanden haben und etwas zur Verfügung stellen wollten (»Ich komme am Samstag mit 500 Portionen Döner«), das Hotline-Telefon (»Habt ihr sonntags auch einen

6.7 Helfer-Shuttle – Ein Dank den Helfenden

Transfer?«) und die Verwaltung von E-Post – Rechnung usw. Und zu guter Letzt: Bleibt es trocken? Sind genügend Parkplätze vorhanden? Haben wir genügend Platzeinweiser? Flexibles agiles Management und flexible Strukturen sind da »selbstverständlich«, entwickelten sich natürlich.

Organisiert wurde alles mit einer flachen fairen Hierarchie (oder fast keiner). Jeder war willkommen und durfte mitmachen (und bei Bedarf sogar etwas ausprobieren), und alles, was »falsch« war, wurde sofort durch »Abstimmung mit den Füßen« aussortiert. Wer versuchte, den Boss zu spielen, wurde sofort eingenordet. Denn alle waren spontan und freiwillig da. Abends oder morgens hatte jeder die Möglichkeit, noch einmal eine Entscheidung zu treffen: zurückkommen oder zu Hause bleiben. Jeder hatte die Chance, einfach »sein Ding zu machen«.

Die Grenzen wurden natürlich durch die Gruppendynamik gesetzt. Der Konsens: Vielfalt, Flexibilität, (Fehler-)Toleranz und der uneingeschränkte Wille »Wir wollen helfen!« sorgte für die nötige Filter- und Sozialhygiene. In den Anfängen waren Blätter, Papierfetzen, Stift und Papier die Werkzeuge der Wahl, doch sie waren schnell veraltet. Laptops und Excel kamen und wurden so oft wie möglich genutzt. Bis zu dem Zeitpunkt, als ein neuer Spontanhelfender uns anbot, »mal eben« ein Dispositionstool zu programmieren.

Die Beta-Version war nach einer Nacht fertig und zwei Tage später live und löste nach und nach die zuvor spontan entwickelten manuellen und teilautomatisierten Prozesse ab. Für mich war die gesamte Zeit beim Helfer-Shuttle eine der besten Führungskräfteschulungen überhaupt! Alles, was ich an verschiedenen Managementschulen (Wharton, Harvard, St. Gallen, …) lernen konnte, war sowohl hilfreich als auch nutzlos.

Gibt es »Führung« überhaupt und was bedeutet Führung in einem so fließenden Gefüge? Wie kann ich andere von meiner Idee überzeugen? Wie kann ich Prozesse so gestalten, dass sie auch morgen noch für ganz andere Nutzer funktionieren und so einen Mehrwert schaffen? Wie kann ich Menschen spontan begeistern? Steile und schwierige Lernkurven, aber von unschätzbarem Wert. Doch heute, drei Jahre nach der Katastrophe, haben sich die Formen der Hilfe, die Spontanhelfenden und die Hilfsbedürftigkeit aller Betroffenen verändert.

Noch heute im Jahr 2024 hat die verheerende Kraft der Überschwemmungen große Auswirkungen auf die gesamte Region. Die meisten Gebäuderuinen wurden abgerissen, Häuser entkernt und hier und da ein Garten angelegt. Die ersten Wiederaufbauprojekte sind fast abgeschlossen. Das Helfer-Shuttle ist nun eine Plattform, auf der Hilfesuchende und Spontanhelfende einander suchen und finden können; die unmittelbare Organisation und physische Unterstützung wurden eingestellt.

Der gemeinnützige Verein SpendenShuttle e. V. (www.spendenshuttle.de) konnte in den vergangenen Jahren mehrere Millionen Euro an Spenden sammeln. Mit der Erfahrung und dem Wissen um die Wirkung und das Betroffensein fließen die Spenden gezielt an einzelne Familien, aber auch an Wiederaufbauinitiativen. Gefördert werden auch vom SpendenShuttle initiierte Projekte mit nachhaltiger Wirkung. Aus einem spontanen Hilfskern entstand (auch spontan) eine Struktur.

Die Grundprinzipien sind jedoch die gleichen geblieben: Jeder kann helfen! Und jeder ist verantwortlich! Denn: …du darfst nicht traurig sein, guten Morgen, Sonnenschein. Die Entwicklung der Zahl der Spontanhelfenden in den ersten vier Monaten war gigantisch. Hoffnung und Zuversicht fand sich so bereits kurz nach der Flut.

Persönliche Gedanken der Autoren: Gut zwei Wochen nach der Geburt von Helfer-Shuttle war Michael Peter Löffler zum ersten Mal bei einem Einsatz zu sehen. Nichts an dem neu gestalteten Helfer-Shuttle erinnerte ihn an »normal«, »vertraut« oder »kontrollierbar«. Aber es hat alles irgendwie geklappt.

Doch nach nur zwei Einsätzen mit unglaublichen Muskelschmerzen führte sein Wunsch zu helfen zu einer bitteren Erkenntnis: Ich bin ein internationaler Top-Personalmanager und an körperliche Arbeit nicht gewöhnt. Nutze Dein »Talent« effektiver! Zwei Tage später begann er, den Backoffice-Betrieb mit einer Hotline zu unterstützen, aus Zusammenarbeit wurde Management, aus zwei Wochen wurden zwei Monate, aus Hilfe wurden Freundschaft und langfristige Bindungen zum Ahrtal.

Michael teilt seine Erfahrungen bei der Entwicklung des Helfer-Shuttles auf verschiedenen Veranstaltungen von professionellen Hilfsorganisationen und Behörden. Hier gibt er Einblicke in das ehrenamtliche und spontane Hilfeleistungspotential, Tools zur Entwicklung von Helfer-Shuttles und teilt Erkenntnisse aus der Integration und Steuerung von »Talenten« mit Hilfe eines Managementtools.

Allerdings dienen die Ereignisse dieser Zeit, in denen er episodisch die unterschiedlichsten Belastungen und den Umgang mit ihnen vermittelt, nur einem Zweck: einem möglichst breiten Publikum entsprechende Rückschlüsse auf den Umgang mit dem gesellschaftlichen Phänomen der Spontanhelfer zu ermöglichen. Denn leider werden sich Katastrophen in Zukunft wiederholen. Spontanhelfende sind und waren schon immer »da draußen«.

Aber in unseren Augen wäre es tragisch, wenn das, was im Ahrtal mit dem Helfer-Shuttle sichtbar wurde, wieder vergessen würde. Das Wesentliche am Phänomen des Helfer-Shuttles ist sein immenser sozialer, zwischenmenschlicher und wirtschaftlicher Wert. Alle, die den Glauben an Zusammenhalt, Solidarität und soziales Engagement verloren hatten, haben die Menschen hier eines Besseren belehrt. SolidAHRität wurde gelebt.

6.7 Helfer-Shuttle – Ein Dank den Helfenden

Die konsequente Nutzung des Potenzials vieler spontaner Mitwirkender sowie die Nutzung und Einflussnahme der sogenannten »Neuen Medien« trugen wesentlich zum Erfolg bei. Die Botschaft lautet:

- Spontanhelfende wollen wirklich helfen!
- Spontanhelfende gehen weit über die persönlichen Grenzen hinaus!
- Spontanhelfende unterstützen bei (spontan entstehenden) hoch agilen Strukturen mit allen verfügbaren »modernen Werkzeugen« und wirken auch als Moderatoren.
- Spontanhelfende sind sehr schwer zu (be-)greifen, brauchen aber im Zweifelsfall manchmal Hilfe.

Es ist wichtig, diese Erfahrung zu teilen und Stärken und Schwächen, Chancen und Grenzen kennenzulernen, damit wir bei zukünftigen Katastrophen das Beste daraus machen können. Man muss das Rad nicht immer neu erfinden. Entwickelte (IT-)Tools zur weiteren Nutzung verfügbar machen. Die formale Einbeziehung von »Spontanhelfenden« in bestehende Dienstordnungen (z. B. FDV 100) und die Ausbildung im organisierten Katastrophenschutz ist ein wichtiger erster Schritt.

Austausch, Kommunikation, Reziprozität (Rezeptivität) und nachhaltige Erkennbarkeit und Anerkennung überwinden die erste Hürde des gegenseitigen Misstrauens und der Schwierigkeit der Einordnung. Ideal wäre eine organisierte Unterstützung durch die Schaffung der Möglichkeit, zeitnah ein oder mehrere »Backoffices« bereitzustellen. Kein Luxus: zwei Tische, vier Stühle, vier Computer, Fotokopierer, Mobilfunkanschluss, bei Bedarf autarkes WLAN.

Es ist deutlich geworden (mittlerweile auch den professionellen Helfern), dass dies erfolgreich ist und dass es durch den gezielten Einsatz von Spontanhelfenden aus dem Personal des Helfer-Shuttles oder dem Organisationteam und deren Ausstattung mit »Warnwesten« in verschiedenen Farben zu Übernahmeeffekten (bewusst oder unbewusst) kommen kann. Dies ist eine kleine Maßnahme, die jedoch die organisatorische Leistungsfähigkeit erheblich erhöht und sich auch positiv auf andere Aktivitäten ausgewirkt hat.

Es war sehr erfreulich, dies bei der Organisation des Flüchtlingsstroms aus der Ukraine zum Berliner Hauptbahnhof wieder zu sehen. Unterschiedliche Farben für unterschiedliche Funktionen (Erstkontakt/Information, Organisationsstab, ...) und spezifisch für die Gruppe, die als Ratgeber da ist, wenn es einem als Helfer nicht gut geht. Der begonnene Austausch und die ersten Gespräche mit verschiedenen Verantwortlichen zeigen den großen Wunsch, gemeinsam neue Wege in der Katastrophenvorsorge zu gehen, ein toller Moment Sonnenschein.

6 Gefahrenabwehrentitäten

6.8 Private Hilfsorganisation @fire

@fire – Internationaler Katastrophenschutz Deutschland e. V.

Bild 3: Einsatzkräfte von @fire unterstützen mit hochwertigen Erkundungsergebnissen.

Unterstützung der Lageerkundung durch eine Hilfsorganisation

Die Flutkatastrophe, die Rheinland-Pfalz und Nordrhein-Westfalen im Jahr 2021 heimsuchte, forderte von allen beteiligten Behörden und Hilfsorganisationen ein Höchstmaß an Flexibilität. Nach der unmittelbaren Rettung von Leben durch lokale Kräfte stellte besonders die Erkundung des Schadenausmaßes als Grundlage für den zielgerichteten Einsatz der überregionalen Einheiten die Führungsstrukturen auf die Probe.

Dieser Beitrag wird darstellen, wie die ehrenamtlichen Mitglieder von @fire ihre internationale Ausbildung einbringen konnten, welche Herausforderungen zu bewältigen waren und wie Unternehmen dabei unterstützt haben.

Überblick über @fire

»@fire Internationaler Katastrophenschutz Deutschland e. V.« ist eine gemeinnützige Hilfsorganisation, die 2002 in Deutschland gegründet wurde und sich auf Trümmerrettung und Vegetationsbrandbekämpfung spezialisiert. Die Vision fokussiert sich auf Hilfe für alle Menschen, wenn diese oder deren Lebensgrundlagen durch Katastrophen gefährdet sind.

Die Organisation zeichnet sich durch ein breites Netzwerk sowohl innerhalb Deutschlands, aber auch über dessen Grenzen hinaus aus. So werden die Kräfte der Fachbereiche Trümmerrettung, Vegetationsbrandbekämpfung sowie Management und Logistik nach internationalen Vorbildern speziell ausgebildet und ausgerüstet.

@fire ist innerhalb Deutschlands als Teil der Behörden und Organisationen mit Sicherheitsaufgaben im Katastrophenschutz anerkannt. Darüber hinaus ist der Verein

6.8 Private Hilfsorganisation @fire

Teil der UN-Unterorganisation INSARAG (International Search and Rescue Advisory Group) und als internationales Rettungsteam geprüft und zertifiziert.

Anforderung durch die Technische Einsatzleitung
Die Mitglieder des Fachbereichs Trümmerrettung sind auf die besonderen Herausforderungen eines großflächigen Schadengebietes vorbereitet. Als zertifiziertes Rettungsteam für den internationalen Einsatz halten die ehrenamtlichen Kräfte ihre persönliche Ausrüstung jederzeit abflugbereit gepackt. Zahlreiche Standardeinsatzregeln, speziell für die Herausforderungen nach Erdbeben, werden regelmäßig im Rahmen von Ausbildungen und Vollübungen erprobt. Dabei spielen insbesondere Autarkie und Anpassung an die lokalen Strukturen eine wesentliche Rolle.

Autarkie bedeutet für Teams der INSARAG, dass die lokalen Strukturen nicht weiter belastet werden. Die Ausrüstung der Teams beinhaltet Camps, Nahrung, Wasser und alle Gegenstände, die einen 10-tägigen Einsatz ermöglichen, ohne zusätzliches Material oder Personal von den örtlichen Einsatzkräften zu benötigen. Jedes Teammitglied trägt ständig Nahrung und Wasser bei sich. Derartige Standardeinsatzregeln ermöglichen, in diesen speziellen Einsatzsituationen flexibel zu reagieren.

@fire war für die Unterstützung in diesem Schadenereignis gut aufgestellt, wird jedoch nur innerhalb der vorhandenen Führungsstrukturen tätig. Somit stand das Team zunächst vor der Herausforderung, als speziell ausgebildete und ausgerüstete, im Inland aber nur bedingt bekannte Einheit durch die lokalen Entscheider angefordert zu werden. Gelöst wurde das Dilemma durch @fire's breites Netzwerk. Das Unternehmen JOLA-Rent unterstützt den Verein seit vielen Jahren unter anderem mit Unterkunft, Einsatzlager und Ansprechpartner:innen. JOLA-Rent war bereits im Einsatzgebiet tätig und hat Kontakt zur Technischen Einsatzleitung auf der Kalenborner Höhe hergestellt. Zwei erfahrene Einsatzkräfte von @fire haben daraufhin vor Ort mögliche Unterstützung durch den Verein angeboten und umgehend die Anforderung des Rettungsteams erhalten.

Flexible Anpassung von Team und Material an die sich entwickelnde Lage
Nach Ereignissen, in denen @fire tätig werden könnte, tritt unmittelbar ein dezentraler, rückwärtiger Stab zusammen. Dieser Personenkreis steuert alle Einsatzphasen und entlastet das Einsatzteam von der Mobilisierung bis nach der Rückkehr. Der rückwärtige Stab organisiert auch bedarfsgerecht die Einbindung weiterer Vereinsmitglieder. Mit dieser Unterstützung im Hintergrund konnte die Hilfsorganisation sich zügig an die sich entwickelnde Anforderung anpassen.

6 Gefahrenabwehrentitäten

Am Beispiel des Einsatzes von geländegängigen Kleinfahrzeugen wird deutlich, wie die Vereinsmitglieder auch außerhalb des Einsatzteams zum Erfolg beitragen. @fire verlegte mit eigenen Fahrzeugen ins Einsatzgebiet und wurde zusätzlich durch von JOLA-Rent bereitgestellten All-Terrain-Vehicles (ATV) verstärkt. Mit diesen Fahrzeugen konnte das Team sich schnell im durch Stau und unbefahrbare Wege geprägten Einsatzgebiet bewegen, Aufträge erfüllen und dabei zügig Daten sammeln.

An der Koordinierungsstelle wurden die Informationen des Teams aufbereitet und der Technischen Einsatzleitung bereitgestellt. Die dort eingesetzten Führungskräfte konnten nach den ersten Aufträgen einen persönlichen Eindruck von den Fähigkeiten und Vorgehen des @fire-Teams gewinnen. Aufgrund der Mobilität, der Ergebnisse durch standardisiertes Vorgehen und der Aufbereitung von Informationen wurde @fire immer mehr für konkrete Erkundungsaufträge, zur Einrichtung von Meldeköpfen oder zur Übermittlung von Botschaften eingesetzt. Der Einsatz einer Einheit, die operativ ausschließlich für das Sachgebiet S2 eingesetzt wird, hat sich als äußerst nützlich erwiesen. Dabei konnte das breite Interessenfeld der Vereinsmitglieder teilweise sehr gezielt Verwendung finden. Beispielsweise wurde für die Unterstützung von Hubschrauber-Operationen ausgebildetes Personal für die Erkundung eines geeigneten Landeplatzes in einer über Straße kaum erreichbaren Ortschaft eingeteilt.

@fire hatte die Herausforderung zu bewältigen, für Erdbebenrettungseinsätze trainiertes Spezialwissen in einem neuen Kontext einzusetzen. Die Strukturen eines INSARAG-Einsatzes mit einheitlicher Koordinierung, allen Teams bekannten Formularen und digitalen Umsetzungen waren in diesem Einsatz nicht gegeben. Besonders geholfen hat jedoch ein Grundsatz, der über allen Standardvorgehen steht – die lokalen Rettungsstrukturen stehen an oberster Stelle. So hat @fire engen Kontakt zur Technischen Einsatzleitung gehalten und klare Aufträge abgearbeitet.

Um auf den tatsächlichen Bedarf der Einsatzleitung reagieren zu können, konnten weitere Ausrüstung und Personal in den Einsatz geführt werden. Hierfür hat sich die beschriebene Struktur des rückwärtigen Stabes zusammen mit zahlreichen, nicht im Einsatz befindlichen Vereinsmitgliedern bewährt. Um die operativen Aufträge zur Unterstützung des Lagebildes noch schneller und effizienter abarbeiten zu können, hat der rückwärtige Stab weitere geländegängige Kleinfahrzeuge angemietet und ins Einsatzgebiet verlegt. So wurden letztlich neun All-Terrain-Vehicles (ATV), ein ARGO Amphibienfahrzeug, ein Quad sowie ein Unimog eingesetzt. Besonderer Bedeutung kam auch dem von JOLA-Rent bereitgestellten und von @fire-Mitgliedern fachkundig besetzten Medic-ATV zu. Diese Einheit stand unmittelbar an der Technischen Einsatzleitung bereit, um mit dem geländegängigen Kleinfahrzeug rund um die

Uhr jede Stelle im Schadengebiet zu erreichen. Mit den Fahrzeugen und nunmehr ortskundigen @fire-Kräften konnten aber auch reine Personen-Einheiten wie PSU-Teams verlegt, Einweisungsfahrten für anrückende Einheitenführer:innen durchgeführt oder Versorgungsfahrten in schwer erreichbare Gebiete realisiert werden.

Gesammelte Informationen für Einheitenführer:in bereitstellen
Zu den Standardvorgehen des @fire-Teams zählt, dass jede Einheit ihre Bewegungen mit GPS-Geräten aufzeichnet und besondere Orte markiert. Das Team hat im Ahrtal mit den 12 eingesetzten Fahrzeugen unzählige Fahrten über verschiedene Einsatzabschnitte hinweg durchgeführt. Besonders die kleinen, geländegängigen ATV konnten zügig verlegt werden, ohne zu den Stausituationen durch die Vielzahl an Großfahrzeugen beizutragen. Durch Debriefs nach jeder Fahrt an der Koordinierungsstelle waren die dortigen Ansprechpartner:innen in der Lage, befahrbare Wege, aktuelle Stausituationen und besonders auch Änderungen an der Befahrbarkeit weiterzugeben. Gleichzeitig haben die Teammitglieder auch Positionen für Führungsstellen, Versorgungspunkte, Sanitätsstationen, Hygienestationen und weitere Orte gesammelt.

Mit dem Standort der Koordinierungsstelle neben der Technischen Einsatzleitung und den gesammelten Informationen haben sich zahlreiche Führungskräfte für die Verlegung ihrer schlagkräftigen Einheiten einweisen lassen. Es wurde deutlich, dass die Verteilung der Informationen Sinn für die Verlegung der Einsatzeinheiten macht. @fire hat sich dieser Herausforderung gestellt und wurde erneut von Unternehmen unterstützt.

In einem ersten Schritt wurden die Geodaten auf einer Papierkarte eingezeichnet und mit der Technischen Einsatzleitung besprochen. Es wurde der Auftrag erteilt, eine Karte im Web bereitzustellen und die dort eingetragenen Daten aktuell zu halten. Dabei wurden die Daten von Beginn an durch Sichter bewertet und als »@fire intern«, »Behörden und Organisationen mit Sicherheitsaufgaben« oder »öffentlich« klassifiziert. Die beiden ersteren Kartendarstellungen wurden mit Passwortschutz versehen. Die öffentlich zugänglichen Informationen beinhalteten insbesondere Wege – markiert nach Befahrbarkeit mit Geländefahrzeugen, PKW und LKW und einige besondere Orte wie Gefahrenstellen oder Hygienestationen. Per Handzettel wurden der Weblink zur Karte sowie ein entsprechender QR-Code an der Technischen Einsatzleitung für die ankommenden Einheitenführer:in bereitgestellt.

Auch für die Planung durch Führungsstellen außerhalb der örtlichen Einsatzleitung wurden die Informationen mit zunehmender Fülle interessanter. Der rückwärtige @fire-Stab wurde gebeten, die Geodaten bereitzustellen. Um ein regelmäßiges, manuelles Aktualisieren der Daten zu vermeiden, war die Einrichtung eines

Dienstes für Geo-Informations-Systeme von Nöten. An dieser Stelle haben die Vereinigung zur Förderung des Deutschen Brandschutzes (vfbd) sowie die Unternehmen Eurocommand und ESRI Deutschland bei der Einrichtung eines Kartendienstes auf der ArcGIS online-Plattform unterstützt. Fortan konnten die drei Kartendarstellungen weiterhin über Web dargestellt, aber auch über Geodienste in bestehenden Systemen angezeigt werden.

Eine nicht gelöste Herausforderung hat sich in der Aktualisierung der Daten ergeben. Während die mobilen @fire-Teams weiterhin nach den Standardeinsatzregeln alle Änderungen zur Pflege eingereicht haben, sollte auch die noch breitere Masse der Einheitenführer:in zur Zusendung von Aktualisierungen ermutigt werden. Dazu enthielt der verteilte Handzettel neben dem Zugang zur Karte auch die Bitte um Mitteilung über weitere Punkte, Wege oder besonders Veränderungen wie kürzlich abgerutschte Waldwege per E-Mail oder per Webapp. Einige Informationen sind eingegangen, jedoch hat sich in Gesprächen gezeigt, dass öffentliche Einheiten sehr froh über die bereitgestellte Karte waren, jedoch Bedenken zur Sendung neuer Informationen hatten.

Hier hat sich ein Thema rund um den Datenschutz entwickelt. Der rückwärtige Stab hat für die Aufnahme und Verarbeitung der Geoinformationen besonders auf die App UN ASIGN gesetzt – ein System, das von den Vereinten Nationen für derartige Lagen genutzt wird. Die App wird in Finnland entwickelt und die Daten auf dem Server des CERN in der Schweiz sicher abgelegt. Da das @fire-Team mit dem System vertraut ist, bestanden hier keine Bedenken gegen die Versendung von nichtpersonenbezogenen Daten über das sicher eingeschätzte und bekannte System. Es ist jedoch gleichzeitig mehr als nachvollziehbar, dass es Führungskräften von BOS schwerfällt, einem ihnen nicht bekannten Verein über ein ihnen nicht bekanntes System im Einsatz erfasste Daten zu übermitteln. Letztlich wurden in Gesprächen an der Koordinierungsstelle Hinweise zu Neuerungen im Lagebild gegeben, das volle Potential des aufgesetzten Systems konnte jedoch nur von den vereinseigenen Kräften voll genutzt werden.

Zum einen hat sich gezeigt, dass ein einheitliches System ähnlich dem Informations-Management-System der Vereinten Nationen (»ICMS«) ein Zugewinn für die schnelle und zielführende Koordinierung bedeutet. Zum anderen wurde auch deutlich, dass im Umgang mit Daten Unsicherheit besteht, welche Art von Daten über welche Art von Kanälen kommuniziert werden kann.

Vereinfachung der Datenaufnahme
Die gezielte Erkundung als operativer Arm des Sachgebiets S2 entwickelte sich zu einer wesentlichen Unterstützung, die @fire nach diesem Schockereignis geleistet

6.8 Private Hilfsorganisation @fire

hat. Neben gezielten Aufträgen galt es jedoch auch, vorhandene Informationen aktuell zu halten. Während die Bereitstellung von Daten für andere Organisationen bearbeitet wurde, wurde auch die Datenaufnahme für die Teams vereinfacht.

Insbesondere wurde die App UN ASIGN eingesetzt, um die Aufnahme und Übertragung effektiver zu gestalten. Mit der App werden Fotos oder Textnachrichten mit der Position des Smartphones verknüpft. Besteht Internetverbindung, werden die Daten komprimiert als Geodaten an den Server versendet. Andernfalls werden gesammelte Daten bei der nächsten Verbindung, spätestens bei Eintreffen an der Koordinierungsstelle, übermittelt. In einem Dashboard werden die Geo-Fotos und Geo-Texte mit Sortierungs- und Filtermöglichkeiten dargestellt. Der Sichter konnte somit neu eingehende Informationen sofort verarbeiten, bei Bedarf höher aufgelöste Fotoausschnitte vom Mobilgerät anfordern und gleichzeitig den Überblick auf einer Kartendarstellung bewahren.

Weiterhin setzte @fire für die gezielten Erkundungsaufträge eine Formularsoftware ein. Ähnlich wie bei UN ASIGN wurden gesammelte Daten mit Geoposition gespeichert, bis sie mit Internetverbindung an die Koordinierungsstelle übertragen werden konnten. Mit dieser Methode wurde sichergestellt, dass wesentliche Informationen gesammelt und nicht vergessen werden können. Insbesondere für Interviews war der strukturierte Aufbau der Fragebögen hilfreich, um beispielsweise nicht nur nach vorhandener Nahrung, sondern auch nach Kühlmöglichkeiten und einer Stromversorgung dafür zu fragen.

Diese strukturierte Sammlung von Daten mit verschiedenen Ansichten, Sortierungs- und Filtermöglichkeiten erleichterte besonders auch die zeitnahe Bereitstellung von kurzen Berichten, die sowohl Zufahrten als auch Erkundungsergebnisse und besonders Fotos enthielten und von der Technischen Einsatzleitung an Einsatzkräfte weitergegeben werden konnten.

Erfahrungen für die Einsatzvorbereitung nutzen

Die Erfahrung im Ahrtal hat gezeigt, wie spezialisierte Hilfsorganisationen und Unternehmen einen wertvollen Beitrag zur Bewältigung eines derartiges Schockereignisses liefern können. Gleichzeitig wurde auch deutlich, dass die Einbindung der entscheidenden Personen nicht bekannter Organisationen nicht leicht ist. Müssen derartige Entscheidungen ad-hoc getroffen werden, besteht das Risiko, einzelne Probleme zu verstärken oder Kapazitäten zu binden. Während sich Behörden und Organisationen mit Sicherheitsaufgaben in ihrer Einsatzvorbereitung, Ausbildung und Ausrüstung auf ihre umfangreichen Aufgaben abstimmen, kann die Kontaktaufnahme mit interessierten Organisationen oder Unternehmen Sinn machen. »In Krisen Köpfe kennen« ist innerhalb der BOS-Strukturen wichtig. Bei Eintritt von

Schockereignissen zusätzlich spezialisierte Kräfte hinzuziehen zu können, kann zum noch schnelleren und effizienteren Einsatzerfolg beitragen.

6.9 Ahrtalwerke

Dominik Neswadba – Geschäftsführer Ahrtalwerke

Die Ahrtal-Werke GmbH
Die Ahrtal-Werke GmbH wurde im Jahr 2010, als Tochter der Stadt Bad Neuenahr-Ahrweiler (51 %) sowie der Stadtwerke Schwäbisch Hall (49 %), gegründet. Das originäre Ziel der Rekommunalisierung war die Unabhängigkeit von großen, marktbeherrschenden Energiekonzernen, verbunden mit dem Einstieg in eine dezentrale, umweltschonende Energieversorgung bei zeitgleicher Stärkung der kommunalen Daseinsvorsorge. Um dieses Ziel zu erreichen, entwickeln sich die Ahrtal-Werke zu einem vollständig im Querverbund agierenden Energieversorgungsunternehmen in der Stadt Bad Neuenahr-Ahrweiler.

Die vergangenen Jahre stellten das Unternehmen auf diesem Weg jeweils vor besondere Herausforderungen. Nachdem im Jahr 2019 der operative Betrieb des Stromnetzes übernommen wurde, folgte mit 2020 ein Jahr, das durch den Ausbruch der weltweiten Covid19 Pandemie in die Geschichtsbücher eingehen wird. Dabei wurde das Unternehmen neben der Erarbeitung einer Vielzahl an Schutzmaßnahmen für die eigene Belegschaft, sowie für unsere Kunden, insbesondere dadurch gefordert, dass politisch verordnete Lock-Down-Phasen der Wirtschaft, das Geschäftsmodell der Wärmeerzeugung und Wärmeversorgung, insbesondere im Bereich von Hotellerie, Gastronomie, Gewerbe und Kliniken gefährdete.

Die Flut und ihre Folgen
2021 wird hingegen als Jahr der Jahrtausendflut in die Annalen des Kreises Ahrweiler, sowie insbesondere der Stadt Bad Neuenahr-Ahrweiler eingehen. In der Nacht vom 14.07.2021 auf den 15.07.2021 verwüstete das Extremwetterereignis die Region und brachte Leid und Zerstörung.

Viele Menschen verloren in dieser Nacht ihr Leben, rund 17 000 Mitbürger:innen im Ahrtal verloren ihr gesamtes Hab und Gut. Es kam zu einem Zusammenbruch jeglicher örtlichen Infrastruktur im Bereich der Strom-, Gas-, Wärme- Telekommunikations- wie auch der Trinkwasserversorgung. Aber auch die Abwasserversorgung, Straßen, Brücken, Schulen und eine Vielzahl an Gebäuden wurden stark beschädigt oder zerstört.

6.9 Ahrtalwerke

Neben dem damit einhergehenden unermesslichen menschlichen Leid, wurden auch aus Unternehmenssicht der Ahrtal-Werke die Belastungen extrem.

Bereits im Verlauf des 14.07.2021 wurden starke Regenfälle vorhergesagt. Daher begannen die Ahrtal-Werke bereits am selben Abend mit der Sicherung von aus damaliger Sicht potenziell hochwassergefährdeten Stromnetzstationen. Auch im Bereich der Wärmeversorgung wurden diverse Sicherungsmaßnahmen vorgenommen. Doch die unvorhersehbare, unerwartete Kraft der Natur wurde auf erschreckende Art und Weise deutlich (Quelle: https://de.statista.com/).

- 180 Menschen starben in den Fluten.
- Tausende verloren ihr gesamtes Hab und Gut.
- 62 Ahr-Brücken wurden zerstört.
- 14 Schulen wurden zerstört.
- 9 Kindertagesstätten wurden zerstört.
- 20 km Schienenunterbau der Ahrtalbahn wurden weggeschwemmt.
- 7 Eisenbahnbrücken wurden zerstört.
- Von insgesamt 112 Brücken im Ahrtal waren nur noch 35 voll und 17 eingeschränkt nutzbar.
- Rund 74 km Straße wurden beschädigt, 5,2 km davon vollständig zerstört.
- 20 Kilometer Ahrtalbahn-Trasse wurden zerstört.
- 36 Arztpraxen wurden zerstört.
- 10 Apotheken waren nicht mehr in der Lage zu arbeiten.
- 65 der 68 Weinbaubetriebe im Ahrtal wurden geschädigt.
- Rund 32 der 560 Hektar Rebflächen im Ahrtal wurden völlig und teils metertief weggespült.
- Weitere 15 Hektar sind vom Hochwasser so überspült worden, dass dort im Jahr 2021 keine Trauben gelesen werden konnten.
- Ihr Gesamtschaden wurde auf 160 Millionen Euro geschätzt.

Als man in der Nacht der eintretenden Notlage gewahr wurde, organisierten Feuerwehren, Polizei, Ersthelfende wie auch Infrastrukturbetreiber eine Vielzahl von Rettungsaktionen und Sicherungsmaßnahmen.

Auch die Ahrtal-Werke begannen noch in der Flutnacht Maßnahmen zur Abwehr von Gefahren für Leib und Leben der Bevölkerung zu ergreifen. Unmittelbar mit Sonnenaufgang wurde einerseits mit einer Bestandsaufnahme, andererseits umgehend mit Wiederherstellungsmaßnahmen der Versorgung begonnen. Das Ausmaß der sich abzeichnenden Zerstörung war auch hier extrem. Nahezu 100 % des regionalen Strom- und Fernwärmenetzes waren beschädigt oder sogar zerstört,

wodurch die gesamte ortsansässige Bevölkerung betroffen war.
Exemplarisch erwähnte Schadenspositionen im Stromnetz waren beispielsweise:
- 8 von 10 Ahrquerungen waren abgängig.
- 70 von 180 Umspannstationen waren abgängig oder nicht mehr betriebsfähig.
- Mehrere hundert Kabelverteiler waren abgängig oder nicht mehr betriebsfähig.
- 12 000 von rund 20 000 Anschlusspunkte. und Zählern waren zerstört.

Auch die Wärmesparte war von einem vollständigen Ausfall des Fernwärmenetzes aufgrund der weitreichenden Schädigungen betroffen.

Weiterhin wurden auch die Erzeugungskapazitäten der Ahrtal-Werke in Mitleidenschaft gezogen. Das Unternehmen verzeichnete elementare Schäden sowohl an dem zu diesem Zeitpunkt noch in Teilen in der Errichtung befindlichen Kraftwerk in der Kreuzstraße, wie auch im Kraftwerk Dahlienweg. Da auch unser Verwaltungsgebäude überspült und dadurch beschädigt wurde, mussten das Gebäude saniert und provisorische Einsatzzentralen geschaffen werden.

Zusätzlich zur Wiederherstellung der zerstörten Infrastruktur, wurden wir rund um die Uhr mit einer Vielzahl unterschiedlichster, aus der Notsituation resultierenden Kundenanliegen konfrontiert. Mehr als 15 000, verständlicherweise teils hochemotionale Anfragen erreichten uns in den ersten Wochen nach der Flut.

Aus Verantwortungsbewusstsein unseren Mitmenschen sowie insbesondere den besonders stark von der Katastrophe betroffenen Einwohner:innen gegenüber, rückten folgende Aufgabenschwerpunkte in den Mittelpunkt unseres Handelns:
a) eine schnellstmögliche Wiederversorgung,
b) ansprechbar zu sein für Anliegen der Bevölkerung,
c) eine möglichst offene und transparente Kommunikation.

Um das Ziel einer schnellstmöglichen Wiederversorgung möglichst großer Teile der ortsansässigen Bevölkerung zu erreichen, folgten kräftezehrende Monate, in denen sieben Tage die Woche fast rund um die Uhr gearbeitet wurde.

Eine provisorische Einsatzzentrale wurde im Schalthaus in der Ringener Straße eingerichtet. Der Standort zeichnete sich insbesondere dadurch aus, dass er nach der Flut weiterhin erreichbar und somit für die Koordination von phasenweise mehr als 100 Einsatzkräften, Partnerunternehmen, Helfern und Dienstleistern geeignet war.

Als großen Erfolg verbuchen wir die Tatsache, dass gemessen am Ausmaß der zugrundeliegenden Schäden, die Wiederaufbauarbeiten unserer Infrastruktur, außerordentlich schnell vorangingen. Nach nur drei Tagen konnte die vollständige

6.9 Ahrtalwerke

Versorgungsfähigkeit des Fernwärmenetzes wiederhergestellt werden, die 100 %ige Verfügbarkeit des Stromnetzes wurde zum 19.08.2021 verkündet.

Auch die Betreuung von Kundenanliegen forderte das Unternehmen heraus. Trotz der erschwerten Bedingungen, die nicht zuletzt durch die Überlastung der Mobilfunknetze, die beschädigte Festnetztelekommunikationsinfrastruktur oder unser zerstörtes Kundenzentrum deutlich wurden, leisteten unsere Mitarbeitenden alles in ihrer Kraft Stehende, um für unsere Kunden ansprechbar zu sein. So wurden beispielsweise ein provisorisches Kundenzentrum geschaffen, eine telefonische Erreichbarkeit nahezu rund um die Uhr aufgebaut und umfangreiche Kooperationen mit Dienstleistern zur Unterstützung der Kundenbetreuung organisiert. Tagesaktuell wurde über den Entwicklungsstand der Wiederversorgung berichtet.

Aufgrund der Tatsache, dass rund 12 000 Stromzähler durch die Flut zerstört worden waren, gingen die Ahrtal-Werke Risiken im zweistelligen Millionenbereich ein, indem sie Kunden, die nicht mehr abgerechnet werden konnten, dennoch kostenlos mit Notstrom versorgten. Erst zu einem späteren Zeitpunkt konnten diese Risiken durch einen Betrauungsakt mit der Stadt Bad Neuenahr-Ahrweiler und dem Land Rheinland-Pfalz abgesichert werden.

Die Ahrtal-Werke GmbH sind seit dem 01.01.2019 Eigentümer des Gasnetzes. Bis zum 31.12.2024 ist der Gasnetzbetrieb jedoch an einen Betriebsführer verpachtet. Da der örtliche Gasnetzbetreiber zunächst einen Ausfall der Gasversorgung bis in den März 2022 prognostizierte, offerierten die Ahrtal-Werke aus Verantwortungsbewusstsein gegenüber der ortsansässigen Bevölkerung eine Versorgung mit Fernwärme, auch wenn interessierte Kunden bis dahin nicht unmittelbar am Bestandsnetz der Ahrtal-Werke ansässig waren. Damit konnte denjenigen Mitmenschen, deren Heizungen der Flut zum Opfer gefallen waren, eine Lösung für den bevorstehenden Winter geboten werden. Die Wärmebereitstellung erfolgte in diesem Zusammenhang zunächst durch den Einsatz von Provisorien, die in den kommenden Jahren an das zentrale Fernwärmenetz von Bad Neuenahr-Ahrweiler angeschlossen werden.

Sämtliche Mitarbeitende, wie auch eine Vielzahl solidarischer Partnerunternehmen und Helfenden, gingen in dieser Zeit an die Grenzen ihrer Kräfte. Ihnen gebührt unser Dank.

Zusätzliche Herausforderungen in der Zeit der unmittelbaren Flutfolgenbeseitigung
Erschwerend in Bezug auf die Wiederherstellung wirkte sich aus, dass es im Zuge der vielfältigen Wiederaufbaumaßnahmen in der Stadt immer wieder zu neuerlichen Beschädigungen der Netzinfrastruktur durch Dritte kam, die zu weiteren Stromausfällen führten. Über den exorbitanten Aufwand des originären Wiederaufbaus

hinaus, offenbarten sich Ende 2021 durch die sich zuspitzende Ukrainekrise zusätzliche politische Herausforderungen. Die Europäische Union stellte sich geschlossen gegen den russischen Angriffskrieg und reagierte mit einer Vielzahl an ökonomischen Sanktionen. Bedingt durch die daraus ausgelöste Unsicherheit an den Energiemärkten, stiegen die Preise in historische Dimensionen. Auch Deutschland hatte eine stark ausgeprägte Abhängigkeit von russischem Öl und Gas. Dadurch erwuchs neben den gestiegenen Börsenpreisen und der Notwendigkeit des Aufbaus alternativer Rohstoffbezugsquellen eine große Sorge bezüglich der Möglichkeit einer resultierenden Gasmangellage.

Aus der entschlossenen Reaktion der Europäischen Union sowie der deutschen Bundesregierung resultierten allerdings auch für Energieversorger in Deutschland dramatische Risiken. Die gestiegenen und hochvolatilen Preise konnten von den Versorgern nicht eins zu eins an deren Kunden weiterberechnet werden, wodurch eine Reihe von Geschäftsaufgaben resultierten. Darüber hinaus wurden branchenweit regelmäßige Preisanpassungen notwendig was einerseits Kunden verunsicherte, andererseits die Systeme der Versorger massiv auf den Prüfstand stellte.

Verschärft wurden diese Herausforderungen als die Bundesregierung den Energieversorgern durch Gesetzesänderungen und Hilfsmaßnahmen wie beispielsweise der Soforthilfe im Dezember 2022 oder den Energiepreisbremsen im Jahr 2023, gravierende Änderungen in den jeweiligen systemischen Prozesslandschaften abforderte.

Auch in diesem Zusammenhang machten die Ahrtal-Werke es sich zur Aufgabe, die zusätzlichen Belastungen für unsere bereits durch die Flut stark betroffenen Mitmenschen möglichst gering zu halten. Daher wurde im Gegensatz zu dem Großteil der Wettbewerber, aufgrund der besonderen Situation vor Ort, auf regelmäßige und bei der Konkurrenz in der Regel sehr deutliche Strompreissteigerungen verzichtetet.

Die Ahrtal-Werke haben in ihrer Unternehmensphilosophie den festen Willen verankert, das Stadtwerk der Bürger:innen von Bad Neuenahr-Ahrweiler zu sein, sowie im Zuge steigender Wirtschaftskraft auch zunehmend Verantwortung in der Region zu übernehmen.

Unser Dank gilt insbesondere im Zuge der unmittelbaren Flutfolgenbeseitigung allen Partnern, Dienstleistern und solidarischen Helfern, die die gemessen am Ausmaß der Schäden beeindruckend schnelle Wiederherstellung der Versorgung ermöglicht haben.

Das professionelle Krisenmanagement, verbunden mit dem außergewöhnlich engagierten Einsatz unserer Mitarbeiter, erfüllt die Geschäftsführung mit Stolz und Dankbarkeit für die Unterstützung sowie die geleistete Arbeit.

Dass die Ahrtal-Werke aufgrund ihrer ausgeprägten Bürger:innen- und Kundenorientierung, dem umfangreichen Einsatz für die Einwohner:innen von Bad Neuenahr-Ahrweiler im Nachgang zur Flut, sowie durch innovative Leuchtturmprojekte der Dekarbonisierung, wie das neu erstellte Kunstkraftwerk in der Kreuzstraße, die Nutzung der örtlichen Thermalquelle für eine ökologische Wärmebereitstellung oder den Aufbau der öffentlichen Elektromobilitätsinfrastruktur durch das Deutsche Innovationsinstitut für Nachhaltigkeit und Digitalisierung (DIND) und das Magazin »Deutsche Unternehmer Plattform« (DUP) mit der Auszeichnung als »Arbeitgeber der Zukunft« prämiert wurden, bestätigt uns in der Überzeugung die erfolgreiche Entwicklung des Unternehmens weiter voranbringen zu wollen.

6.10 Social Media und VOST

Christoph Dennenmoser- Notfallsanitäter und Präsident des VOSTacademy e. V.

Soziale Netzwerke sind inzwischen fester und unabdingbarer Bestandteil im täglichen Leben vieler Menschen. Es ist normal geworden, sein Leben im Internet auszubreiten und in Text, Bild und Video öffentlich zu teilen. Was also im Alltag selbstverständlich ist, trifft auf außergewöhnliche Ereignisse und Schadenslagen erst recht zu. Wer es gewohnt ist, regelmäßig seine Mahlzeiten oder Videos seiner Katze zu posten oder seine Gefühlslage öffentlich preiszugeben, wird auch bei einem Unfall oder einer Katastrophe so handeln und seine »Follower« auf dem Laufenden halten.

Man mag dieses Verhalten verurteilen und als »gaffen« brandmarken – oder man kann es nutzen. Schließlich geben Social Media Posts die Erlebniswelt und Perspektive des Verfassers wieder. Gerade bei größeren Schadensereignissen und Katastrophen könnten manche dieser Posts und deren Inhalte auch für die Lagebewertung in einem Stab hilfreich sein. Fotos und Videos aus dem Schadensgebiet oder aus der Umgebung, Erlebnisse und Augenzeugenberichte aber auch die Entwicklung und Ausbreitung der Schadenslage oder ein Stimmungsbild betroffener Personen runden das Lagebild ab. Sie geben aber auch Hinweise auf die Gedanken, Sorgen, Fragen und den Informationsbedarf der Menschen in und um das Schadensgebiet.

Das Absuchen Sozialer Medien nach relevanten Inhalten (Monitoring) und die Auswertung der Funde muss und kann nicht vor Ort im Stab stattfinden. Für solche Tätigkeiten hat ein Stab normalerweise schon gar nicht die Ressourcen. Weder personell noch räumlich. Um im Internet und den Sozialen Netzwerken zu recherchieren, reicht ein Arbeitsplatz mit Internetverbindung. Egal wo. Auf solche Tätigkeiten sind sogenannte Virtual Operations Support Teams (VOST) spezialisiert. Diese

Teams setzen sich aus erfahrenen Einsatzkräften und IT-affinen Menschen zusammen, die meistens überregional verteilt sind. Die Einsatzkräfte des VOST des THW arbeiten beispielsweise aus dem gesamten Bundesgebiet zu, die des VOSTbw sind über ganz Baden-Württemberg verteilt. Eine Aktivierung des VOST des THW kann per Amtshilfeersuchen über die THW-Bundesleitung ausgelöst werden, für VOSTbw über das Lagezentrum im Innenministerium in Stuttgart. Zudem sind in Deutschland noch weitere VOST aktiv, die aber vorwiegend regional tätig sind.

Die Schwerpunkte der VOST sind:
- Monitoring Sozialer Medien und des Internets,
- Verifizierung der gesammelten Informationen,
- Aufbereitung der relevanten Informationen für den Stab,
- Erstellen einer Digitalen Lagekarte.

Bei einer Aktivierung entsendet ein VOST eine Verbindungsperson zur Fachberatung in den Stab. Die VOST-Einsatzkräfte arbeiten dezentral von zuhause oder ihrer Arbeitsstelle aus. In Frage kommende Informationen werden in einem gemeinsam bearbeitbaren Onlinedokument gesammelt (z. B. Google Spreadsheets oder Excel Online) und grob kategorisiert. Bei gravierenden Ereignissen mit einem hohen öffentlichen Interesse kann das recht schnell zu sehr vielen Funden führen. Hier ist es sinnvoll, je nach Einsatzauftrag, auch thematisch Schwerpunkte zu setzen und entsprechend zu kategorisieren.

Für die Recherche nach entsprechenden Inhalten gibt es Software und Anwendungen, die für große Unternehmen und Nachrichtenagenturen programmiert werden. Allerdings sind solche Werkzeuge meistens teuer und für das Monitoring von Katastrophenlagen auch selten optimal. Daher ist die manuelle Suche derzeit immer noch die effektivste Art der Recherche. Möglicherweise kann der Einsatz von KI hier zukünftig unterstützen, Spaßposts oder Posts, die nichts mit der Lage zu tun haben, die aktuelle Hashtags nutzen oder gar Falschmeldungen verbreiten, herauszufiltern.

Leider ist es so, dass in Krisenlagen immer wieder Falschinformationen verbreitet werden. Beim Hochwasser in Westdeutschland 2021 wurde zum Beispiel mehrfach vor angeblich drohenden Dammbrüchen gewarnt. Regelmäßig bei Hochwasserlagen wird auch eine Fotomontage von einem Haifisch in einem U-Bahn-Schacht gepostet. Manche Betreiber von Social Media Accounts nutzen auch eine Schadenslage, um ihre eigene Reichweite zu erhöhen, indem sie Videos einer ähnlichen Lage aber einem ganz anderen Ort posten und dafür die Suchbegriffe der aktuellen Lage verwenden. Anlässlich eines Großfeuers im Europapark Rust im April 2018 oder auch zuletzt am 19.06.2023 tauchten beispielsweise Videos eines Feuers in einem amerikanischen

6.10 Social Media und VOST

Freizeitpark auf. Beim letztgenannten Feuer tauchten auch wieder viele Bilder und Videos des Feuers vor fünf Jahren auf. Solche Falschmeldungen sind eher leicht zu erkennen, andere Falschmeldungen sind oft subtiler. Die Verifizierung ist daher ein sehr wesentlicher Faktor in der Arbeit eines VOST. Möglicherweise wichtige Informationen, die nicht eindeutig verifiziert werden können, müssen im Lagebericht entsprechend gekennzeichnet sein.

Der Digitale Lagebericht ist das Dokument, in dem die Auswahl verifizierter Posts und Informationen, die für den Stab interessant und wichtig sind, ihren Niederschlag finden. Wer also die Aggregation der Funde aus dem Monitoring durchführt, sollte auf jeden Fall eine Stabsausbildung und entsprechende Erfahrung haben. Es gibt keine vorgegebene Form für den Digitalen Lagebericht. Er richtet sich immer nach den Bedürfnissen bzw. Anforderungen des beauftragenden Stabs.

Dringliche Meldungen, die nicht auf die Einbindung in den Lagebericht warten können oder die einer besonderen Aufmerksamkeit bedürfen, werden entweder in einem Sonderlagebericht erfasst oder über die Verbindungsperson VOST direkt in den Stab gegeben. Die Erfahrungen aus zahlreichen Einsätzen zeigen, dass solche Entdeckungen den Stab oftmals vor der Übermittlung durch Beamte oder Beobachter vor Ort erreichen.

Spontanhelfende sind bei großen Schadenslagen oftmals unabdingbare Helfer. Da sich diese überwiegend über soziale Netzwerke finden und organisieren, kann es auch in den Aufgabenbereich eines VOST fallen, dem Stab über deren Aktivitäten einen Überblick zu vermitteln. Vor allem die Planung größerer Aktionen, zu denen viele helfende Hände erwartet werden, kann eine Information über die zu erwartende Masse an Menschen und Fahrzeugen für die Raumordnung und Verkehrslenkung im Stab immens wichtig sein. Optimalerweise gibt es im Stab auch eine Verbindungsperson für Spontanhelfende, mit dem sich Fachberatung VOST und S2 abstimmen.

Es gibt keine Vorgaben für die Qualifikation der Mitglieder eines VOST. Das regelt jedes Team oder die beauftragende Behörde individuell. Normalerweise sind die Mitglieder bereits in einer Hilfsorganisation tätig und besitzen eine Qualifikation in einer Führungsfunktion und im Idealfall eine Stabsausbildung. Darüber hinaus können spezielle Fachkenntnisse ebenfalls für die Mitwirkung in einem VOST qualifizieren. Darunter fallen beispielsweise Kompetenzen im Bereich der Informationstechnologie, Geoinformatik oder dem Monitoring Sozialer Netzwerke. Auch junge Menschen, die in der Hierarchie noch nicht so weit oben stehen, können eine große Bereicherung in einem VOST sein. Gerade sie sind in vielen Sozialen Netzwerken aktiv, zu denen ältere Menschen keinen Zugang haben. Wie überall im Bevölkerungsschutz gilt auch hier der Grundsatz: »Die Mischung machts.«

Fazit

Für ein umfassendes Lagebild bei einem Großschadensereignis sind Virtual Operations Support Teams unerlässlich. Sie helfen, das Lagebild in einem Stab zu vervollständigen und Stimmung, Ängste und Fragen in der Bevölkerung zu erfassen. Ein VOST arbeitet normalerweise dezentral und ist im Stab durch eine Verbindungsperson vertreten.

6.11 Besonderheiten der Psychosozialen Notfallversorgung bei Schockereignissen

Lars Tutt – Professor an für Betriebswirtschaftslehre der Öffentlichen Verwaltung an der Hochschule des Bundes

Vorüberlegungen zur PSNV bei Schockereignissen

Unter Psychosozialer Notfallversorgung (PSNV) wird die »Gesamtstruktur und die Maßnahmen der Prävention sowie der kurz-, mittel- und langfristigen Versorgung im Kontext von belastenden Notfällen bzw. Einsatzsituationen« verstanden (BBK 2012).

Regelmäßig waren es Schockereignisse, die die Entwicklung der PSNV vorangetrieben haben. Gekennzeichnet waren diese Situationen von einer Überforderung der bestehenden Strukturen und Kapazitäten. Als eine der ersten Großeinsatzlagen, in der psychosoziale Begleitung zur Lagebewältigung genutzt wurde, wird das Grubenunglück im nordhessischen Borken genannt (Hoppe 2020). Im Jahr 1988 kamen dort durch eine Kohlenstaubexplosion 51 Menschen ums Leben, sechs Bergleute waren mehrere Tage lang im Bergwerk eingeschlossen. Im gleichen Jahr kam es zu einem weiteren Unglück, welches die PSNV prägen sollte: Bei einer Flugschau auf dem US-Luftwaffenstützpunkt in Ramstein starben 70 Menschen als ein Flugzeug in die Zuschauer stürzte. Weitaus höher lag die Zahl der körperlich oder psychisch Verletzten. Nach diesem Ereignis entwickelten sich »heterogene Systeme« der Notfallseelsorge (Beerlage, Arendt, Hering et al. 2020). Das Unglück kann zudem als Ausgangspunkt der langfristigen Betreuung von Betroffenen-Gruppen gewertet werden. Solche »Schicksalsgemeinschaften« erlauben die Bewältigung eines belastenden Extremereignisses in einer Gruppe gleichartig Betroffener (Jatzko 2020).

Immer noch wandelt sich die PSNV und weiterhin sind es Schockereignisse, die prägenden Einfluss auf die Entwicklung haben. In diesem Beitrag soll dargestellt werden, welche Anforderungen unterschiedliche Kategorien von Schockereignissen an die PSNV stellen und wie die PSNV sich hierauf strukturell einstellen kann.

6.11 Besonderheiten der PSNV bei Schockereignissen

Schockereignisse zeichnen sich durch drei konstitutive Merkmale aus: Sie treten unerwartet ein; sie sind radikal in ihrer Wirkung und sie überfordern bestehende Bewältigungsmechanismen. Auch wenn Ausnahmesituationen für den Bevölkerungsschutz die Regel sind, so stellen Schockereignisse eine Herausforderung dar, die dazu zwingt, bestehende Verfahrensweisen infrage zu stellen und flexibel zu reagieren. Positiv betrachtet sind Schockereignisse – wie das Beispiel der PSNV zeigt – Lern- und Entwicklungserfahrungen, die allerdings der permanenten Gefahr ausgesetzt sind, nicht den bestmöglichen Einsatzerfolg zu erzielen und daher ein hohes Maß an Fehlertoleranz erfordern. Wenn es um den Schutz von Leben, Gesundheit und Sachwerten geht, so ist verständlich, dass diese Fehlertoleranz kaum vorhanden sein kann und ausbleibender Einsatzerfolg psychische Belastungen für Einsatzkräfte und Betroffene fördern kann.

Betroffene im Sinne der PSNV
Wer im Zusammenhang mit einem Schockereignis als »betroffen« zu werten ist, kann pauschal nicht festgelegt werden, da Betroffenheit höchst individuell zu beurteilen ist und sich aus persönlichen und situativen Faktoren ergibt. Etabliert hat sich für die PSNV die Unterscheidung von Einsatzkräften (PSNV-E) und betroffener Bevölkerung (PSNV-B). Zunehmend erscheint es allerdings fraglich, ob diese Einteilung für alle Einsatzlagen sinnvoll ist. Aktuell zeichnet sich ab, eine feinere Differenzierung vorzunehmen und PSNV-Konzepte speziell für bestimmte Gruppen von Personen – z. B. Spontanhelfenden (Tutt 2019) oder medizinischem Personal (Karutz 2020) – vorzusehen. Gleichzeitig haben Flächenlagen wie die Starkregenkatastrophe in Rheinland-Pfalz und Nordrhein-Westfalen deutlich gemacht, dass in den betroffenen Regionen sämtliche lokalen Einsatzkräfte gleichzeitig auch zur betroffenen Bevölkerung gehörten und somit die Grenzen der PSNV-Kategorien aufweichen.

Neben dieser Thematik stellt sich die Frage, wer aus subjektiver Sicht zum Kreis der Betroffenen gehört. Die Erfahrungen im Zusammenhang mit der Starkregenkatastrophe von 2021 zeigen, dass Menschen in den Überflutungsgebieten ihr eigenes Schicksal mit dem von anderen Betroffenen vergleichen und in der Regel vor allem die Personen als PSNV-bedürftig einstufen, die Angehörige verloren haben. Intuitiv wird eine gedankliche Rangfolge der Betroffenheit erstellt, die von »verstorbene Angehörige«, über »in Lebensgefahr befunden« und »verletzt worden« bis zu »Haus verloren« reicht. Das Erleben von fremdem Leid, die Zerstörung des eigenen Sicherheitsgefühls und der Verlust von Heimat werden vielfach als nachrangig eingestuft und führen dazu, dass bestehende PSNV-Angebote zögerlich genutzt werden, um diese »stärker Betroffenen« nicht »wegzunehmen«.

6 Gefahrenabwehrentitäten

Etablierter Standard in der Betreuung von Betroffenen ist die Arbeit mit Personengruppen »gleicher Betroffenheit«. Die Vielschichtigkeit eines Schockereignisses würde hier eine Ausdifferenzierung fordern, die angesichts begrenzter Kapazitäten kaum leistbar erscheint. Insofern sind für solche Lagen abweichende Betreuungsmuster vorstellbar. Denkbar wäre beispielsweise eine Zusammenfassung von »Gruppen gleichen Erlebens«. In Flächenlagen forderte dies vornehmlich nach einzelnen Schadensorten strukturierte Betreuungsangebote mit dem Ziel, in einer Gruppe ein vertieftes Verständnis der Situation durch die unterschiedlichen Perspektiven auf das gleiche Geschehen zu bekommen. So können sich individuelle Puzzlestücke eines Ereignisses zu einem Gesamtbild zusammenfügen. Im Rahmen des Umgangs mit einem möglicherweise traumatischen Erlebnis kann dies ein wichtiger Verarbeitungsschritt sein.

Ansätze zur Einteilung von Schockereignissen aus Sicht der PSNV
Aus Sicht der PSNV erscheint es sinnvoll, Schockereignisse aus der Perspektive von Betroffenen zu kategorisieren. Hierfür wird eine Matrix vorgeschlagen, die eine räumliche und eine sachliche Komponente umfasst. Räumlich ist aus Betroffenenperspektive relevant, ob es möglich ist, dem Ereignisort auszuweichen oder nicht. Ist beispielsweise eine ganze Region betroffen – wie bei der Starkregenkatastrophe – so wird es über Jahre hinweg unmöglich sein, der Konfrontation mit dem Geschehen zu entgehen. Bei einem Unglück wie der todbringenden Personendichte bei der Loveparade ist es dagegen denkbar, den Ereignisort bewusst zu meiden oder aufzusuchen. Dies bleibt nicht ohne Wirkung auf Bewältigungsstrategien. Die sachliche Komponente betrifft die Frage, ob es eine Person oder Personengruppe gibt, die für ein Ereignis verantwortlich ist, oder ob es sich um eine Naturkatastrophe bzw. um ein allgemeines Lebensrisiko handelt. Existieren Täter:innen oder Verursacher:innen, so haben Erfahrungen in der langfristigen Katastrophen-Nachsorge gezeigt, dass einige Betroffene der (juristischen) Verfolgung von Verantwortlichen so Aufmerksamkeit und Energie widmen, dass die psychosoziale Verarbeitung des Geschehens dahinter zurücktritt. Im Rahmen der psychosozialen Krisenbewältigung ist dies zu berücksichtigen und kann dazu führen, dass Hilfen erst nach einer – eventuell über Jahre andauernden – straf- und zivilrechtlichen Aufarbeitung greifen können.

Die PSNV muss je nach Ereignisart situativ angepasst agieren. Insbesondere dann, wenn es Betroffenen nicht möglich ist, dem Ereignisort auszuweichen, ist es eine ebenso wichtige wie schwierige Aufgabe, das Gefühl von Sicherheit wieder herzustellen und sichere Orte zu etablieren. Ohne ein Mindestmaß an Sicherheitsgefühl wird die Verarbeitung eines belastenden Ereignisses nur schwer gelingen können.

6.11 Besonderheiten der PSNV bei Schockereignissen

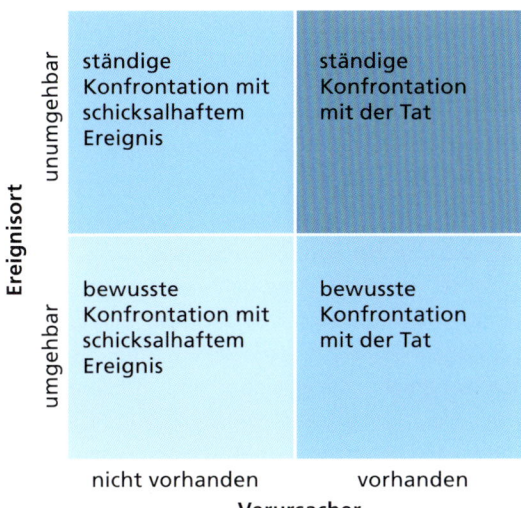

Bild 4: *Kategorien von Schockereignissen aus Betroffenenperspektive (Quelle: eigene Darstellung)*

Langfristig kann es in diesem Zusammenhang zur Aufgabe der PSNV gehören, moderierend bei der Umgestaltung von Ereignisorten tätig zu werden.

Auswirkungen auf das Sicherheitsempfinden hat auch die Existenz eines/einer »Täters:in«. Die Suche nach Schuldigen wird immer Teil des Verarbeitungsprozesses bei einem Schockereignis sein. Zu einer Herausforderung für die Bewältigung kann es werden, wenn ein solcher/eine solche »Täter:in« nicht eindeutig identifiziert und gefasst werden kann. Insbesondere bei hybriden Bedrohungslagen erscheint dies im Zusammenhang mit Schockereignissen ein denkbares Szenario.

Bei Ereignissen, die benennbare Verursacher haben, wird der Umgang hiermit allerdings in anderer Weise Einfluss auf psychosoziale Bedarfe haben, da beispielsweise Gerichtsverfahren, deren Gegenstand die Klärung der Schuldfrage ist, für Betroffene zur fortdauernden Belastung werden, die einer besonderen psychosozialen Begleitung bedarf.

PSNV-Strukturen für Schockereignisse

Um PSNV-Strukturen angemessen beurteilen zu können, soll im Folgenden zwischen dem institutionellen Einsatz und dem individuellen Einsatz unterschieden werden. Der institutionelle Einsatz umfasst alle strategisch-administrativen Aufgaben der PSNV-Leitung sowie PSNV-Konzeptionen und ist zu unterscheiden vom individuellen

Einsatz, der die operative Arbeit im unmittelbaren Kontakt zu einzelnen oder mehreren Betroffenen bezeichnen soll. Gerade in einer durch hohe Komplexität und zahlreiche betroffene Personen gekennzeichneten Lage erscheint diese Einteilung notwendig. Auf beiden Ebenen müssen die Voraussetzungen für einen erfolgreichen Einsatz geschaffen werden, um eine positive Wirkung entfalten zu können.

Institutionelle PSNV-Strukturen für Schockereignisse
Der institutionelle Einsatzerfolg der PSNV hängt im Wesentlichen von zwei Faktoren ab. Dies sind die Strukturierung des Einsatzes inklusive der Einbindung in die bestehende Aufbauorganisation sowie die operative Führung der PSNV-Kräfte.

Führungsstrukturen der PSNV, die geeignet sind, größere Einsatzlagen zu bewältigen, haben sich erst in den letzten Jahren entwickelt. In vielen Bundesländern sind Landeskoordinierungsstellen aufgebaut worden, Kriseninterventionskräfte werden vermehrt für die Leitung in Großeinsatzlagen ausgebildet. Dass solche Strukturen nicht ausreichen, zeigt allerdings das Zugunglück von Bad Aibling im Jahr 2016, bei dem die Alarmierung der PSNV erst verzögert erfolgte (Hoppe 2020). Neben organisationseigenen Strukturen, ist die Einbindung in die etablierten Führungsstrukturen im Einsatz ein zentrales Erfolgskriterium. In einer Situation, in der diese Strukturen maximal gefordert sind, wird es tendenziell schwerfallen, ein vergleichsweise neues Arbeitsfeld wie die PSNV zu integrieren. Um Schockereignisse aus PSNV-Sicht gut bewältigen zu können, ist die frühzeitige Einbindung von Fachberater:innen in die administrativ-strategische und die operativ-taktische Komponente der Krisenbewältigung unerlässlich. Dies sichert sowohl die kurzfristige Arbeit von PSNV-Kräften in der Akutsituation als auch den Aufbau von mittel- und langfristigen Betreuungsangeboten, wie sie nach Schockereignissen unerlässlich sein werden.

Während der Akutphase muss eine funktionierende Führungsstruktur für die PSNV aufgebaut werden, die eine Leitung PSNV mit Führungsassistent:in umfasst. In der Regel wird die PSNV in den Einsatzabschnitt Betreuung als Unterabschnitt integriert werden oder sie kann als eigenständiger Einsatzabschnitt der (technischen) Einsatzleitung unterstellt werden. Eine Herausforderung für die PSNV dürfte dabei darin bestehen, für zu bildende Unterabschnitte im PSNV-Einsatz ausreichend Leitungskräfte zu finden. In Polizeilagen ist anzustreben, die PSNV in Anbindung an den polizeilichen Opferschutz zu führen.

Schwieriger wird vermutlich die mittel- und langfristige Arbeit der PSNV, wenn Einsatz- und Krisenstabsstrukturen aufgelöst sind. Hier gilt es, durchhaltefähige Strukturen aufzubauen und in Zusammenarbeit mit etablierten Trägern im sozialen Bereich langfristig Unterstützungsangebote aufrechtzuerhalten. Die Starkregenkata-

6.11 Besonderheiten der PSNV bei Schockereignissen

strophe in Rheinland-Pfalz und Nordrhein-Westfalen hat solche Modelle unter der Beteiligung von Caritas, Diakonie und Kirchengemeinden beispielhaft hervorgebracht.

Überregionale Strukturen sind zur Bewältigung eines Schockereignisses unerlässlich, da lokale PSNV-Systeme schnell an ihre Grenzen stoßen werden. Dazu wird lageabhängig die Zahl der Betroffenen, aber auch die eigene Betroffenheit der PSNV-Einsatzkräfte beitragen. Während im Bereich des Katastrophenschutzes überörtliche Hilfeleistung in unterschiedlichen Stufen vorgeplant ist (von Ü-MANV-S bis Landeskontigent), existieren solche Strukturen in der PSNV nur punktuell und sehr heterogen. Ein Hauptproblem hierbei liegt darin, dass kein Anforderer mit Gewissheit sagen kann, welche Fähigkeiten ihm auf Anforderung überörtlich zur Verfügung gestellt werden können. Vor diesem Hintergrund erscheint es zwingend, einen einheitlichen Standard für Komponenten der PSNV zu etablieren. Der Aufbau kann sich auf der einen Seite an der Konzeption einer »PSNV-Staffel« entsprechend der Fachempfehlung des VdF NRW »Aufbau von PSNV-Einheiten für betroffene Bevölkerung zur lokalen und überörtlichen Hilfe im Rahmen der nicht-polizeilichen Gefahrenabwehr« und auf der anderen Seite an der »Staffel PSNV« nach dem »Einsatzkonzept für den Katastrophenschutz in Niedersachsen« orientieren. Während die Grundidee übernommen wird, wird die personelle Aufstellung modifiziert. Dies betrifft sowohl die Führung als auch die Aufteilung zwischen PSNV-B und -E. Während das niedersächsische Konzept zu gleichen Teilen PSNV-B- und PSNV-E -Kräfte vorsieht, gibt es in der PSNV-Staffel der nordrheinwestfälischen Feuerwehr keine PSNV-E-Kräfte, weil die PSNV-E als völlig getrennter Bereich unter der Bezeichnung PSU geführt wird. Beides scheint zur Bewältigung einer Großeinsatzlage im Falle eines Schockereignisses nicht günstig. Wesentlich für die Einsetzbarkeit der Komponente ist die Fähigkeit zur eigenständigen Abarbeitung von Einsatzaufträgen. Die Führung sollte daher bei einer PSNV-Fachkraft mit einer Ausbildung für die Leitung in Großeinsatzlagen liegen, die von einer Person mit BOS-Funklizenz unterstützt wird, die auch als Kraftfahrer tätig wird. Dementsprechend wird nachfolgende Aufstellung vorgeschlagen:

- 1 Leiter:in PSNV mit der Qualifikation zur Leitung in Großschadenslagen,
- 3 Helfende mit der Qualifikation als felderfahrene PSNV-Kraft,
- 1 Helfender mit der Qualifikation als felderfahrene PSNV-Kraft und Zusatzausbildung als Peer nach CISM-Standard für die PSNV-E,
- 1 Fahrer:in mit BOS-Funkberechtigung, der/die als Führungsassistent:in agiert,
- 1 Fahrzeug: MTW mit BOS-Funk und Ausstattung für Versorgung der eigenen Kräfte über einen Zeitraum von 12 Stunden.

Kooperationsstrukturen haben sich als eine geeignete Option für niederschwellige Betreuungsangebote in der Akutphase eines Schockereignisses erwiesen. Angebote der PSNV sind im Zusammenhang mit der Starkregenkatastrophe 2021 vor allem dort sehr gut angenommen worden, wo sie in Kombination mit anderen Hilfen angeboten wurden. In mehreren Regionen in NRW und RLP waren gemischte Teams aus Betreuungseinheiten, Sanitätseinheiten und PSNV zur aufsuchenden Versorgung und Bedarfserhebung im Einsatz. Anderenorts wurden stationäre Angebote der Verpflegung und Versorgung (Verpflegungsstellen, Trinkwasserausgabestellen, Waschmöglichkeiten) mit PSNV-Angeboten kombiniert. Auf diese Weise konnte die Schwelle zur Inanspruchnahme niedrig gehalten und die Integration in Tagesabläufe erleichtert werden.

Zeitliche Strukturen sind bei Schockereignissen ein kritischer Erfolgsfaktor der PSNV. Zu welchem Zeitpunkt welcher Bedarf an psychosozialer Begleitung besteht, hängt hierbei von dem Ereignis ab. Da Schockereignisse einen plötzlichen und gravierenden Einschnitt bedeuten, besteht häufig in der Akutphase ein hoher Bedarf an PSNV, um den Betroffenen zu ermöglichen, mit der dramatischen Veränderung – beispielsweise durch Tod, Verletzung oder Verlust der Lebensgrundlage – umgehen zu können und Reaktionen einzuordnen. Die PSNV-B ist in dieser Phase besonders gefordert und wird durch überörtliche Kräfte verstärkt werden müssen. Die PSNV-E wird in dieser Phase weniger gefordert sein, da Einsatzkräfte in der Abarbeitung der Lage eingebunden sind und »funktionieren«. In einer zweiten Phase verkehrt sich der Bedarf. Hier wird die PSNV-E besonders gefordert, um Einsatzkräften die Verarbeitung des im Einsatz Erlebten zu erleichtern. PSNV-B wird dagegen in geringerem Maße nachgefragt sein, da die Betroffenen mit der Neuordnung und Neuorientierung oder auch mit dem Wiederaufbau befasst sind. Erst mit erheblichem zeitlichem Abstand rückt die PSNV-B mit langfristig aufrechtzuerhaltenden Strukturen wieder in den Vordergrund. Interviews mit Betroffenen der Starkregenkatastrophe in NRW haben gezeigt, dass dies durchaus zwei Jahre nach dem Ereignis der Fall sein kann, weil bis dahin keine Gelegenheit bestand, zur Ruhe zu kommen und Belastungen aufzuarbeiten. Erfahrungen in der Bewältigung von Katastrophen bestätigen dies (Müller-Lange 2013). PSNV-Strukturen sind auf eine solche zeitliche Dimension in der Regel nicht ausgelegt. Sie fokussieren sich auf die Akutphase. Die Starkregenkatastrophe von 2021 hat gezeigt, dass in den Wochen nach dem Ereignis ein Überangebot an PSNV-B bestand, wohingegen mit großem zeitlichem Abstand eine heterogene und für Betroffene nicht durchschaubare Zahl von Akteuren punktuelle Angebote unterbreitet. Eine einheitliche, systematisch geführte PSNV-B existiert nicht. Anders sieht dies bei anderen Schockereignissen aus. So wurde beispielsweise nach der Amokfahrt in Trier 2020 ein systematisches, auf längere Frist angelegtes

6.11 Besonderheiten der PSNV bei Schockereignissen

Angebot durch die Stiftung Katastrophennachsorge unterbreitet, welches während der gesamten Dauer des Prozesses gegen den Amokfahrer aufrechterhalten werden konnte (ohne Namen 2023). Über einen noch längeren Zeitraum wurden deutsche Betroffene der Tsunami-Katastrophe in Indonesien durch die Stiftung Notfallseelsorge begleitet. Solche Arbeit ist regelmäßig dort zustande gekommen, wo eine abgrenzbare Zahl gleichartig Betroffener identifizierbar war. Ungleich komplexer erscheint der Aufbau solcher Angebote im Nachgang zu Flächenlagen. Es erscheint notwendig, hier Strukturen vorzuplanen und die Vernetzung der unterschiedlichen Akteure der PSNV überregional voranzutreiben.

Individuelle Voraussetzungen zur Bewältigung von Schockereignissen

Nach dieser Betrachtung der strukturellen Fragen im Zusammenhang mit PSNV bei Schockereignissen, wird nachfolgend der individuelle Einsatzerfolg der PSNV in den Blick genommen. Dieser wird maßgeblich von der Verfügbarkeit von PSNV-Kräften und von deren Qualifikation beeinflusst.

In der Akutphase wird der Bedarf an PSNV-B – insbesondere in großflächigen Schadensgebieten – das Angebot häufig übersteigen. Es stellt sich dann die Frage, ob ungeschulte Kräfte, die sich als Spontanhelfende anbieten, in der PSNV-B eingesetzt werden können.

Spontanhelfende decken in großen Einsatzlagen faktisch auch psychosoziale Aspekte ab, selbst wenn ihre originären Tätigkeiten zunächst auf »handwerkliche« Aktivitäten ausgerichtet sind. So fördert der Einsatz von Spontanhelfenden in vielen Fällen die soziale Anbindung von Betroffenen und auch bei der Herstellung von Hoffnung und Zuversicht können Spontanhelfende positive Wirkung entfalten. Eventuell sind sie auch in der Lage, das Gefühl von Sicherheit bei Betroffenen zu stärken. Damit bedienen Spontanhelfende drei besonders relevante Aspekte, die bei der Verarbeitung von Belastungen förderlich sind. Werden diese Effekte als »Nebenwirkung« erzielt, so ist zu überlegen, ob nicht auch die psychosoziale Akuthilfe Spontanhelfenden als originäre Aufgabe übertragen werden kann. Im Rahmen der Starkregenkatastrophe wurde ein solches Vorgehen in Ansätzen erprobt, indem geeignet erscheinenden Personen eine Handlungshilfe zur Verfügung gestellt wurde, um in ihrem Umfeld Betroffene bei der psychosozialen Bewältigung der Katastrophe zur Seite zu stehen. Die Handlungshilfe bestand aus einer Seite mit elementaren Hinweisen zum Umgang mit Betroffenen und aus einer Seite mit Tipps für die eigene

Psychohygiene. Die Hinweise für den Umgang mit Betroffenen umfassten folgende Punkte:

1) Grundbedürfnisse nach trockener Kleidung, einem sicheren Aufenthaltsraum und ausreichend zu Trinken decken.
2) Nähe geben, um der Sorge zu begegnen, in einer Notsituation allein gelassen zu werden (Lasogga, Gasch 2009). Die reine Anwesenheit einer stabilen und ruhigen Person ist vielfach wichtiger als alle Worte.
3) Zuverlässigkeit mit Blick auf Informationen und eigene Zusagen gewährleisten, denn in einer hochgradig verunsichernden Situation ist das Bedürfnis nach Verlässlichkeit besonders ausgeprägt.
4) Akzeptieren der individuellen Sichtweise von Betroffenen, selbst wenn diese der eigenen Sicht auf die Katastrophe widerspricht. Verständnis ist die Basis einer gelingenden Begleitung und dies schließt gelegentlich das Aushalten von abweichenden Perspektiven ein. Insbesondere ist Leid nur individuell zu beurteilen und daher nie mit dem Leid anderer Betroffener zu vergleichen.

Die Helfenden sollten nach Möglichkeit auch in die Lage versetzt werden, Betroffene auf Anlaufstellen für weiterführende Hilfen aufmerksam zu machen. Dies setzt selbstverständlich voraus, dass solche Stellen eingerichtet und telefonisch oder persönlich erreichbar sind.

Die Informationen für die Psychohygiene der »psychosozialen Spontanhelfenden« orientierten sich in der Handlungshilfe an den »Big Five« nach Hobfoll (Hobfoll et al. 2007).

Ausbildung von PSNV-Kräften für den Einsatz in Großschadenslagen findet derzeit fast ausschließlich in der Führungskräfteausbildung statt. Um PSNV-Einsatzkräfte auf Einsätze im Rahmen von Schockereignissen vorzubereiten, erscheint es hilfreich, die Inhalte der Grundausbildung umfassender zu gestalten und verstärkt Strukturen und Arbeitsweisen des Katastrophenschutzes zu vermitteln. Auch der Umgang mit BOS-Funk sollte Bestandteil der Ausbildung werden (Rebuck 2022). Praktische Erfahrungen zeigen zudem, dass PSNV-Kräfte, die in der Akutphase eines Schockereignisses zum Einsatz kommen, über erweiterte medizinische Fähigkeiten verfügen sollten, da das in solchen Lagen bestehende Missverhältnis zwischen verfügbaren Rettungskräften und rettungsdienstlichem Bedarf dazu führt, dass sich PSNV-Kräfte mit medizinischen Fragestellungen konfrontiert sehen (Rebuck ebd.). Auch die Arbeit in multiprofessionellen, organisationsübergreifenden Teams (siehe Kooperationsstrukturen) muss im Vorfeld von möglichen Einsätzen eingeübt werden und sollte daher Bestandteil von Übungen sein.

Überlegungen zu einer Primären Prävention im Rahmen der PSNV-B

Abschließend soll der eingangs angesprochene Gedanke der Auflösung von Grenzen zwischen der PSNV-B und der PSNV-E noch einmal aufgegriffen werden. Einer der bedeutenden Unterschiede zwischen den PSNV-Ansätzen liegt darin, dass PSNV-Maßnahmen für Betroffene immer erst nach einem belastenden Ereignis ansetzen, während Einsatzkräften im Rahmen ihrer Aus- und Fortbildung bereits vor einem möglichen belastenden Einsatz Kenntnisse und Methoden auf dem Gebiet der PSNV vermittelt werden. Auch durch organisatorische Maßnahmen wird der Schutz vor negativen Folgen von Belastungen für Einsatzkräfte erhöht. Solch eine »Primäre Prävention« könnte auch für Betroffene sinnvoll sein, wenn man davon ausgeht, dass potenziell jeder Mensch von einem Schockereignis betroffen sein kann. Während Informationen über Notvorräte und Verhaltensregeln im Brandfall inzwischen selbstverständlich sind, gilt dies für Informationen zum Umgang mit belastenden Ereignissen bisher nur in sehr eingeschränktem Maße. Angelehnt an die oben genannte Handlungshilfe für Spontanhelfende in der PSNV könnten solche grundlegenden Informationen auch Eingang in eine umfassendere Aufklärung zum Bevölkerungsschutz finden und somit dazu beitragen, die psychosozialen Folgen eines Schockereignisses durch verbesserte Selbsthilfemöglichkeiten abzumildern. Wird solches Material um Informationen über psychosoziale Hilfesysteme ergänzt, so kann die präventive Wirkung weiter verstärkt werden, denn bereits das Wissen um solche Hilfemöglichkeiten kann Belastungen reduzieren.

6.12 Spannungsverhältnisse im Einsatz (Flutkatastrophe im Ahrtal 2021)

Josef Schun und Kay Rosenkranz – 2021 Mitglieder des Katastrophenstabes im Ahrtal, Berufsfeuerwehr Wilhelmshaven

Es ist beim Verfassen dieser Zeilen auf den Tag genau zwei Jahre her, dass das Innenministerium anrief. Die persönlichen Kontakte zum Kompetenzzentrum des Landes waren aufgrund der gemeinsamen Abwicklung der Impfzentren in der Corona-Pandemie ohnehin häufig und von hohem gegenseitigem Respekt und Vertrauen geprägt. Am Abend des 16. Juli 2021, wohlgemerkt einem Freitag, klingelte das Handy und der S3 des Kompetenzzentrums des niedersächsischen Innenministeriums avisierte einen möglichen Einsatz im Katastrophengebiet des Ahrtals. Ein MoFüst-Konzept, also ein Konzept zur mobilen Führungsunterstützung bei größeren Einsatzlagen hatte die AGBF Niedersachsen zwar in der Schublade. Nun ging es jedoch um etwas anderes: Das Land Niedersachsen plante unter der Führung des Niedersächsischen Landesamtes für Brand- und Katastrophenschutz (NLBK) ein Kontingent an Spezialisten zu entsenden, die in der zu dem Zeitpunkt noch sehr diffusen Lage im Bereich der Stabsarbeit des Krisen- oder Führungsstabes mitwirken sollten. Gefragt war die möglichst zahlreiche Mitwirkung von in der Stabsarbeit erfahrenen Führungskräften der niedersächsischen Berufsfeuerwehren.

Viel Mitgefühl und eine gewisse Anspannung herrschten aufgrund der schrecklichen Bilder sowie den sich überschlagenden Meldungen natürlich – wie bei wohl jedem im Katastrophenschutz tätigen Menschen – vor. Nervosität kam mit dem Anruf allerdings auf. Natürlich stellte sich jede eingeplante Einsatzkraft persönliche Fragen: »Hatte ich jemals einen Einsatz dieser Größenordnung gesehen? Was erwartet mich dort in einem Katastrophengebiet? Was erwartet mich im Krisenstab? Wie ist die eigene Betroffenheit der Kolleg:innen? Bin ich vorbereitet und geschult in der Stabsarbeit? Werde ich die Erwartungen erfüllen können?«

Die abschließende Vorplanung des niedersächsischen Kontingents erfolgte im Rahmen einer Videokonferenz am Sonntagabend, dem 18. Juli 2021. Dann stand auch fest, dass der Einsatz bereits am kommenden Morgen, dem 19. Juli 2021 starten und »vermutlich« eine Woche andauern sollte. In dieser Zeit sollte durch das Kontingent »ein Stab« im rheinland-pfälzischen Ahrweiler verstärkt werden. Mit den spärlichen Informationen erfolgte am frühen Montagmorgen des 19. Juli 2021 der Start zum Sammelraum, der Feuerwache Hildesheim.

Aber wer schreibt diese Zeilen? Zum einen Kay Rosenkranz, 46 Jahre alt. Nach der Lehre begann er im Jahr 2001 den Dienst bei der Feuerwehr Wilhelmshaven und erlebte dort zahlreiche Facetten des Feuerwehrlebens. Von 2019 bis 2021 absolvierte er den Aufstieg in den gehobenen Dienst. Seither ist er als Teamleiter verantwortlich für den Bevölkerungsschutz bei der Feuerwehr Wilhelmshaven. Seine Stabsausbildung im B5-Lehrgang war zu diesem Zeitpunkt erst vier Monate her.

Zum anderen Josef Schun, 47 Jahre alt. Nach Studium der Sicherheitstechnik in Wuppertal und Referendariat in Heyrothsberge zunächst ab 2004 stellvertretender Leiter der Feuerwehr Remscheid. Von 2008 bis 2012 zunächst stellvertretender Amtsleiter und von 2012 bis 2020 Amtsleiter der Berufsfeuerwehr Saarbrücken. Seit 2020 ist er Leiter der Feuerwehr Wilhelmshaven. Seit 2021 ist er Leiter des Arbeitskreises Zivil- und Katastrophenschutz der AGBF Niedersachsen.

An der Feuerwache Hildesheim trafen nach und nach bekannte, aber auch neue Gesichter des niedersächsischen Katastrophenschutzes ein. Leiter und Führungskräfte von Berufsfeuerwehren, Ausbilder aus dem Bereich Stabs- und Führungsarbeit, Spezialisten aus dem Bereich Digitalfunk (der Autorisierten Stelle Digitalfunk

6.12 Spannungsverhältnisse im Einsatz (Flutkatastrophe im Ahrtal 2021)

Niedersachsen, kurz: ASDN), erfahrene Einsatzkräfte des Katastrophenschutzes. Bis zur Abfahrt sollten es etwa 25 Kolleg:innen werden. Bereits in den Tagen vor dem Einsatz war die dem niedersächsischen Kontingent zufallende Rolle unklar und sollte es bis zur Ankunft in Ahrweiler auch bleiben. Zwar verdichteten sich über das vorangegangene Wochenende die Hinweise darauf, dass das Kontingent jeweils auf die Stabsbereiche S1 bis S4 in einem Führungsstab verteilt werden sollte. Dies erschien allein aufgrund der Größe des Teams schlüssig, um so je Stabsbereich eine Schicht abdecken zu können. Die fortwährende Kommunikation auf der Anfahrt mit dem niedersächsischen Vorauskommando schärfte die Einsatzmöglichkeiten des Kontingents. So kristallisierte sich der Auftrag heraus, den Stabsbereich S4 im Führungsstab zu übernehmen.

Für die kommenden Tage sollte ein Gasthof unweit des Nürburgrings als komfortable und angenehme Unterkunft vorwiegend in Einzelzimmern dienen. Die Fahrzeit zum Einsatzort im Stab in Ahrweiler betrug gute 30 Minuten. Trotz der Anfahrtswege und den damit verbundenen kürzeren Ruhezeiten hatte dieses System aber wesentlich mehr Vor- als Nachteile. Es gab so in den Ruhezeiten von Anfang an eine klare räumliche Trennung zwischen Arbeitsort im Führungsstab und der Unterkunft. So war es möglich, wirklich zur Ruhe zu kommen, zu schlafen, spazieren oder einfach etwas zu essen, ohne durchweg auf »Abruf« zu stehen oder womöglich die Entwicklungen angespannt zu beobachten. Vereinbart war, nach einer Ablösung zunächst die erste Stunde per Mobiltelefon für Fragen seinem Nachfolger zur Verfügung zu stehen. Die aus Kapazitätsgründen eher zufällig entstandene räumlichen Trennung einerseits und die Unterbringung in einem Hotel mit entsprechenden Ruhemöglichkeiten andererseits haben alle Mitglieder des Kontingents als sehr positiv empfunden und sollte soweit möglich für Einsatzkontingente, die überörtlich eingesetzt werden, als Standard gelten.

Nach einer Fahrzeit von gut sechs Stunden und dem unmittelbaren Bezug der Unterkunft begab sich das Kontingent an die Bundesakademie für Bevölkerungsschutz und Zivile Verteidigung (BABZ) in Ahrweiler. Dort bekamen die Mitglieder erstmals einen Eindruck davon, was sie in den nächsten Tagen erwarten würde. Der Führungs- oder Einsatzstab befand sich in einem großen Raum, der sonst, also außerhalb der Katastrophe, von der Akademie als Schulungsraum genutzt wurde. Der Stabsraum war durch eine große Glasfront von außen einsehbar und durch eine nach außen ständig offene Tür jederzeit und für jede Person auf dem Gelände zugänglich. Da das Gelände allerdings auch nicht abgesperrt gewesen war (um wohnungslos gewordenen Bürger:innen als Rückzugsort zu dienen), war der Stabsraum zunächst sogar völlig öffentlich zugänglich.

Parallel zu diesem Stab der operativ-taktischen Komponente schien es auch noch einen Krisenstab der Kreisverwaltung, die administrativ-organisatorische Komponente, zu geben. Dieser war einige Meter über den Flur von dem Raum des Führungsstabs entfernt, in einem Seminarraum untergebracht. Feste Verbindungspersonen der Stäbe im jeweils anderen Stab gab es nicht. Zu den jeweiligen Lagebesprechungen sollte ein »Abgesandter« des jeweils anderen Stabes der Sitzung beiwohnen.

Grundsätzlich schien der Führungsstab klassisch gemäß der Feuerwehr-Dienstvorschrift 100 aufgebaut. Es gab neben der/dem Einsatzleiter:in eine/einen Leiter:in des Stabes sowie in sehr unterschiedlich starker Besetzung die Sachgebiete S1 – S6 sowie einige Fachberater:innen.

Bereits beim ersten Blick in den Stabsraum fiel auf, dass dieser im Lauf der vergangenen Tage massiv aufgewachsen zu sein schien und die Zeit für eine Reorganisation fehlen musste. Eine klare Zuordnung von Personen oder Arbeitsplätzen zu Sachgebieten fiel nicht leicht. Die Ausstattung war für einen »Ausbildungsstab« sicherlich gut, die aktuell wahrnehmbare Struktur des Raumes war für einen Stab, der diese Größenordnung angenommen hatte, nicht mehr optimal. Die einzig wahrnehmbare und jeweils einer konkreten Person zuzuordnende Funktion war die des Leiters des Stabes, der eine Weste trug.

Im Verlauf des Einsatzes war es eine vornehmlich nächtliche Aufgabe (nachts war die Arbeitsbelastung des Stabes gesunken), den Raum zu reorganisieren und die Sachgebiete klar mit Schildern zu kennzeichnen und sie voneinander abzugrenzen. Darüber hinaus erhielten die Leiter der Sachgebiete und die/der Einsatzleiter:in farbige Funktionswesten, um die Funktionen für jedes Stabsmitglied, aber auch für ablösende und neu ankommende Personen aus den unterschiedlichen Ländern kenntlich zu machen. Der Führungsstabsraum erhielt eine Zugangskontrolle und eine Abriegelung nach außen.

Die Bundeswehr hatte als quasi herausgehobene Fachberaterin zwar einen festen Sitzplatz im Führungsstab, war allerdings lediglich zu den Lagebesprechungen anwesend und hatte im Gegensatz insbesondere zu den Stabsfunktionen S1 und S3, ein großes eigenes Gebäude, in dem die eigentliche Sachgebietsarbeit der Bundeswehr stattfand. Dieses Gebäude war außerhalb des Stabsgebäudes in einiger Entfernung zum Führungsstabsraum.

Ähnlich verhielt es sich mit dem »Sachgebiet S7«, der den eigenständig geführten Bereich des Rettungsdienstes abbilden sollte. Wie sich einige Zeit später herausstellte, hatte das »Sachgebiet S7« eigene Stabsräumlichkeiten, in denen sich ein eigener Stab mit Sachgebieten unter der Führung des Leiters des S7 etablierte. Diese von den bekannten Dienstvorschriften abweichende Organisation des Führungsstabes der Einsatzleitung war allen Mitgliedern des niedersächsischen Kontingents, aber auch

6.12 Spannungsverhältnisse im Einsatz (Flutkatastrophe im Ahrtal 2021)

der Kontingente anderer Länder unbekannt und sollte sich im Verlauf der weiteren Stabsarbeit als große Herausforderung herausstellen. Denn damit galt es nunmehr einen erhöhten Koordinationsbedarf zu einem weiteren – sich selbst führenden – operativ-taktischen Stab mit eigenen Sachgebieten und eigenem Lagebild parallel zum Führungsstab des/der Einsatzleiters:in abzudecken.

Wie bereits zuvor erwähnt, war für die Mitglieder des niedersächsischen Kontingents die adäquate Unterbringung zur Reaktivierung der verbrauchten körperlichen aber auch der mentalen Energie eine absolute Notwendigkeit. So wurde von den Mitgliedern des Kontingents die klare Trennung zwischen »Freizeit« und »Arbeit« über die gesamte Einsatzdauer durchgehalten. Der in der Erkundungsphase des Kontingents vorgefundene Führungsstab hatte diese Möglichkeiten scheinbar nicht gehabt. Die Mitglieder des Stabes arbeiteten ganz offensichtlich mit einem hohen persönlichen Einsatz bis zur maximalen Erschöpfung und gönnten sich, wenn überhaupt nur kurze Ruhepausen in der Nähe der Stabsräume auf Feldbetten. Es war nicht immer leicht, die für die zukünftige Tätigkeit im Stab notwendigen Erkenntnisse aus den Gesprächen zu erhalten.

Mit den ersten gewonnenen Erkundungsergebnissen kristallisierten sich drei Arbeitsschwerpunkte für das Kontingent heraus:

- Coaching des Stabes und der Sachgebietsleitungen,
- schichtfähige Übernahme des Sachgebietes S4,
- Verstärkung des Sachgebietes S6 durch die Kolleg:innen der ASDN.

Die ersten beiden Arbeitsschwerpunkte werden aufgrund der jeweiligen Betroffenheit der Verfasser im Folgenden kurz beleuchtet.

Noch nie – und das gilt für eine Krise im Besonderen – hat sich die Übernahme einer Aufgabe nach dem Motto »Hoppla, jetzt komm´ ich!« als erfolgreich herausgestellt. Das war den zahlreichen Führungskräften des niedersächsischen Kontingents auch bewusst, als in einer der ersten Lagebesprechungen die vorgenannten Arbeitsschwerpunkte besprochen und festgelegt wurden. Ein Coaching für die seit Tagen hochkonzentriert arbeitenden Führungskräfte der Gefahrenabwehr schien das beste Mittel zu sein. Diese Führungskräfte waren diejenigen, die die gesamte Zeit der Katastrophe als solche zur Verfügung stehen mussten und den vermutlich noch Monate andauernden Einsatz letztendlich zu Ende bringen mussten. Gleichzeitig war klar, dass die Zeit des niedersächsischen aber auch möglicherweise folgender Kontingente begrenzt sein wird. Daher schien es das beste Mittel zu sein, die bereits eingesetzten und in der Lage arbeitenden Führungskräfte zeitlich begrenzt, aber individuell zu begleiten, soweit erforderlich zu beraten sowie als »Sparringspartner« bei der Entscheidungsfindung zur Verfügung zu stehen. Somit fiel den frischen, weder von der Lage noch den entsprechenden Herausforderungen betroffenen Einsatzkräften des Kontingents, die coachen sollten, folgende Aufgabe zu: Sie sollten dazu anregen, bisherige Führungsvorgänge und Entscheidungen gemeinsam zu beleuchten, wenn nötig zu hinterfragen und mit der entsprechenden Ruhe und ohne Druck dazu anzuregen, aufgrund gewonnener möglicher neuer Erkenntnisse Ziele und Lösungen festzulegen.

Zudem erfüllten diese Kolleg:innen in einigen Bereichen die Rolle eines Sicherheitsassistent:in für die Führungskräfte im Stab. »Hauptaufgabe des Sicherheitsassistent:in ist das Feststellen und Bewerten von Gefährdungen, unsicheren Situationen und unsicheren Verhaltensweisen an der Einsatzstelle [hier: im Stab, Anm. der Verfasser]. Darüber hinaus entwickelt sie/er Maßnahmen zur Gewährleistung der Sicherheit der Einsatzkräfte [hier: des Gesamteinsatzes, Anm. der Verfasser] und schlägt diese der/dem Einsatzleiter:in vor. Sie/Er stellt quasi ein weiteres Paar Augen und Ohren für die/den Einsatzleiter:in dar und wirkt somit als Risikomanager:in vor Ort.« (Ridder 2017). So war es beispielsweise vonnöten, Führungskräfte auch an ihre eigene Sicherheit zu erinnern und ihnen die erforderlichen Ruhepausen anzuraten oder bei sehr ausschweifenden sehr bildhaften Darstellungen einzelner Akteure in den Lagevorträgen daran zu erinnern, dass der Leiter des Stabes in solchen Situationen auch regelnd eingreifen konnte und musste.

Die häufigen jeweiligen Absprachen der coachenden Führungskräfte untereinander vereinheitlichten das Gesamtbild im Stab über alle Sachgebiete und Fachberater:innen hinweg und boten damit eine schnelle Grundlage für Entscheidungsfindungen. Sie konnten in der Tat »Augen und Ohren« für die/den Einsatzleiter:in sein und Entwicklungen aus einzelnen Sachgebieten verfolgen und berichten, während die/der Einsatzleiter:in oder der Leiter des Stabes mit Planungen beschäftigt und daher nicht abkömmlich gewesen sind.

Schließlich entwickelte sich zwischen den örtlichen Führungskräften des Stabes und den Mitgliedern des Kontingents ein weitgehendes Vertrauensverhältnis, so dass die Mitglieder des Kontingents als persönliche Assistent:in und Ausbilder:in wahrgenommen worden sind. Durch die Dynamik und Größe der Ereignisse einerseits und durch die Gesetzgebung in Rheinland-Pfalz andererseits war der zusammengesetzte Führungsstab naturgemäß kein aufeinander abgestimmtes Team. Viele externe Führungskräfte unterschiedlicher Organisationen aus unterschiedlichen geografischen Richtungen arbeiteten nun zusammen. Die persönlichen Assistent:innen und Ausbilder:innen unterstützten dabei, Arbeitsabläufe anhand der Feuerwehr-Dienstvorschrift 100 aber auch anhand von gesetzlichen Grundlagen zu analysieren und zu optimieren. So waren beispielsweise die Aufgaben der Sachgebiete S1 und S3 anzupassen oder die Aufgaben des Führungs- und Verwaltungsstabes gegeneinan-

6.12 Spannungsverhältnisse im Einsatz (Flutkatastrophe im Ahrtal 2021)

der abzugrenzen und jeweils zu erläutern. Aber auch der Umgang mit dem Vierfach-Vordruck oder die Rolle des Sichters und des »inneren Dienstes« des Sachgebiets S1 mussten nochmals »nachgelesen« werden.

Nachdem seitens des Landes Rheinland-Pfalz die grundsätzliche Entscheidung getroffen war, dass Sachgebiete im Führungsstab auch vollständig von Länderkontingenten in eigener Regie und unter eigener Führung übernommen werden konnten, war die Möglichkeit gegeben, wie geplant dem niedersächsischen Kontingent das Sachgebiet S4 komplett zu übertragen.

Die Aufgaben im Bereich des Sachgebietes S4 waren die klassischen Tätigkeiten des Versorgers. Neben der Anforderung weiterer Hilfsmittel in Zusammenarbeit mit dem Sachgebiet S1 ging es vornehmlich um die Bereitstellung von Verbrauchsgütern, Lebensmitteln, Kraftstoffen, Verpflegung und Material. Dazu stand – nach Einrichtung entsprechender Kommunikationsverbindungen – die/der jeweilige Leiter:in des Sachgebiets S4 im Kontakt mit den Einsatzabschnittsleitungen und, sofern nötig, auch den Untereinsatzabschnitten.

Die unvorstellbare Zerstörung der gesamten Infrastruktur im Ahrtal erschwerte die zielführende und zeitgerechte Versorgung mit Material aber auch mit Verpflegung extrem. Durch den Aufbau einer Minimalinfrastruktur sowie von Übergängen durch und über die Ahr besserte sich die Situation annähernd täglich. Die Kommunikation innerhalb des Führungsstabes erfolgte über Vierfach-Vordruck und zu den Abschnitten nach Herstellung der Möglichkeiten per Telefon und per E-Mail.

Die Kommunikation per E-Mail führte zu einem Kuriosum: Aufgrund von entsprechenden Sicherheitsbestimmungen und Voreinstellungen der IT-Infrastruktur der BABZ wurden die E-Mailadressen der BABZ genutzt, die auch in der Stabsausbildung für Schulungen und lediglich intern genutzt werden. Diese bestanden teilweise aus Nummern und für Externe kryptischen Namen und waren einem Führungsstab des Landes oder dessen Sachgebieten nicht direkt zuzuordnen. Eine Änderung dieser Systematik im laufenden Einsatz war zunächst nicht möglich und später nicht sinnvoll, da die Adressen bereits etabliert gewesen sind und eine Änderung lediglich zu noch mehr Verwirrung geführt hätte.

Beispielhaft für die Verbindung zwischen politischer Dimension und logistischer Schwierigkeit steht eine der ersten Aufgaben im Sachgebiet S4. Der Auftrag, 10 000 Liter Kraftstoff zu beschaffen und zu einem klar definierten Zeitpunkt an einen bestimmten Ort zu bringen, resultierte aus der persönlichen Zusage einer politischen Person an Spontanhelfende mit Landmaschinen. Dass ein solcher Transport bei vollständig zerstörter Infrastruktur auch bei maximalem persönlichen Engagement der Führungskräfte im Führungsstab annähernd schwer möglich ist, liegt auf der Hand. Aber zu einem klar definierten Zeitpunkt war die Erfüllung dieses Auftrages unmöglich. Bei vielem Verständnis der – insbesondere für die Versorgung zuständigen – Stabsmitglieder für die Hilfsbereitschaft aus dem politischen Raum waren diese Situationen ernüchternd, weil sie durch die geweckten aber nicht immer erfüllbaren Erwartungshaltungen auch ein gewisses Maß an Enttäuschung und damit Unmut gegen den Führungsstab förderten. Dass die geforderte Menge von 10 000 Litern Kraftstoff mit einigen Stunden Verspätung natürlich doch ihren Bestimmungsort erreichte, war dem mit maximalem Engagement arbeitenden Mitgliedern des gesamten Führungsstabes zu verdanken.

Der Schichtstärke im Sachgebiet S4 sah jeweils drei Personen vor. Die Schichten waren beginnend mit 8 Uhr im Sechs-Stunden-Rhythmus angelegt, so dass zwischen den Arbeitsphasen zwölf Stunden Ruhephase lagen (abzüglich An- und Abfahrt sowie Übergabe) und ein Wechsel im Tag-Nacht-Rhythmus erfolgte. Um die jeweilige Findings- und Einarbeitungsphase jeweils zu Beginn der Schichten, in denen selbstverständlich nicht alles reibungslos verlief, zu minimieren, war kurzzeitig überlegt worden, die Schichten personell aufzustocken und dafür in den Zwei-Schicht-Betrieb mit 12 Stunden Arbeitsphase zu wechseln. Mit Blick auf die vorgenannten Faktoren der Ruhe und Belastungsminimierung wurde dieser Gedanke verworfen.

Ein für die Stabsarbeit in allen Bereichen symptomatischer und plakativer Vorgang bleibt unvergessen: Die Beschaffung und Versorgung mobiler Toiletten. Die Toiletten wurden von zwei Unternehmen an exponierten Stellen gut sichtbar und zugänglich aufgestellt. Die Reinigung erfolgte durch die gleichen Unternehmen sogar unabhängig davon, ob es die eigenen oder die Toiletten des Mitbewerbers waren. Bei den vorherrschenden Wetterbedingungen im heißen Juli war durch das Sachgebiet S4 eine enge Taktung von etwa alle sechs Stunden bei der Reinigung vorgesehen und vorgegeben worden. Erstaunlicherweise war demgegenüber ein fester Bestandteil der Lagevorträge über einen längeren Zeitraum hinweg, dass sich Einsatzkräfte vor Ort über die vollen und verschmutzten Toiletten beklagten und dringend Abhilfe erwarteten. Auf insistierende Nachfragen des Sachgebiets S4 versicherten die Unternehmen die Einhaltung der Reinigungsintervalle und die Einsatzkräfte die extreme Verschmutzung. Lediglich durch entsandte Erkunder stellte sich heraus, dass die von den Unternehmern an gewissen Positionen aufgestellten Toiletten auf Grundlage von Entscheidungen in den Unterabschnitten durch Einsatzkräfte an Positionen verbracht wurden, wo sie selbst einen höheren Nutzen dafür sahen. Es liegt auf der Hand, dass es den Reinigungsteams der Unternehmen ohne diese Information unmöglich gewesen ist, die regelmäßige Reinigung der an ihnen unbekannten Positionen stehenden Toiletten durchzuführen.

6.12 Spannungsverhältnisse im Einsatz (Flutkatastrophe im Ahrtal 2021)

Ursachen für Probleme sind oft banal, erfordern aber oft einen unermesslichen Recherche- und Aufklärungsaufwand. Und sie liegen wie so oft in der unzureichenden Kommunikation.

Die Kommunikation in Form von Absprachen mit den Einsatzabschnitten lief ebenso wie die Zusammenarbeit augenscheinlich gut. Missverständnisse ließen sich dennoch in einer signifikanten Anzahl nicht ausschließen. Um die Kommunikationsfähigkeit der Sachgebiete des Stabes auch für zukünftige Kontingente und nachhaltig zu verbessern, schien eine persönliche Rücksprache mit den Einsatzabschnitten vor Ort erforderlich. Auch Mitglieder des Sachgebiets S4 fuhren zu den einzelnen Einsatzabschnitten. Vorteilhaft erwies sich, Sorgen und Nöte mitzunehmen und Lösungsvorschläge aufzunehmen, die die Kommunikation erleichterten. Der entscheidende Nachteil des »Besuchs« vor Ort war jedoch, dass die Bilder der ungeheuerlichen Zerstörung und des Elends und die massive Betroffenheit der Einsatzkräfte auf die Stabsmitglieder einwirkten und bis heute beschäftigen.

Die Verfasser dieser Zeilen sind sich sicher, dass es für eine professionelle Stabsarbeit hilfreich ist, nicht unter dem persönlichen Einfluss vom Katastrophengeschehen zu stehen. Ein Abstand erleichtert die Tätigkeiten im Führungsstab, da dadurch die Arbeit von Professionalität und nicht von Emotionen geprägt bleibt. Selbstverständlich gehört zu professioneller Arbeit auch das persönliche Gespräch mit den vor Ort tätigen Einsatzabschnittsleiter:innen, das vieles erleichtert. Dies sollte allerdings, sofern möglich, in einer ruhigen und nicht von der Einsatztätigkeit vor Ort geprägten Umgebung stattfinden. Dazu etablierten sich entsprechende Besprechungen in der Umgebung des Führungsstabes, zu dem die Einsatzabschnittsleitungen eingeladen wurden.

Abschließend und zusammenfassend können wir festhalten, dass es eine erfüllende und intensive Aufgabe gewesen ist, die Führungsstabsarbeit in dieser Katastrophe zu begleiten und zu unterstützen sowie ein kleines Stück dazu beigetragen zu haben, dass die Bekämpfung der Folgen der Katastrophe in der Anfangsphase eingeleitet werden konnte.

Einige Erkenntnisse:
- Die Bekämpfung einer solchen Katastrophe ist mit der Trennung von operativ-taktischer und administrativ-organisatorischer Komponente erfolgreich. Die administrativ-organisatorische Komponente muss in einer solchen Lage durchweg präsent sein.
- Zugangskontrolle und Abriegelung des Stabsraums nach außen und Ordnung im Stabsraum mit einer klaren Kennzeichnung der Sachgebietsleitungen ist wichtig.

- Die Rolle des »inneren Dienstes« des Sachgebiets S1 bzw. der Koordinierungsgruppe festlegen und konsequent beibehalten.
- Bereitstellung adäquater Rückzugs- und Erholungsmöglichkeiten in der Freizeit für Stabsmitglieder. Diese müssen klar räumlich und sogar örtlich von den Stabsräumen getrennt sein. Konsequente Kontrolle der Ruhezeiten der Stabsmitglieder.
- Ständige Schulung der Stabsmitglieder in grundlegenden Bereichen durchführen.
- Schilderungen von persönlich emotional betroffenen Einsatz- oder Führungskräften haben in einem Lagevortrag keinen Platz.
- Die eigenständige Etablierung von »Parallelstäben« ist zu unterbinden.
- Persönliche Eindrücke des Ereignisses von Stabsmitgliedern durch Besuche im Einsatzgebiet so weit wie möglich fernhalten.
- Persönlicher Austausch mit den Einsatzkräften (Führung) vor Ort durchführen.
- Eine frühzeitige Etablierung von Sicherheitsassistent:innen als »Sparringspartner« ist wichtig.

7 Spezielle Aspekte – Gefahren für die Kritischen Infrastrukturen durch Schockereignisse

Aileena Helmer – Senior Consultant Cyber and Strategic Risk, Deloitte

Die kontinuierliche Versorgung der modernen Industriegesellschaft mit (lebens-) notwendigen Gütern und Diensten scheint seit langem abgesichert zu sein. Grund dafür ist die Existenz fortschrittlicher und hochtechnisierter Versorgungs- und Dienstleistungsinfrastrukturen. Sogenannte Kritische Infrastrukturen (KRITIS) sind die Lebensadern unserer modernen Gesellschaft. Sie umfassen Einrichtungen und Systeme, die für das reibungslose Funktionieren unserer Gesellschaft unerlässlich sind. Laut der KRITIS-Definition der zuständigen Bundesressorts: »Kritische Infrastrukturen (KRITIS) sind Organisationen oder Einrichtungen mit wichtiger Bedeutung für das staatliche Gemeinwesen, bei deren Ausfall oder Beeinträchtigung nachhaltig wirkende Versorgungsengpässe, erhebliche Störungen der öffentlichen Sicherheit oder andere dramatische Folgen eintreten würden.« Hierzu zählen unter anderem die Sektoren Energie, Wasser, Finanz- und Versicherungswesen sowie Gesundheit.

Durch das breite Spektrum an potenziellen Gefahren und eine hybride Bedrohungslage hat sich die Exponiertheit von Kritischen Infrastrukturen jedoch stark gewandelt. Eine »hybride Bedrohungslage« bezieht sich auf eine komplexe Sicherheitsbedrohung, die verschiedene Elemente und Taktiken miteinander verknüpft, um Ziele anzugreifen, zu destabilisieren oder zu schwächen. Diese Bedrohungslage kombiniert oft militärische, politische, wirtschaftliche, informationstechnologische und andere Methoden, um die Handlungs- und Reaktionsfähigkeit des Zieles zu beeinträchtigen. Hybride Bedrohungslagen sind multidimensional, undurchsichtig und erfordern eine koordinierte Reaktion, um ihnen wirksam entgegenzutreten. Wie vulnerabel sowohl Kritische Infrastrukturen selbst als auch die Gesellschaft sind, wird regelmäßig durch entsprechende Schockereignisse deutlich.

Schockereignis im Sinne der Autoren ist ein plötzlich auftretendes Ereignis, durch das das Leben, die Gesundheit oder die lebensnotwendige Versorgung zahlreicher Menschen in außergewöhnlichem Maße gefährdet oder geschädigt werden. Da die Auswirkungen durch betroffene wie nicht betroffene Personen als eine ernsthafte Bedrohung der eigenen Sicherheit, der körperlichen Unversehrtheit oder der Gefährdung der eigenen sozio-kulturellen Situation wahrgenommen werden, können Schockereignisse längerfristige traumatische Belastungen bzw. Stresssituationen

7 Spezielle Aspekte – Gefahren für die Kritischen Infrastrukturen

auslösen. Hierzu zählen neben Naturereignissen, wie Überschwemmungen und Erdbeben, ebenso durch Menschen verursachte Schadensereignisse, wie Terrorismus und Cyber-Angriffe.

Cyber-Angriffe auf Unternehmen, die keine versorgungskritischen Leistungen für die Bevölkerung erbringen, führen häufig »lediglich« zu finanziellen Schäden, Reputationsverlusten und rechtlichen Konsequenzen. Im Gegensatz dazu liegt die Besonderheit von Cyber-Angriffen auf Kritische Infrastrukturen als Schockereignis darin, dass ein Ausfall der Leistung unmittelbar schwerwiegende Auswirkungen auf das öffentliche Leben haben kann.

Beispielsweise ist ein Cyber-Angriff auf Energieversorger und der potenziell damit einhergehende regionale/landesweite Ausfall der Stromversorgung in betroffenen Gebieten die offensichtlichste Folge, die zu gravierenden Konsequenzen für die Bevölkerung führt. Das Vertrauen der Bevölkerung in die Stabilität und Zuverlässigkeit des Energieversorgungssystems wird untergraben, welches zu langfristigen Auswirkungen auf das Verhalten der Verbraucher und Investoren führen kann. Neben zusätzlichen wirtschaftlichen Verlusten, durch z. B. kostspielige Reparaturen von physischen Schäden an Anlagen oder eine Beeinträchtigung der Industrie, die gezwungen ist, ihren Betrieb einzustellen, kann ein solcher Cyber-Angriff auch als nationale Sicherheitsbedrohung angesehen werden, da die kritische Energieinfrastruktur kompromittiert wird, was nationale Verteidigungs- und Sicherheitsinteressen gefährden könnte. Darüber hinaus können weitreichende Folgeeffekte (Domino- und Kaskadeneffekte) aufgrund der komplexen Verflechtungen zentraler Kritischer Infrastrukturen eintreten.

Im Kontext des unaufhaltbar fortschreitenden Prozesses der Digitalisierung, rücken Cyber-Angriffe als eine Form eines Schockereignisses mehr und mehr in den unmittelbaren Aufmerksamkeitsbereich von Wirtschaft, Politik und Gesellschaft. Dabei verändern die zunehmende Komplexität sowie das Ausmaß und die potenzielle Reichweite von Cyber-Angriffen die Risikoposition von Kritischen Infrastrukturen aller Bereiche. KRITIS-Betreiber stehen somit im Hinblick auf die zunehmende Cyber-Bedrohungslage heutzutage vor einer Vielzahl von Herausforderungen und einer immensen Verantwortung, insbesondere gegenüber der Bevölkerung.

Herausforderungen für Kritische Infrastrukturen durch eine zunehmende Cyber-Bedrohungslage

Die Zunahme von Cyber-Angriffen insgesamt ist besorgniserregend. KRITIS-Betreiber müssen sich auf eine überdurchschnittliche Zunahme dieser Bedrohungen vorbereiten. Cyber-Angriffe bieten Angreifern die Möglichkeit, aus der Ferne kritische Systeme und Netzwerke zu infiltrieren, was potenziell zu weitreichenden Aus-

7 Spezielle Aspekte – Gefahren für die Kritischen Infrastrukturen

wirkungen auf die Energieversorgung, den Gesundheitssektor und andere lebenswichtige Dienste führen kann. Die Angriffe können von einfachen Phishing- und Ransomware-Angriffen bis hin zu komplexen Cyber-Angriffen durch staatliche Akteure reichen. Zudem unterscheiden sich die Motivation und Ziele der Angreifer von reinem finanziellem Gewinn über Diebstahl von geistigem Eigentum bis hin zur Destabilisierung von ganzen Gesellschaften im Sinne einer modernen Kriegsführung.

Einige Herausforderungen für KRITIS-Betreiber im Hinblick auf die Cyber-Bedrohungslage sind folgende:

1. Gesellschaftliche Relevanz:

Aufgrund der Relevanz für das Funktionieren des öffentlichen Lebens, ist die kontinuierliche Verfügbarkeit von Leistungen Kritischer Infrastrukturen unabdingbar. Der Ausfall kann u. a. zu Beeinträchtigungen der gesellschaftlichen Grundbedürfnisse führen und zusätzliche Gefahren verursachen, wie die Gefährdung der öffentlichen Sicherheit und Unruhen.

2. Angriffsfläche:

Durch die massive Digitalisierung, das wachsende IT-Outsourcing und die verstärkte Nutzung von Cloud-Diensten wird die Angriffsfläche Kritischer Infrastrukturen erheblich vergrößert. Zusätzlich trägt die starke Vernetzung der IKT-Umgebungen (Informations- und Kommunikationstechnik) dazu bei, dass es mehr potenzielle Eintrittspunkte für Angreifer gibt.

3. Komplexitätsgrad:

Der gestiegene Komplexitätsgrad von KRITIS-Systemen ist auf die steigende Vernetzung von Systemen sowie auf die Integration von IKT in KRITIS-Systeme zurückzuführen. Diese erhöhte Komplexität macht es schwieriger, potenzielle Schwachstellen in den Systemen zu identifizieren und zu beheben sowie die tatsächlichen Folgen eines Ausfalls vorherzusehen.

a. Professionalisierung der Angriffe:

Angreifer entwickeln kontinuierlich neue Angriffsmethoden und -techniken, um Schwachstellen auszunutzen und in Systeme einzudringen. Grund dafür ist, dass die Cyber-Kriminellen unter einem ständigen Innovationsdruck stehen, da Sicherheitsmaßnahmen und Technologien zur Abwehr von Angriffen ebenfalls verbessert werden. Um erfolgreich zu bleiben, müssen auch Angreifer stets neue Wege finden, um Sicherheitsbarrieren zu überwinden. Verstärkend hinzu kommt, dass zunehmend auch »nicht IT-Profis/Hacker« ein leichterer Zugang und vereinfachte Möglichkeiten geboten werden, um cyberkriminell zu werden (z. B. durch Geschäftsmodelle wie Ransomware-as-a-Service, RaaS).

7 Spezielle Aspekte – Gefahren für die Kritischen Infrastrukturen

b. Gezielte Angriffe:

Gezielte Angriffe (auch als gezielte Advanced Persistent Threats bekannt) sind hochspezialisierte und oft langanhaltende Angriffe, bei denen Angreifer spezifische Ziele ins Visier nehmen. Dabei geraten Kritische Infrastrukturen verstärkt in den Fokus, da hier ein besonders hohes potenzielles Schadensausmaß erreicht werden kann.

c. Systemweite Risiken:

Aufgrund der starken Vernetzung Kritischer Infrastrukturen untereinander, entsprechender Abhängigkeiten und der Inanspruchnahme von Drittanbietern besteht eine zunehmende »Ansteckungsgefahr« und ein erhöhtes Ausfallrisiko.

7 Spezielle Aspekte – Gefahren für die Kritischen Infrastrukturen

Herausforderungen für KRITIS-Betreiber durch die Cyber-Bedrohungslage

Gesellschaftliche Relevanz

Aufgrund der Relevanz für das Funktionieren des öffentlichen Lebens, ist die kontinuierliche Verfügbarkeit von Leistungen Kritischer Infrastrukturen unabdingbar. Der Ausfall kann u.a. zu Beeinträchtigungen der gesellschaftlichen Grundbedürfnisse führen und zusätzliche Gefahren verursachen, wie die Gefährdung der öffentlichen Sicherheit und Unruhen.

Angriffsfläche

Durch die massive Digitalisierung, das wachsende IT-Outsourcing und die verstärkte Nutzung von Cloud-Diensten wird die Angriffsfläche Kritischer Infrastrukturen erheblich vergößert. Zusätzlich trägt die starke Vernetzung der IKT-Umgebungen (Informations-und Kommunikationstechnik) dazu bei, dass es mehr potenzielle Eintrittspunkte für Angreifer gibt.

Komplexitätsgrad

Der gestiegene Komplexitätsgrad von KRITIS-Systemen ist auf die steigende Vernetzung von Systemen sowie auf die Integration von IKT in KRITIS-Systeme zurückzuführen. Diese erhöhte Komplexität macht es schwieriger, potenzielle Schwachstellen in den Systemen zu identifizieren und zu beheben sowie die tatsächlichen Folgen eines Ausfalls vorherzusehen.

Professionalisierung der Angriffe

Angreifer entwickeln kontinuierlich neue Angriffsmethoden und -techniken, um Schwachstellen auszunutzen und in Systeme einzudringen. Grund dafür ist, dass die Cyberkriminellen unter einem ständigen Innovationsdruck stehen, da Sicherheitsmaßnahmen und Technologien zur Abwehr von Angriffen ebenfalls verbessert werden. Um erfolgreich zu bleiben, müssen auch Angreifer stets neue Wege finden, um Sicherheitsbarrieren zu überwinden. Verstärkend kommt hinzu, dass zunehmend auch „nicht IT-Profis/Hacker" ein leichterer Zugang und vereinfachte Möglichkeiten geboten werden, um cyberkriminell zu werden (z.B. durch Geschäftsmodelle wie Ransomware-as-a-Service, RaaS).

Gezielte Angriffe

Gezielte Angriffe (auch als gezielte Advanced Persistent Threats bekannt) sind hochspezialisierte und oft langanhaltende Angriffe, bei denen Angreifer spezifische Ziele ins Visier nehmen. Dabei geraten Kritische Infrastrukturen verstärkt in den Fokus, da hier ein besonders hohes potenzielles Schadensausmaß erreicht werden kann.

Systemweite Risiken

Aufgrund der starken Vernetzung Kritischer Infrastrukturen untereinander, entsprechender Abhängigkeiten und der Inanspruchnahme von Drittanbietern besteht eine zunehmende „Ansteckungsgefahr" und ein erhöhtes Ausfallrisiko.

Höheres Risiko für Kritische Infrastrukturen

Bild 5: *Herausforderungen für KRITIS-Betreiber durch die Cyber-Bedrohungslage*

7 Spezielle Aspekte – Gefahren für die Kritischen Infrastrukturen

Um diesen Herausforderungen zu begegnen, müssen KRITIS-Betreiber einen ganzheitlichen Ansatz verfolgen, der sicherstellt, dass sowohl die Eintrittswahrscheinlichkeit als auch potenzielle Auswirkungen eines Cyber-Angriffes so gering wie möglich gehalten werden.

Cyber-Resilienz als ganzheitlicher Ansatz

Cyber-Resilienz bezieht sich auf die Fähigkeit einer Organisation, sowohl Cyber-Bedrohungen und -angriffen als auch Ausfällen von kritischen Prozessen bestmöglich standzuhalten, sich bei Bedarf flexibel anpassen zu können, Störungen in angemessener Weise zu bearbeiten, sich schnell davon zu erholen und sich anschließend kontinuierlich weiterzuentwickeln. Dies umfasst einen proaktiven und ganzheitlichen Ansatz zur Cyber-Sicherheit, der über die bloße Vermeidung von Cyber-Angriffen hinausgeht und die Organisation auf Unsicherheiten und Ungewissheiten vorbereitet. So greift ein »Was-wäre-wenn-Ansatz«, i. e. S. eine ereignisbezogene Herangehensweise, bei der Gestaltung resilienter Systeme zu kurz. Daher soll die Strategie durch einen »Fast-egal-was-kommt-Ansatz« ergänzt werden. Alle Vorkehrungen, die präventiv getroffen werden können, sollten auf Basis der individuellen Bedrohungslandschaft möglichst vollständig angegangen werden.

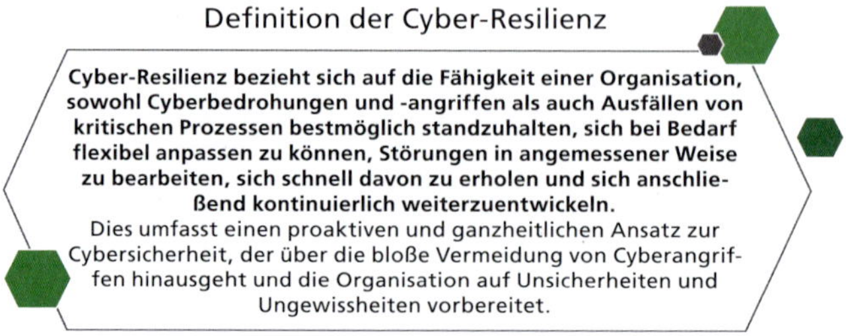

Definition der Cyber-Resilienz

Cyber-Resilienz bezieht sich auf die Fähigkeit einer Organisation, sowohl Cyberbedrohungen und -angriffen als auch Ausfällen von kritischen Prozessen bestmöglich standzuhalten, sich bei Bedarf flexibel anpassen zu können, Störungen in angemessener Weise zu bearbeiten, sich schnell davon zu erholen und sich anschließend kontinuierlich weiterzuentwickeln. Dies umfasst einen proaktiven und ganzheitlichen Ansatz zur Cybersicherheit, der über die bloße Vermeidung von Cyberangriffen hinausgeht und die Organisation auf Unsicherheiten und Ungewissheiten vorbereitet.

Bild 6: *Definition der Cyber-Resilienz*

Dabei umfasst Cyber-Resilienz eine Vielzahl von Disziplinen, darunter Risikomanagement, Incident Response, Disaster Recovery, Business Continuity und Krisenmanagement, welche in den Phasen Vorbereitung, Reaktion, Wiederherstellung und kontinuierliche Verbesserung eng miteinander verzahnt sind. Darüber hinaus ist nicht nur die Verzahnung der Disziplinen untereinander von hoher Bedeutung, sondern auch die Integration weiterer Schnittstellen im Unternehmen aus den Bereichen der Informationssicherheit.

7 Spezielle Aspekte – Gefahren für die Kritischen Infrastrukturen

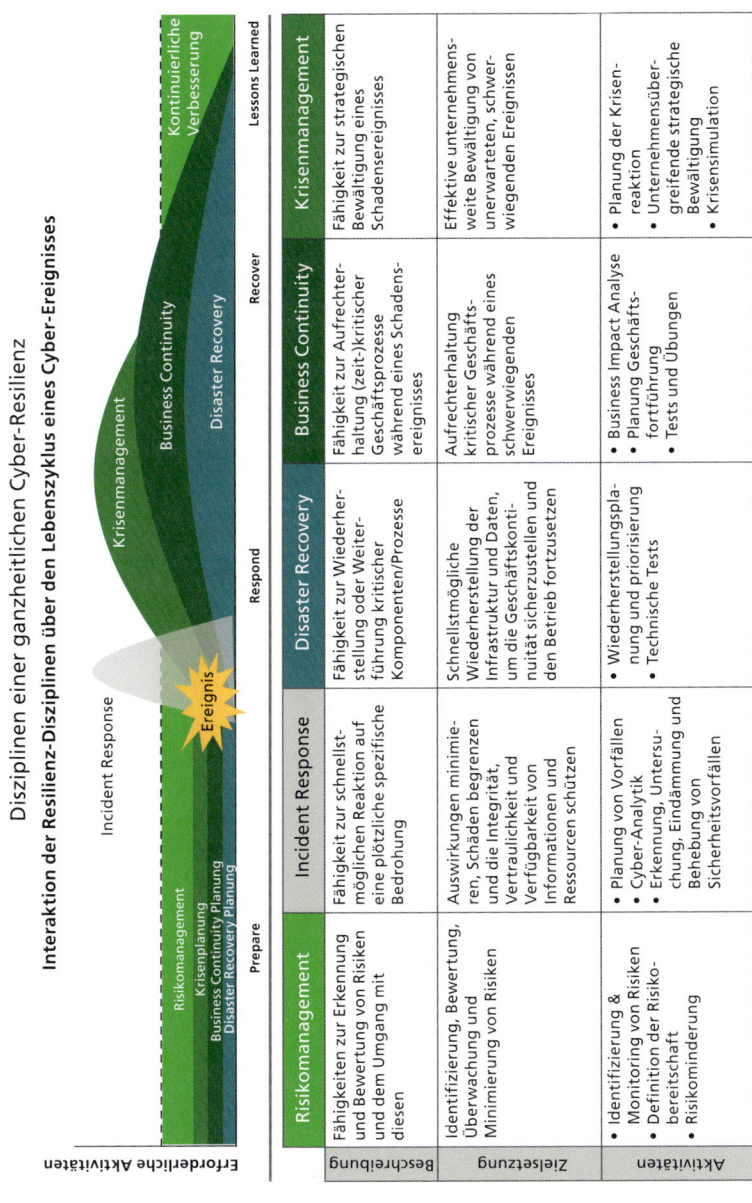

Bild 7: Disziplinen einer ganzheitlichen Cyber-Resilienz

8 Erkenntnisse aus der Forschung

8.1 Flut und Bewältigung als Schock – Lehren aus 2021 für die Resilienz von Einsatzkräften und Gesellschaft

Prof. Dr. Alexander Fekete – Professor an der TH Köln, Institut für Rettungsingenieurwesen und Gefahrenabwehr

Die Erfahrungen aus dem Starkregen und den Hochwasserereignissen 2021 in Deutschland können auf verschiedene Weise aufzeigen, wie mit Schock und Resilienz umgegangen wurde oder was man daraus lernen kann. Zunächst einmal ist der Starkregen – an sich ein sehr kurzzeitiges Ereignis im Vergleich zu einem Flusshochwasser – bereits ein erstes gutes Beispiel für schockartige, also kurzfristige und dafür starke Ereignisse. Die »Flut« 2021 war eine Kombination aus Starkregen, lokalen Sturzfluten und Flusshochwasser. Was diese Gefahrenseite angeht, so war das Ereignis insofern ein Schock, als zwar in der Region und auch in Deutschland immer wieder lokal solche Starkregenereignisse zuvor auftraten, jedoch nicht in dieser räumlichen Verbreitung und auch nicht an diesen Orten. Insbesondere das Ahrtal war stark betroffen, aber auch viele andere Regionen in fast allen Bundesländern in Deutschland, mit Schwerpunkten in Rheinland-Pfalz und Nordrhein-Westfalen. Ein zweiter Punkt, der sogar international als Schock wahrgenommen wurde, waren nicht erwartete Probleme bei der Katastrophenbewältigung. Man hatte international ein Bild von Deutschland, dass es besonders gut im Katastrophenschutz aufgestellt sei und auch mit Unwetterereignissen ausreichend Erfahrung hätte. Insbesondere die Warnketten, aber auch die Koordination während der Krisenbewältigung standen nachfolgend unter Kritik. Mehrere Studien aus den betroffenen Bundesländern zeigen inzwischen Problemstellen auf und verdeutlichen, dass dieses Ereignis zwar nicht das erste seine Art war, es aber doch als besonders bedeutsam wahrgenommen wurde, was eine weitere Unterstreichung des schockartigen Verlaufs ist.

In diesem Kapitel werden nun zunächst empirische Untersuchungen von Einsatzkräften mittels einer Online-Befragung aus dem Jahr 2021 dargestellt. Die Umfrage lief online über das Portal SoSciSurvey vom 1.9. – 21.9.2021 und enthielt 24 geschlossene und 7 offene Fragen. Es wurden 2 264 Fragebögen vollständig ausgefüllt.

8.1 Flut und Bewältigung als Schock – Lehren aus 2021

Link zur Umfrage:
https://riskncrisis.wordpress.com/wp-content/uploads/2021/09/fekete-2021-erste-ergebnisse-der-hochwasser-umfrage-2021-2.pdf

Die Einsatzkräfte wurden befragt, was sie motiviert hat, und inwiefern sie auf Probleme gestoßen sind. Daraus lässt sich zumindest teilweise ableiten, was das Ereignis als außergewöhnlich kennzeichnet und damit eine Art Schock darstellt. Basierend darauf werden einige Überlegungen angestellt inwiefern hier ein Zusammenhang zwischen Schockereignis und Resilienz dargestellt werden kann.

Ein Aspekt, der zur allgemeinen Katastrophenvorsorge gehört und unter einigen Definitionen als Bestandteil einer Katastrophen- oder Krisenresilienz verstanden wird, ist der Vorbereitungsgrad. In der Umfrage kam ein gemischtes Bild dazu heraus. Die überwiegende Mehrheit fühlte sich insgesamt gut auf die Bewältigung dieses Schockereignisses vorbereitet, was zunächst der Annahme widerspricht, es könnte sich um ein besonders schockartiges Ereignis gehandelt haben. Jedoch hat auch ein bedeutender Teil der Befragten angegeben nur »befriedigend« bis »sehr schlecht« vorbereitet zu sein. Diese negative Einschätzung übersteigt sogar die Zahlen der Umfrageergebnisse einer gleichen Umfrage, die bereits 2013 im Rahmen des Hochwassereinsatzes an der Elbe schon einmal durchgeführt wurde (Baumgarten and Bentler 2015).

Waren 2013 beim Hochwassereinsatz an der Elbe noch über 60 % sehr zufrieden mit dem Einsatz insgesamt, waren es 2021 nur unter 10 %.

Woran liegt diese tendenzielle Verschlechterung? Hatte man in den acht Jahren, die diese Ereignisse voneinander trennen, keine Möglichkeit gehabt, Schlüsse zu ziehen, Veränderungen zu bewirken, Personal zu schulen, Einsätze zu simulieren, Kommunikationswege zu sichern?

Ein weiterer Punkt der Umfrage war die Frage nach der psychischen Belastung während des Einsatzes. Hier ergibt sich ein verteiltes Bild, jedoch durchaus auch viele Nennungen hoher psychischer Belastung (▶ Bild 8b). Im Vergleich zu 2013 lässt sich eine tendenzielle, aber nicht massive Verschlechterung erkennen.

8 Erkenntnisse aus der Forschung

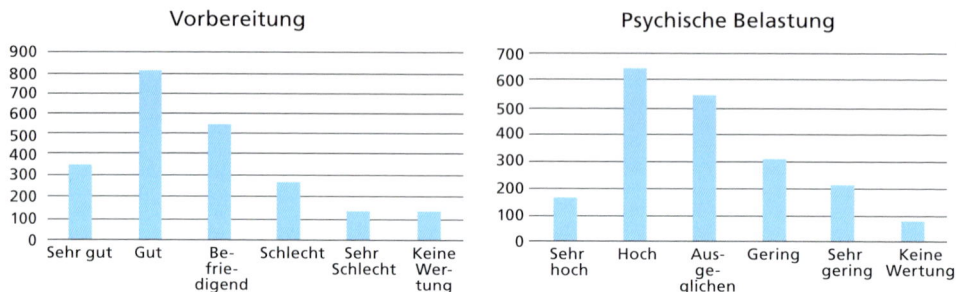

Bild 8 a und 8 b: *Ergebnisse aus der Umfrage (N=2 264) zum Grad der Vorbereitung der Einsatzkräfte beim Hochwasser 2021 und der psychischen Belastung*

Die psychischen Belastungen, die die Einsatzkräfte in der Studie nennen, sind unter verschiedenen Einflüssen entstanden. Probleme in der Koordination und Kommunikation werden hier am häufigsten genannt. Dies spiegelt auch die öffentliche Wahrnehmung und andere Untersuchungen wider, die nicht eine grundsätzlich mangelnde Vorbereitung technischer Art (Ausrüstung oder Ressourcen) bemängeln, sondern vielmehr auf organisatorische Mängel hinweisen, wie die Koordination zwischen den Einsatzkräften, zwischen den Ebenen der Einsatzkräfte oder zwischen Einsatzkräften und Spontanhelfenden. Als weitere Gründe nannten die befragten Einsatzkräfte den mangelhaften oder fehlerhaften Informationsfluss sowie die »negative Presse«. So haben einige Einsatzkräfte dokumentiert, dass sie sich in der Situation unwohl gefühlt haben, entweder, weil sie nicht genügend helfen konnten oder weil die öffentliche Wahrnehmung sehr skeptisch war. Aus der Bevölkerung kam vielfach der Vorwurf, dass Einsatzkräfte oft nicht wussten, wo sie helfen sollten. So seien sie vielfach an den Betroffenen vorbeigefahren ohne Hilfe geleistet zu haben.

Eine Mehrzahl der Einsatzkräfte gab an, dass die beinahe gänzlich zusammengebrochene Infrastruktur wie etwa zerstörte Straßen, fehlendes Wasser und Abwasserversorgung, aber auch der Ausfall der Kommunikation sie bei der Rettung und den Einsätzen stark behindert hat. Bei der Flut 2021 war insbesondere die fehlende Kommunikation und der Digitalfunk ein großes Kritikthema. Defizite in der Verfügbarkeit und technischen Umsetzung des Digitalfunks waren jedoch landesweit in der Gefahrenabwehr schon jahrelang unter den Einsatzkräften bekannt, und die Probleme haben sich hier im konkreten Einsatzfall bei der Flut nur mehr bestätigt. Die Abhängigkeit von Infrastruktur aller Art ist zwar prinzipiell für erfahrene Katastro-

8.1 Flut und Bewältigung als Schock – Lehren aus 2021

phenmanager und Einsatzkräfte keine Überraschung, jedoch hat es hier insbesondere im Ahrtal durch die schwere Zugänglichkeit des Tals zu stärkeren Problemen geführt. Auch bei bestmöglicher technischer und materieller Vorbereitung ist es eine Achilles-Ferse und ein Schock, wenn die vorbereitete Infrastruktur auf einmal nicht in vollem Umfang einsatzfähig ist. Die Abhängigkeit von der Versorgungsinfrastruktur wie auch von Einsatzkräften und Verwaltung wird hier deutlich. Es gab eine Vielzahl weiterer Probleme, aber auch Verbesserungsvorschläge, die von den Befragten angegeben wurden. Zur weiteren Vertiefung finden sich Angaben dazu in anderen Veröffentlichungen zu dieser Umfrage (Fekete 2021 a, b; Fekete and Sandholz 2021).

Welche dieser genannten Umfrageerkenntnisse sind nun in Bezug zur Resilienz zu setzen? Resilienz beinhaltet vielfältige Fähigkeiten mit Krisen umzugehen, vor, während und nach einer Katastrophe. Da sich ein Schockereignis im Vergleich zu langfristigen Krisen durch die Kurzzeitigkeit auszeichnet, lässt sich dies hier insbesondere in der Reaktionszeit durch das kurzzeitige Anschwellen und Anstauen von Wasser beobachten. Mit dem Verlauf des Wasseran- und Abstiegs sind auch viele gesellschaftliche Reaktionen, wie etwa die Phase der Rettung von kurzfristiger Natur. Eine damit verbundene Frage der Resilienz ist die rasche Rettungsfähigkeit, aber auch die Wiederherstellungsfähigkeit der Grundfunktionen nach einem derartigen Gefahreneintritt. Hier zeigte sich einerseits, dass das Wasser zwar nach einigen Stunden wieder abfloss, jedoch vor allem die Versorgungsinfrastruktur bereits so stark betroffen war, dass eine Rettung nur verzögert oder mangelhaft funktionierte. Im Sinne der Resilienz war also der Einbruch der Funktionsfähigkeit relativ steil und die Rückkehr zur Normalität erfolgte verzögert. Je nachdem, welche Betroffenheit man untersucht, steigt die Erholungsfähigkeit rascher oder langsamer an. Zum Beispiel waren bestimmte Infrastrukturen (Strom, Heizungswärme oder Leitungswasser) viele Wochen oder Monate nicht mehr verfügbar. Kommunikationsverbindungen sind, zumindest über provisorische und mobile Handymasten, rascher verfügbar als die bauliche Infrastruktur, die oft monatelange Arbeiten erfordert. Einige Bahnverbindungen waren auch im Jahr 2023 noch nicht wiederhergestellt. Resilienz kann in vielen Bereichen gefordert werden. Neben einer »technischen« Komponente (einsturzsicherere Brücken), gibt es auch Resilienz in Bereichen wie »Organisation« (des Katastrophenmanagements) oder »Verhalten« (der Bevölkerung). Für die Organisationsfähigkeit des Katastrophenmanagements lässt sich beobachten, dass das Ereignis als Schockereignis nachwirkte, was sich durch die Vielzahl der Studien aus Verwaltung, Behörden und Wissenschaft indirekt nachskizzieren lässt. Zwar hatten vorherige Flusshochwasser in Deutschland bereits ähnliche Studien nach sich gezogen, jedoch nicht in dieser Fülle. Studien zu Starkregen an sich waren vorher auf einzelne Städte oder Kommunen wie etwa Münster oder Wachtberg begrenzt.

Unter den, aufgrund der Folgen des Unwetter-Schockereignisses, umgesetzten Maßnahmen, waren viele dabei, die bereits vor der Flutkatastrophe in Planung waren. So wurden zum Beispiel Kompetenzzentren der Länder öffentlichkeitswirksam eröffnet; sie waren jedoch unter vorheriger Planung der Stärkung des Bevölkerungsschutzes an sich bereits aufgebaut worden. Auch wurden Bedarfe zur Stärkung des Bevölkerungsschutzes Teil vieler Wahlprogramme. Nur einige Monate nach der Katastrophe und den Wahlen wurden jedoch viele Finanzierungszusagen dann nicht weiterverfolgt oder erfüllt.

Unter das Stichwort »gesamtgesellschaftliche Resilienz« fallen die im Zuge dieser Flutkatastrophe entstandene internationale Aufmerksamkeit, die Deutschland entgegengebracht wird und vor allem die Schlussfolgerungen und Lerneffekte, die die Bundesrepublik daraus abgeleitet hat. Dieses Interesse hat auch drei Jahre nach der Katastrophe noch nicht nachgelassen und manifestiert die Bedeutsamkeit und die Anforderungen an eine ganzheitliche Resilienz, die auch die langfristigeren Dynamiken von Schockereignissen und ihre Nachwirkungen berücksichtigt.

Laut Medienberichten 2021 war es ein zusätzliches Schockereignis für die Bevölkerung, dass sie sich in vielerlei Weise alleingelassen gefühlt hat. Das fing bei fehlender oder ungenügender Warnung an, was auch international stark thematisiert wurde. Den Ausdruck »zweite Katastrophe« (Raphael 1986) kennt man aus anderen Ereignissen wie bspw. den Flusshochwassern in den USA. Diese zweite Katastrophe ist nicht das Hochwasser selbst und seine Schäden, sondern die Realisierung, dass die Krisenreaktion nicht optimal verläuft. Dies ist ein schwieriger Grat zwischen der Vermittlung einer Katastrophensituation an sich, in der eine ideale und perfekte Vorbereitung und Reaktion fast schon per Definition nicht möglich ist. Eine Katastrophe zeichnet sich eben durch Überraschungseffekte und Überforderung aus. Andererseits muss auch offen kommuniziert werden, was nicht optimal läuft und es muss womöglich künftig auch offener kommuniziert werden, in welcher Situation (Eigengefährdung) beispielsweise nicht gerettet werden kann.

Ein wichtiger Bestandteil des Schockerlebnisses stellt aber auch die Aufräumphase dar. Es gab viele tausend Freiwillige, die den Betroffenen beim Schlammschippen und bei der Entsorgung des zerstörten Hausrats geholfen haben. Auch in dieser Phase gab es weiterhin Kommunikationsdefizite, da laut Medienberichten Einsatzkräfte Betroffene bei deren Aufräumarbeiten vermeintlich übergangen haben. Dass diese aber einen anderen Auftrag hatten, wurde nicht ausreichend vermittelt.

8.1 Flut und Bewältigung als Schock – Lehren aus 2021

Über die Resilienz der Bevölkerung und Einsatzkräfte müssen psychologische Studien sowie Untersuchungen relevanter Organisationen weiter aufzeigen, inwiefern dieses Schockereignis Auswirkungen hatte. Insgesamt lässt sich feststellen, dass dieses singuläre Schockereignis starke Reaktionen und Wahrnehmungen bei allen involvierten Akteuren (Betroffene, Einsatzkräfte, Verwaltungen, andere kommunale und nationale Ebenen) auslöste. Dass jedoch ebenso rasch die Aufmerksamkeit, die dokumentierbare Finanzierung und Stellenausstattung und andere Merkmale dann doch nur schleppend oder nicht mehr umgesetzt werden, ist bitter. Dem stehen die Bemühungen einzelner Verwaltungen oder Bundesländer gegenüber, die sich diesem Thema langfristig widmen wollen und werden. Hier geht es im Speziellen um Wiederaufbauprogramme oder den Aufbau und das Training von Krisenstäben. Eine transparente Kommunikation soll den Bürgern dabei Vertrauen in die Krisenbewältigungsstrategie ihrer Kommune gewährleisten.

Bei der Ahrtal-Katastrophe geht ein kurzfristiges Schockereignis über in eine längerfristige Aufarbeitung, die in Synergien mit anderen Krisen und weiteren gesellschaftlich relevanten Themen zusammengedacht werden muss. Diesen Ansatz verfolgen auch verschiedene Forschungsprojekte, die den generellen Wissenstransfer zur langfristigen Aufrechterhaltung der Vorbereitungsfähigkeit auf künftige Krisen in den Fokus nehmen, wie z. B. das Projekt Co-Site der TH Köln.

Um eine wirklich dauerhafte Veränderung, also eine fundamentale Transformation zu erwirken und auch zu erkennen, sollten zunächst die Stellschrauben definiert werden, an denen Veränderungen – in die positive, aber auch negative Richtung – festgemacht werden können. Es bietet sich an, Parameter wie Finanzierung, Organisationsform, Personalanzahl, Ausbildungskompetenzen, Gesetze, spezielle Regelungen, Kommunikation etc. zu definieren. Eine jährlich stattfindende Dokumentation und Evaluation soll bestenfalls in einigen Jahren darüber Auskunft geben, ob sich durch das Schockereignis tatsächlich positive Veränderungen der Strukturen und Denkweisen hin zu einer resilienten Gesamtgesellschaft ergeben haben.

8.2 Webdaten zur Anreicherung des Lagebilds – Chancen und aktuelle Herausforderungen

Jens Kersten, Jan Bongard, Xuke Hu, Tobias Elßner und Friederike Klan – Deutsches Zentrum für Luft- und Raumfahrt (DLR), Institut für Datenwissenschaften

Ausgangslage

Die Bewältigung von Großschadenslagen und Katastrophen stellt aufgrund extremer Rahmenbedingungen und hoher Ereignisdynamiken eine große Herausforderung für Behörden und Organisationen mit Sicherheitsaufgaben dar. Als zentrales Element der Informationsbündelung und zur Erlangung eines gemeinsamen Lageverständnisses bietet das Lagebild eine »übersichtliche Darstellung wesentlicher Sachverhalte zu einer Situation in textlicher und/oder visualisierter Form als Ergebnis der Aufbereitung von Informationen« (BBK 2022).

Praxisorientierte Forschungsarbeiten (Fathi/Thom/Koch et al. 2020; Thiebes & Winkhardt-Enz 2022; Thom/Krüger/Ertl 2015) sowie der verstärkte Einbezug sozialer Medien für die Lagebeobachtung und -bewertung z. B. bei THW-VOST und den Lagezentren des BMI und des BBK belegen die praktische Relevanz sozialer Medien und frei verfügbarer Webdaten als wichtige Informationsquelle im Kontext von Krisenereignissen. Das BBK stärkt und gestaltet bereits seit einigen Jahren den Einbezug der gesellschaftswissenschaftlichen Dimension des Krisenmanagements im Projekt »Lagebild Bevölkerungsverhalten« mit dem Ziel, diese weiterzuentwickeln und stärker in die Gefahrenabwehr einzubinden (BBK 2023; Schopp/Schüler/Tondorf et al. 2022). Auch im DFV-Positionspapier »Leitstelle der Zukunft« (DFV 2020) wird empfohlen, dass soziale Medien bei der aktiven Informationsgewinnung einbezogen werden sollten, um eine frühzeitige Gefahrenerkennung zu begünstigen und somit schneller »vor die Lage« zu kommen.

In den vergangenen zwei Jahrzehnten ist eine Vielzahl an wissenschaftlichen Beiträgen, methodischen Entwicklungen, Datensätzen und Software veröffentlicht worden, die zweifelsohne die Potentiale von frei verfügbaren Web- und Social Media-Daten sowie von Methoden des maschinellen Lernens zur Analyse dieser belegen. Empirische Experimente zur Untersuchung neuer Methoden werden dabei unter kontrollierten Laborbedingungen mit statischen Datensätzen durchgeführt, wohingegen sich die Datenquellen selbst (etwa Anzahl und demographische Verteilung der Beitragenden), der Zugang zu diesen, sowie der Informationsgehalt über die Zeit und den Ort stetig ändern. Jede (Gefahren-)Situation ist zudem geknüpft an aktuelle orts- und zeitgebundene Rahmenbedingungen. Daher ist der Transfer – sowohl von

8.2 Webdaten zur Anreicherung des Lagebilds

Methoden und Erfahrungen zu neuen Einsatzszenarien als auch von Forschung in die Praxis generell – eine große Herausforderung und kann nur unter Einbezug von Kontext gelingen. Frei verfügbare (Web-) Daten sind – wie auch im aktuellen Grünbuch Lagebild (Bubendorfer-Licht/Hahn/Krings et al. 2023) skizziert – als eine zusätzliche Informationsquelle unter Vielen zu verstehen. Die unmittelbare Verfügbarkeit von lokalen (»in situ«) Informationen bezüglich der aktuellen Lage, beispielsweise über die Beschädigung von Infrastruktur und die Benötigung oder Verfügbarkeit von Versorgungsgütern, ist Alleinstellungsmerkmal der Webdaten. Darin enthaltene Informationen sind jedoch sehr lokal und spiegeln jeweils nur einen Teilaspekt der aktuellen Lage wider. Sie müssen stets in den Kontext gesetzt und hinsichtlich Aktualität und Richtigkeit bewertet werden. Dieser Aspekt wird in der Wissenschaft nur selten untersucht. Vielmehr wurden Methoden und ganze Systeme vorgeschlagen (Abel/Hauff/Houben et al. 2012; Imran/Castillo/Lucas et al. 2014; McCreadie/Macdonald/Ounis 2016; Thomas/McCreadie/Ounis 2019), mit denen beispielsweise reale Ereignisse, Trends und Themen lediglich auf Basis einer einzelnen Datenquelle (z. B. X) erkannt und verfolgt werden sollen. Dem gegenüber steht der Anspruch an eine Einbettung und Verknüpfung von potenziell relevanten Online-Informationen in bestehende Lagebilder. Nur so kann seitens der Anwendenden und der Forschung überhaupt erst ein Verständnis dafür entwickelt werden, welche Daten und Informationen in Abhängigkeit der jeweiligen Situation jeweils relevant sind.

In diesem Beitrag wird ein Überblick über den aktuellen Stand der Forschung im Bereich der Analyse sozialer Medien und Webdaten gegeben, wobei der Fokus auf Methoden der Textanalyse liegt. Daran anschließend erfolgt die Ableitung der aktuellen Herausforderungen, die es aus unserer Sicht zu adressieren gilt, um den operativen Einbezug neuer Daten- und Informationsquellen und damit die oben genannten Ziele schrittweise zu erreichen. Insbesondere die Kontextualisierung, also die Verknüpfung von Online-Informationskandidaten untereinander sowie mit bereits verifizierten Informationen des Lagezentrums, ist aus unserer Sicht der Schlüssel zur Urbarmachung und Bewertung von Webdaten sowie zur Integration der darin enthaltenen Informationen in das Lagebild.

Stand der Forschung

Es folgt ein Überblick über aktuelle, im Kontext der Lagebilderstellung relevante Forschungsarbeiten. Die dafür gewählten Themenblöcke greifen jeweils praxisrelevante Anforderungen an Informationen für das Lagebild auf, wobei die drei Kernthemen Identifikation, GeoLokalisierung sowie Qualität und Verifizierung aus unserer Sicht besonders wichtig sind.

Soziale Medien in Extremsituationen
Die sozial-mediale Rezeption von Extremsituationen wird bereits seit über zwei Dekaden erforscht (Imran/Castillo/Diaz et al. 2018; Reuter/Stieglitz/Imran 2020). Die Metastudie von Reuter und Kaufhold (2018) fasst in diesem Kontext 45 Studien zu 49 verschiedenen Desastern zusammen. Die Forschung in diesem Bereich konzentriert sich unter anderem auf die Unterstützung des persönlichen und kollektiven Situationsverständnisses (Stieglitz/Mirbabaie/Fromm et al. 2018b), Empfehlungen zur systematischen Nutzung von Online-Plattformen (Kaufhold/Gizikis/Reuter et al. 2019a), Standardisierung der Kommunikation zwischen beteiligten Akteuren (Cheng 2018), Inhalte der geteilten Nachrichten (Alam/Ofli/Imran et al. 2018), raumzeitliche Entwicklungen von Großereignissen (Kersten & Klan 2020) sowie Möglichkeiten und Grenzen von sozialen Medien als Informationsquelle für Datenbanken über Extremereignisse und Katastrophen (Wiegmann/Kersten/Senaratne et al. 2021).

Methodische Forschungsarbeiten zur inhaltlichen Analyse von Texten und Bildern aus sozialen Medien orientieren sich jedoch nur selten explizit an den Bedarfen der Anwendenden. Nutzerumfragen (in: Fathi/Thom/Koch et al. 2020; Reuter/Ludwig/Friberg et al. 2015; Stieglitz/Mirbabaie/Fromm et al. 2018a; Thom/Krüger/Ertl, 2015) zeigen dagegen auf, dass vor allem einfach zu bedienende Werkzeuge und Methoden zur Datenerhebung und -analyse sowie zur Verifikation von Informationen im Rahmen praktischer Anwendung relevant sind. Eine gleichzeitige Forderung nach umfassenden Übersichten der Informationslage, einhergehend mit hoher Zuverlässigkeit und Adaptivität aller Methoden und Softwaretools verdeutlicht die große Herausforderung der Forschung und Entwicklung im Bereich sicherheitsrelevanter Anwendungen.

Identifikation und Extraktion relevanter Informationen
Ziel ist die Identifikation potenziell relevanter Informationen in großen, dynamischen Datenmengen (»Overload Reduction«). Aufgrund fehlender inhaltlicher Bewertung und Verifizierung, kann man von Informationskandidaten sprechen, die es weiter zu analysieren gilt. Zur robusten Identifikation dieser werden hauptsächlich vortrainierte Machine Learning-Modelle eingesetzt (Burel & Alani 2018; T. D. Nguyen/Al-Mannai/Joty et al. 2017; Wiegmann/Kersten/Klan et al. 2020), wobei sorgfältig kuratierte und repräsentative Trainingsdaten erforderlich sind. Wenngleich die Modelle zu einem gewissen Maß auf neue Ereignisse und sogar Ereignistypen übertragbar sind

(Kersten/Kruspe/Wiegmann et al. 2019), müssen sie für eine hohe Genauigkeit oftmals neu trainiert und evaluiert werden. Aufgrund dieser eingeschränkten Flexibilität wird vermehrt im Bereich des Online-Learnings mit sequenziell verfügbaren Daten geforscht (Li/Caragea/Caragea et al. 2018; Mazloom/Li/Caragea et al. 2019; Ning/Yao/Benatallah et al. 2019). Adaptive und flexible Few-Shot- (Kruspe/Kersten/Klan 2019) und One-Class-Modelle (Kersten/Bongard/Klan 2022) eignen sich zudem besonders bei neuen inhaltlichen Fragen und Ereignistypen. KI-Methoden werden auch zur Informationsextraktion angewandt, um beispielsweise Schäden zu erkennen (Imran/Qazi/Ofli et al. 2022), Metadaten zu gewinnen (McCreadie/Macdonald/Ounis 2016) oder Ereignisse kompakt zusammenzufassen (Alam/Ofli/Imran 2020).

Geo-Lokalisierung
Webdaten sind nur selten explizit mit Geokoordinaten versehen, wodurch Verfahren zur Verortung von Informationen anhand der Textinhalte unerlässlich sind (Luo/Qiao/Li et al. 2020; Middleton/Kordopatis-Zilos/Papadopoulos et al. 2018). Dabei muss der geographische Bezug im Text erkannt, die entsprechende Referenz aus dem Text extrahiert und diese möglichst eindeutig einem Koordinatenpaar zugeordnet werden (Purves/Clough/Jones et al. 2018). Üblicherweise wird dieses Problem in zwei Schritten gelöst: im Rahmen der Toponym-Extraktion (Al-Olimat/Thirunarayan/Shalin et al. 2018; Hu/Zhou/li et al. 2022 c; Wang/Hu/Joseph 2020) werden Ortsnennungen identifiziert und mittels Toponym-Disambiguierung (Kulkarni/Jain/Hosseini et al. 2020; Yan/Yang/Hu et al. 2021) erfolgt die Eingrenzung und Zuordnung von Koordinaten. Zur automatischen Extraktion von Ortsnamen aus Kurznachrichten wurden jüngst weltweit anwendbare Deep Learning-Methoden vorgeschlagen, für die keine aufwändig annotierten Trainingsdaten erforderlich sind (Hu/Al-Olimat/Kersten et al. 2022 a; Hu/Zhou/Sun et al. 2022 d). Aktuelle Herausforderungen sind die Verbesserung der Disambiguierung (Hu/Sun/Kersten et al. 2022 b) sowie die Übertragung der Modelle in andere Sprachen.

Interne Kontextualisierung: Aggregierung von Daten
Kontextualisierung hat zum Ziel, Daten und daraus abgeleitete Informationen automatisiert in Beziehung zu weiteren neuen oder bereits vorliegenden Inhalten zu setzen. Neben den damit erreichten Möglichkeiten zur räumlichen, zeitlichen und/oder inhaltlichen Aggregierung bzw. Organisation von Daten ist gleichzeitig auch eine Grundlage zur Analyse der Ähnlichkeit in diesen Dimensionen gegeben. In Abhängigkeit der Nutzung von Daten aus einer oder mehreren Quellen kann

konzeptuell zwischen interner und externer Kontextualisierung unterschieden werden.

Einfache Ansätze zur internen Kontextualisierung zielen auf eine inhaltliche Gruppierung von Daten basierend auf Schlagwörtern oder Twitter-Hashtags (Poblete/Guzmàn/Maldonado et al. 2018), jedoch werden durch unvollständige Schlagwortlisten leicht Daten (und somit potenziell relevante Informationen) ausgeschlossen und gleichzeitig mitunter sehr viele irrelevante Daten inkludiert (Imran/Castillo/Lucas et al. 2014; Olteanu/Castillo/Diaz et al. 2014). Eine facettenreichere, inhaltliche oder auch raumzeitliche Aggregierung kann mittels unüberwachtem Clustering (Hasan/Orgun/Schwitter 2018) erfolgen. Weitere Anwendungsfelder dafür sind die Identifikation (de Miranda/Paste/de Castro 2020), Modellierung (Viegas/Canuto/Gomes et al. 2019) und Verfolgung von Themen (W. Liu/Jiang/Wu et al. 2020) sowie die Erkennung von (Krisen-) Ereignissen (Angaramo & Rossi 2018; Jiang/Groves/Anzaroot et al. 2019).

Grundlage für die Aggregierung semantisch ähnlicher Inhalte sind oft Deep Learning-basierte Textrepräsentationen (Cer/Yang/Kong et al. 2018; Devlin/Chang/Lee et al. 2018), wobei auch speziell auf soziale Medien und Krisenereignisse angepasste Modelle verfügbar sind (J. Liu/Singhal/Blessing et al. 2020; D. Q. Nguyen/Tu/Tuam Nguyen 2020). Für die Verarbeitung von großen und zeitkontinuierlich eintreffenden Datenmengen eignen sich inkrementelle Verfahren sehr gut. Die Rechenzeit verhält sich dabei allerdings üblicherweise umgekehrt proportional zur Güte des Ergebnisses (Kersten/Bongard/Klan 2021). Einen Überblick über weitere Methoden zur räumlichen und raumzeitlichen Clusteranalyse geben Kersten und Klan (2020).

Externe Kontextualisierung: Datenqualität und Verifizierung von Informationen

Wie von Kaufhold/Rupp/Reuter et al. (2019 b) umfassend analysiert, bieten aktuelle Systeme zur Erhebung und Analyse von Social Media-Daten kaum Funktionalitäten zur Qualitätsbewertung dieser. Daraufhin wurden von den Autoren interne Kriterien, wie Vollständigkeit, Relevanz, Aktualität und Verständlichkeit von Kurztexten zu einem Qualitätsindex kombiniert. Weitere Methoden nutzen Textinhalte und Userinformationen (Boididou/Papadopoulos/Kompatsiaris et al. 2014), Author Profiling (Argamon/Koppel/Pennebaker et al. 2009) oder analysieren, inwieweit Autoren eine Inklination zu Täuschungen (Mishra/Del Tredici/Yannakoudakis et al. 2018) oder dem Verbreiten von Falschinformationen (Ghanem/Ponzetto/Rosso 2019) nachgewiesen werden kann. Neben der Analyse von Userprofilen existieren darüber hinaus auch Ansätze zur Bewertung der Richtigkeit von Texten (Yao/Hu/Li et al. 2016) sowie zur

8.2 Webdaten zur Anreicherung des Lagebilds

Identifikation von Falschinformationen in Textdokumenten (Bodaghi/Schmitt/Watine et al. 2023; Sharma/Qian/Jiang et al. 2019).

Neben hohen praktischen Anforderungen bezüglich der Richtigkeit von Informationen spielt auch die Vollständigkeit (Stieglitz/Mirbabaie/Fromm et al. 2018a) eine zentrale Rolle für das Lagebild. Wie etwa in (Imran/Castillo/Diaz et al. 2018; Kersten & Klan 2020) aufgezeigt, kann Kontextualisierung – im Sinne der Gesamtheit aller verfügbaren Informationen – zu einem facettenreicheren, realitätsgetreueren, weniger verzerrten sowie vollständigeren Lagebild und somit zum besseren Verständnis der Gesamtsituation beitragen.

Die Notwendigkeit der Kombination von gewonnenen Informationen mit bereits vorliegenden (etwa behördlichen) Informationen oder Sensordaten wird jedoch weitestgehend vernachlässigt (Grace 2021). Die Verknüpfung von Informationen aus heterogenen Datenquellen, beispielsweise auf Basis von Entitätsverknüpfung (Adjali/Besancon/Ferret et al. 2020) oder semantischen Relationen in Texten (Soares/FitzGerald/Ling et al. 2019) zur Plausibilisierung und Verifizierung, wurde im Bereich der Sicherheitsforschung aus unserer Sicht noch nicht eingehend genug untersucht. Fertier/Montarnal/Barthe-Delanoe et al. (2020) schlagen beispielsweise ein umfassendes »Situation Awareness«–Framework vor, bei dem auch die Richtigkeit durch regelbasierte Verknüpfung von Daten verschiedener Quellen adressiert wird – eine detaillierte Evaluierung dieses Ansatzes ist jedoch bislang nicht erfolgt.

Diskussion: Vom Labor ins Lagezentrum

Den scheinbar unbegrenzten methodischen Möglichkeiten stehen Anforderungen der Praxis gegenüber. Werkzeuge zur Datenerhebung und Analyse müssen beispielsweise auch ohne tieferes Wissen über Methoden des maschinellen Lernens intuitiv bedienbar, robust und interpretierbar sein (Fathi/Thom/Koch et al. 2020; Kaufhold/Rupp/Reuter et al. 2019b; Stieglitz/Mirabaie/Fromm et al. 2018a; Thom/Krüger/Ertl et al. 2015). An Stelle der Nutzung von Black-Box-Methoden zur Datenanalyse eignet sich daher die Aufteilung der Analysen in stark fokussierte und in ihrer Komplexität minimierte Teilaufgaben, wie die Bewertung der inhaltlichen Relevanz eines Dokuments im Wertebereich [0,…,1]. Die Methoden können damit einerseits empirisch umfassend hinsichtlich Robustheit und Generalisierbarkeit untersucht und andererseits nachvollziehbar orchestriert werden.

Um Webdaten für die Anreicherung des Lagebilds urbar zu machen, müssen die Charakteristika der Quellen und darin enthaltenen Informationen bekannt sein. Nur so kann abgeschätzt werden, welche inhaltlichen Fragestellungen überhaupt beantwortbar sind. Darüber hinaus müssen gezielt Methoden für die zentralen Herausforderungen der Identifikation, Geo-Lokalisierung und Verifizierung von Informationen für das Lagebild erforscht und praxistauglich umgesetzt werden. Für die Identifikation von relevanten Informationen in großen Datenmengen eignet sich eine Kombination aus vortrainierten und interaktiven (oft binären) Modellen. Letztere können beispielsweise anhand von wenigen Beispieltexten inhaltlich ähnliche Dokumente identifizieren. Vor dem Hintergrund der gegebenen Intuitivität bietet sich zudem die Kombination mit einer Schlagwortsuche an.

Nicht jeder Text kann räumlich verortet werden, und nicht jede Geo-Lokation (ob bereits gegeben oder selbst bestimmt) ist ausreichend genau. Neue, beispielsweise auf dem Konzept der Kontextualisierung beruhende Ansätze zur Bewertung der Genauigkeit von Koordinaten sind daher erforderlich. Die Angabe der eingesetzten Methode zur Lokalisierung kann dabei schon hilfreich sein (Kaufhold/Rupp/Reuter et al. 2019 b).

Im Krisenmanagement werden oft zwei Perspektiven unterschieden (Imran/Castillo/Diaz et al. 2018): Die aggregierte und aufbereitete Zusammenschau aller vorliegenden Informationen (»Big Picture«) und die Übersicht über alle Informationen, die einen dedizierten Handlungsbedarf lokaler Einsatzkräfte implizieren (»Actionable Information«). Verschiedene Faktoren, wie mitunter sehr kurze Texte oder die kontinuierliche Verfügbarkeit neuer Daten, verhindern dabei den Einsatz vieler bestehenden Clustering-Methoden (Yin/Chao/Liu et al. 2018). Neue flexible Methoden werden benötigt, um diese Aspekte zu adressieren und Expertenwissen bei der Aggregierung von Daten interaktiv einfließen lassen zu können (»Human-in-the-Loop«). Für die Bewertung und Verifizierung von Informationen sind zudem Methoden der externen Kontextualisierung erforderlich. Ähnlich wie bei der Geo-Lokalisierung besteht auch hier die Notwendigkeit eines objektiven Qualitätsmaßes für den erreichten Grad der Verifizierung. Dies kann durch Erweiterung der bestehenden Ansätze zur Bewertung der Datenqualität erreicht werden.

Konzepte zur Verknüpfung von heterogenen Daten und Informationen, wie etwa Wissensgraphen (Hogan/Blomqvist/Cochez et al. 2021), sind zudem Grundlage für die Kombination mit weiteren Daten, die beispielsweise von verschiedenen Akteuren für ein interdisziplinäres Lagebild (Bubendorfer-Licht/Eckert/Hahn et al. 2023) eingebracht werden.

Die Integration von Daten und Analysemethoden in bestehende Prozesse macht die Entwicklung eigenständiger Benutzeroberflächen prinzipiell obsolet. Gerade in der Forschungs- und Entwicklungsphase von Analysewerkzeugen hat sich jedoch gezeigt, dass interaktive Schnittstellen (z. B. Dashboards) den Austausch zwischen Forschung und Anwendung essenziell vorantreiben. Denn während seitens der

Forschung die Frage »Was genau wird in der Praxis benötigt?« im Raum steht, kann die Anwenderseite keine adäquate Antwort darauf geben, solange die Frage »Was steckt in den Daten?« nicht geklärt ist. Interaktive Dashboards zur datengetriebenen Exploration können den Weg zur Lösung dieses Henne-Ei-Problems ebnen (Bongard/Kersten/Klan 2022).

Anmerkung
Die hier adressierten Bedarfe wurden entweder in den entsprechend zitierten Arbeiten oder im Rahmen von Kooperationen identifiziert – siehe dazu auch (Bongard/Kersten/Klan 2022).

8.3 Moderne Technologien

Leonie Sieger – Data Scientist und ehemalige wissenschaftliche Mitarbeiterin an der Universität Paderborn

Technische Lösungen können dafür eingesetzt werden, Schockereignisse vorherzusehen, Abläufe zu überwachen und auf weitere Entwicklungen zu reagieren, sowie die Aufarbeitung zu unterstützen. Die hohe digitale Vernetzung unserer heutigen Gesellschaft kann sich dabei zu Nutze gemacht werden.

Für die Vorhersage von Katastrophenereignissen und damit einer Vorbereitung und Steigerung der Resilienz gibt es international und national eine Vielzahl technischer Tools (Mostafiz/Rohli/Friedland et al. 2022). Diese nutzen unter anderem Niederschlagsmessungen und -vorhersagen, Satellitendaten, Abflussmodellierungen, Überwachung des Meeresspiegels, sowie historische Daten über vergangene Überschwemmungen, um zukünftige Ereignisse vorauszusagen.

In Baden-Württemberg setzt man beispielsweise auf die Elektronische Lagedarstellung Bevölkerungsschutz (ELD-BS), die unter anderem ein elektronisches Flut-Informations- und Warnsystem (FLIWAS) enthält, um Katastrophen frühzeitig vorausahnen und gegensteuern zu können (https://www.iosb.fraunhofer.de/de/projekte-produkte/elektronische-lagedarstellung-bevoelkerungsschutz.html, https://infoportal.fliwas3.de/,Lde/136608.html). Hierzu werden beispielsweise Informationen über Pegelmesswerte und Wetterwarnungen, aber auch Meldungen aus Nachbarkommunen überwacht. Warnungen und Erinnerungen an Maßnahmen können je nach den Bedürfnissen der nutzenden Behörde oder sonstigem Stakeholder eingestellt werden.

8 Erkenntnisse aus der Forschung

Das Hungersnot-Frühwarnsystem FEWS NET (https://fews.net/) liefert für eine Vielzahl an Ländern Vorhersagen über Nahrungsknappheit. Dabei werden Daten über diverse aktuelle Faktoren wie Wetter und Klima, Konflikte, Landwirtschaft, Handel und Ernährung der Bevölkerung genutzt. Diese Daten werden regelmäßig von Personen aus der Wissenschaft mit Expertise auf diesem Gebiet analysiert und ausgewertet.

In Italien wurden Roboter nach einem Erdbeben eingesetzt, um beschädigte, einsturzgefährdete Gebäude zu erkunden (https://cordis.europa.eu/article/id/120405-eu-project-successfully-deploys-robots-following-italy-earthquake, Kruijff, G.-J. M. et al. 2012). Fliegende oder schwimmende Drohnen können ähnliche Aufgaben ebenfalls aus der Luft oder zur See übernehmen (Murphy/Steimle/Griffin et al 2008). Auch nach der Kernschmelze in Fukushima dienten Roboter zur Unterstützung, die neben der Erkundung auch in der Lage waren, Strahlungswerte zu messen und Proben zu nehmen (Kawatsuma/Fukushima/Okada 2012).

In Folge der Wildfeuer in Nordkalifornien 2017 wurde die App Sonoma Rises entwickelt, die von Feuern betroffenen Jugendlichen Unterstützung liefern kann. Die App bietet Zugang zu interaktiven Tools zum Umgang mit Stress, Verlust und Wut und Unterstützung bei Selbstfürsorge, sozialem Kontakt und schulischen Problemen.

Analyse durch Mensch oder Maschine?
Während Systeme wie FLIWAS ein hohes Personalisierungsmaß je nach Einsatzgebiet ermöglichen, liegt die Interpretation von Ereignissen noch auf der Seite des Menschen. Auch bei FEWS NET werden zwar bereits maschinelle Modelle eingesetzt, jedoch sind auch regelmäßige manuelle Analysen durch Personen mit Expertise vorzunehmen. Diese sind möglicherweise jedoch nicht immer verfügbar. Zudem sind Menschen (genauso wie die Technik) selbstverständlich fehlbar. Ein wesentlicher Grund, weshalb die Ahrtal-Flutkatastrophe 2021 die Bevölkerung so plötzlich und verheerend traf, ist, dass die Behörden trotz vorhandener Informationen zur Lage versagt haben, Warnungen korrekt auszugeben (https://www.tagesschau.de/inland/gesellschaft/katastrophenschutz-flut-ahrtal-101.html). Automatisierung durch moderne Technologien kann hier unterstützend eingesetzt werden, um menschliche Fehler oder Unverfügbarkeit von Daten auszugleichen.

Die Schlussfolgerungen, die aus Daten gezogen werden, sind bei den bisher genannten Methoden meist noch recht unmittelbar und naheliegend, wie beispielsweise die Vorhersage einer Flut aus steigenden Pegelständen. Eine weitere Hoffnung auf modernere Ansätze wie die der künstlichen Intelligenz liegt darin, dass diese die Zusammenhänge erkennt und Risiken sowie Handlungsempfehlungen aus Daten zieht, die Menschen nicht in der Lage wären zu überblicken oder möglicherweise gar

8.3 Moderne Technologien

nicht als relevant in Betracht ziehen würden. So können auch bei Fehlen offensichtlicher Anzeichen und Daten Informationen gewonnen werden.

Maschinelles Lernen

Lernende maschinelle Systeme haben gegenüber Menschen den Vorteil, dass sie schnell große Mengen von Daten verarbeiten und das Gelernte einsetzen können. Das Lernen funktioniert dabei nicht unähnlich wie das des Menschen aufgrund von Erfahrungen und Identifizierung bekannter oder auch unbekannter Muster. Derselbe Algorithmus lässt sich dabei oft auf vollkommen verschiedene Szenarien anwenden, je nachdem mit welchen Daten er trainiert wird.

Ein mit Umweltdaten trainierter Algorithmus kann zum Beispiel genutzt werden, um aufgrund von aktuellen Umweltdaten Tornados, Überflutung sowie Erdbeben und ihre Intensität vorherzusagen (Li/Xie/Zeng et al. 2017). So können Vorkehrungen getroffen werden, wie die Evakuierung betroffener Gebiete. Derartige Vorhersagen lassen sich auch anschaulich verarbeiten. Sturm und Flutereignisse lassen sich beispielsweise 3D-modellieren und dabei darstellen wie sich Gebäude, Bäume oder Fahrzeuge verhalten, wenn der Sturm auf sie trifft (Li/Xie/Zeng et al. 2017).

Forschende (Sambasivam 2021) schaffen es ebenso, einen Lern-Algorithmus darauf zu trainieren, Krankheiten der Maniokpflanze, die in im südlichen Afrika ein wichtiges Grundnahrungsmittel darstellt, auf Fotos der Pflanze zu identifizieren. Ernteausfall ist ein wichtiger Faktor beim Entstehen von Hungersnöten, was die frühe Erkennung von sich ausbreitenden Erkrankungen dieser Pflanze wichtig macht. Dieses maschinelle Modell ließe sich nun beispielsweise mittels Smartphones, mobiler Drohnen oder Satelitenaufnahmen anwenden, um Infektionen frühzeitig zu erkennen und einzudämmen.

Der Zusammenbruch von Infrastruktur stellt im Katastrophenfall ein besonderes Problem dar. Abhilfe könnten Lernalgorithmen schaffen, die Brückenschäden bereits vorzeitig erkennen (Li/Xie/Zeng et al. 2017) und somit rechtzeitig Reparaturen initiiert werden, damit die Brücke im Ernstfall den Naturgewalten trotzen kann.

Aus GPS-Daten von Smartphones bei vergangenen Katastrophenereignissen lässt sich lernen, die Bewegungsmuster von Personen bei einer Evakuierung aufgrund eines Schockereignisses vorherzusagen (Song/Zhang/Sekimoto 2013). Behörden könnten dies nutzen, um die Versorgung nach dem Ereignis frühzeitig zu planen.

In Zusammenarbeit mit Ersthelfenden wurde das System HAC-ER entwickelt, um die Zusammenarbeit zwischen ihnen und verschiedenen technischen Systemen zu managen (Ramchurn/Huynh/Ikuno et al 2015). Es analysiert mit Hilfe von maschinellem Lernen Berichte aus Crowdsourcing und den Sozialen Medien (mehr dazu im übernächsten Abschnitt) und erstellt daraus für Verantwortliche Übersichten, aufgrund derer anschließend der Einsatz von Drohnen geplant werden kann. Diese werden von Einsatzkräften eine Ebene darunter gesteuert, ohne dass diese sich in Gefahr bringen müssen und liefern Videoaufnahmen an die Verantwortlichen, die wiederum nun entscheiden können, wo sie weitere Personen einsetzen. Hierbei macht HAC-ER Vorschläge für Einsatzpläne, ohne ihnen aber eine Entscheidung aufzuzwingen.

Psychische Resilienz
Ein wichtiger Resilienzfaktor ist die psychische Widerstandsfähigkeit der Betroffenen. Das Miterleben von Schockereignissen kann bei Betroffenen langfristig psychische Probleme wie eine Posttraumatische Belastungsstörung (PTBS) nach sich ziehen, die erkannt und behandelt werden sollten. Dies gilt auch für Kinder, die ihre psychische Verfassung jedoch oft nicht optimal kommunizieren können. Um dies zu unterstützen, wird daran gearbeitet Spielzeug zu entwickeln, das mit Sensoren ausgestattet ist (Wang/Takashima/Adachi et al. 2020). Die Art, wie das Kind mit dem Spielzeug spielt, kann Aufschluss darüber geben, wie gestresst es nach einem Katastrophenereignis ist.

Ersthelfende sind besonders gefährdet, PTBS zu entwickeln (Son/Clouston/Kotov et al. 2023). In Folge des Angriffs auf das World Trade Center ließen Forschende ein maschinelles Lernsystem Interviews mit Ersthelfenden verarbeiten. Das System analysierte dabei auch Eigenschaften der Ausdrucksweise der Personen, die für eine normale zuhörende Person nicht direkt offensichtlich wären, wie die Länge genutzter Wörter oder die Nutzung der ersten Person Plural. Es zeigte sich dabei, dass derartige Eigenschaften nicht nur mit der Schwere, sondern auch der zukünftigen Verbesserung von PTBS-Symptomen in Zusammenhang standen. Maschinelle Lernsysteme könnten somit in der Behandlung psychischer Folgen von traumatischen Ereignissen unterstützenden Nutzen haben.

Erklärbarkeit maschineller Modelle
Eine Schattenseite beim Einsatz von künstlicher Intelligenz (KI) ist die oftmals geringe Transparenz dieser Systeme. Berechnungen vieler maschineller Lern-Systeme finden in einer sogenannten »Black-Box« statt, in der komplexe mathematische Prozeduren ablaufen, aus denen schließlich das Ergebnis ermittelt wird. Aus welchen Gründen genau die KI eine Entscheidung gefällt hat, ist dabei für Menschen zum Teil nicht mehr ersichtlich. Die Entwicklung von Erklärbarkeit künstlicher Intelligenz (explainable articial intelligence, kurz XAI) hat daher in den letzten Jahren erheblich an Bedeutung gewonnen. Intransparenz von KI ist aus mehreren Gründen problematisch. Zum einen wird es schwerer, Fehler oder Biases zu erkennen. Oft enthalten die

8.3 Moderne Technologien

Daten, mit der eine KI trainiert wird, bereits solche Verzerrungen, da beispielsweise Vorurteile, die Menschen haben, sich darin widerspiegeln. Durch eine transparente Konstruktion von Algorithmen ergibt sich die Chance, sie so zu programmieren, dass sie derartige menschliche Schwächen umgehen. Bei einer intransparenten KI jedoch besteht die Gefahr, dass die Verzerrungen unbemerkt noch größer werden (z. B., dass eine KI Menschen aufgrund ihrer Hautfarbe benachteiligt, dies jedoch nicht auffällt, da die KI ihre Entscheidungen nicht erklärt). Neben der Kontrolle von ungewünschtem Verhalten der KI, haben Anwendende sowie Menschen, die von Entscheidungen der KI betroffen sind, außerdem den Wunsch und das Recht nachvollziehen zu können, wie die Entscheidungen getroffen wurden. Aus dem Grundsatz der Transparenz nach Art. 5 Abs. 1 der DSGVO lässt sich bereits eine rechtliche Verpflichtung von Stakeholdern hierzu ableiten und auch das geplante KI-Gesetz der EU soll Transparenz und Nachvollziehbarkeit zum Erfordernis machen. Eine Menge XAI-Forschung beschäftigt sich bereits damit, Einsicht in Black-Box-Modelle zu gewinnen. Dies geschieht beispielsweise dadurch, dass ermittelt wird, welche Faktoren in welchem Maße Einfluss auf die Entscheidung der KI genommen haben. Eine andere Richtung liegt in der Entwicklung von White-Box-Modellen, die von sich aus transparent in ihrer Funktionsweise gestaltet sind. Des Weiteren wird daran gearbeitet, Nutzenden von der KI Möglichkeiten aufzeigen zu lassen, was sie tun können, um in Zukunft eine von ihnen gewünschte Entscheidung der KI herbeizuführen (z. B. eine KI, die über Kreditvergabe entscheidet, ihnen den Kredit gewährt).

Im Katastrophenschutz ist es selbstverständlich notwendig, dass technische Systeme so fehlerfrei wie möglich laufen, da die Folgen sonst verheerend sein könnten. Verantwortliche müssen daher Vertrauen in die eingesetzten Systeme haben können. Hierfür ist Erklärbarkeit ihrer Funktionsweise unabdingbar und im Falle von KI neben der Entwicklung neuer Algorithmen die Entwicklung von Methoden, mit denen sie erklärt werden können, besonders wichtig.

Social Media
Die sozialen Medien können sich positiv auf die Resilienz gegenüber Schockereignissen auswirken bzw. dafür nutzen lassen. Wang/Lam/Zou et al. (2021) fanden in einer Studie einen statistischen Zusammenhang zwischen der Intensität der Nutzung von Twitter/X während des Hurricanes Isaac und der Resilienz von betroffenen Gemeinden. Die Resilienz wurde hierbei bewertet anhand der Schwere des Schadens in Relation zur Gefährlichkeit des Katastrophenereignisses, sowie der Erholung der Gemeinde in Relation zur Schwere des Schadens. Während aus diesem korrelativen Zusammenhang nicht sicher eine Kausalität geschlossen werden kann (möglicher-

weise verfügen z. B. manche Gemeinden über Vorteile gegenüber anderen, die die Resilienz steigern, und sich nebenbei auch auf die Nutzung der sozialen Medien auswirken), lässt sich vermuten, dass hier die sozialen Medien einen Nutzen für die Resilienz der Gemeinden hatten. Dies könnte beispielsweise darin liegen, dass dort ein Bewusstsein für drohende Gefahren geschaffen werden kann, ein Austausch über Möglichkeiten sich zu schützen, stattfand, oder der Zusammenhalt und die Unterstützung beim nachträglichen Wiederaufbau dadurch gefördert wurde.

Neben solchen möglichen Effekten sozialer Medien, die von der Bevölkerung eigenständig aufgegriffen werden können, können neue Tools gezielt diese Plattformen für Resilienz- und Krisenmanagement, beispielsweise durch Einrichtungen des Bevölkerungsschutzes, nutzbar machen.

Folgen-Management
Bei unvorhergesehenen Katastrophen-Großereignissen kann der gewöhnliche Notruf an seine Kapazitätsgrenzen stoßen und nicht mehr in der Lage sein, eine so große Menge an Meldungen über konventionelle Kommunikationswege wie das Telefon aufzunehmen. Somit greifen Bürger:innen oft von selbst auf andere Wege wie die sozialen Medien zurück, um Ereignisse zu melden, wie durch Kurznachrichten auf Twitter/X oder ähnlichen Plattformen. Hierbei besteht die Schwierigkeit, die relevanten Nachrichten zu identifizieren. Oft sind solche Kurznachrichten mit Hashtags versehen, die sie einem Thema zuordnen, wie #hochwasser oder #ahrtal, jedoch nutzen Schreibende diese nicht immer. Mittels Sprachmodellen und Wissensgraphen ist es jedoch möglich, große Mengen von Nachrichten automatisch zu verarbeiten und ihnen Schlagworte zuzuordnen, selbst wenn diese in der Nachricht selbst nicht vorkommen (Zahera/Vollmers/Sherif/Ngomo 2022). So können im Katastrophenfall wichtige Nachrichten identifiziert und herausgefiltert werden. Diese Forschung lässt sich bereits in der Praxis anwenden: Die Plattform AIDR (https://aidr.qcri.org/) bietet Aktiven im Katastrophenschutz die Möglichkeit, Nachrichten aus den sozialen Medien in Bezug auf Notfälle, Katastrophen und Krisen zu filtern und klassifizieren (Imran/Castillo/Lucas et al. 2014). Neueste Forschung ermöglicht es sogar, aus der Masse an Nachrichten automatisch gezielt diejenigen herauszufiltern, die eine konkrete Handlungsmöglichkeit aufzeigen, wie bspw. die Rettung einer eingeschlossenen Person (Zahera/Jalota/Sherif et al, 2021).

Schockereignis-Vorhersage
Nicht nur zur Schadensaufarbeitung nach Eintreten eines Schockereignis, sondern sogar die Vorhersage kann die Analyse sozialer Medien unterstützen. Wie oben erläutert, können Naturkatastrophen wie Erdbeben oder Taifune mittels Umwelt-

daten zu einem gewissen Grad vorhergesagt werden. Insbesondere bei kurzfristigen Schockereignissen haben diese Daten jedoch nur einen eingeschränkten Informationsgehalt. Allerdings lässt sich feststellen, dass auch die Kommunikation über soziale Medien vor und während eines solchen Ereignisses Anzeichen enthält, die mittels maschinellen Lernens erkannt und interpretiert werden können. In Experimenten konnte gezeigt werden, dass dies genutzt werden kann, um bisherige rein umweltbasierte Vorhersage-Ansätze zu ergänzen und darin zu verbessern, die Intensität von Typhoons einzuschätzen, wenn keine klaren Beobachtungsdaten vorliegen (Zahera/Sherif/Ngonga Ngomo 2019).

Fazit
Moderne Technologien liefern vielseitige Ansätze, um Resilienz sowohl vor, während als auch nach einem Schockereignis zu unterstützen. Verschiedene digitale und physische Tools sind hierbei bereits einsetzbar und die Forschungslage lässt eine stetige Steigerung in der nahen Zukunft erhoffen. Dieses Kapitel stellt nicht die Gesamtheit der existierenden Tools und Forschungsfelder dar, sondern soll lediglich einen beispielhaften Überblick über die Möglichkeiten und Richtungen geben.

8.4 Moderne Technologien und Resilienz

Steffen Haesler und Christian Reuter – Wissenschaft und Technik für Frieden und Sicherheit (PEASEC), Technische Universität Darmstadt

Abstract
Da in Krisen oft auch Infrastrukturausfälle zu verzeichnen sind, ist ein Ansatz die Resilienz zu erhöhen, dezentrale Systeme zu nutzen. Für den Bereich der internetbasierten Kommunikation für die Selbstorganisation von Bürger:innen bietet sich hier zum Beispiel Disruption-Tolerant-Networking (DTN) an, das Nachrichten von Gerät zu Gerät überträgt. Hierbei ist es nicht nur wichtig, dass es technisch funktioniert, sondern auch für Nutzer:innen gebrauchstauglich ist. Wir verfolgen mit dem ReSON-Prototypen im Projekt emergenCITY daher den Ansatz einer hybriden Kommunikation (zentral und dezentral), und einer ganzheitlichen Anwendung (im Alltag und in Krisen) damit die App bereits etabliert ist, wenn sie in einer Krise besonders wichtig wird.

Einleitung

Wenn man sich mit server-basierter Chat-Kommunikation in Krisen beschäftigt, kommt man schnell zu der Frage, warum Chat-Nachrichten an Nachbar:innen über einen Server in Kalifornien gesendet werden müssen. Bei der Resilienz von IKT-Systemen, kommt man um Begriffe wie Redundanz, Härtung, die (n − 1)-Regel oder Robustheit nicht herum. Was dabei oft betrachtet wird, ist, wie man ein einzelnes System flexibler und ausfallsicherer gestalten kann, indem man es besonders schützt oder redundant macht. Mit anderen Worten werden Komponenten oder sogar das gesamte System mehr als einmal betrachtet, um im Notfall Ersatz zur Verfügung zu haben. Diese Maßnahmen sind in vielen Fällen sinnvoll und ein Baustein für resiliente Systeme, können jedoch bei weitreichenden Schadenslagen, wie der Flutkatastrophe im Ahrtal 2021, dennoch verwundbar sein. Dies tritt auf, wenn entweder durch die Ausbreitung direkt das gesamte System einschließlich seiner Redundanzen funktionsunfähig wird oder eine ausgefallene notwendige Komponente, wie zum Beispiel die Internet-Konnektivität, das Gesamtsystem unbrauchbar macht. Ein solches Szenario betrifft auch die Nachrichtenübermittlung an Nachbar:innen, die zwar nur 90 Meter entfernt sind, jedoch aufgrund des Ausfalls eines 800 Meter entfernten Sendemasts nicht mehr erreichbar sind. Ein Extrembeispiel wäre etwa, den Server in 9 132 Kilometern Entfernung (Frankfurt – San Francisco) anzusteuern.

Es zeigt sich in Krisen, dass Bürger:innen in verschiedenen Weisen Selbstorganisation und Freiwilligenarbeit aufnehmen und hierbei auf digitale Tools und soziale Medien zurückgreifen, die sie auch im Alltag gewohnt sind (Haesler/Schmid/Vierneisel et al. 2021 a). Dafür werden vorhandene oder neue Chatgruppen in Messengern genutzt oder Communities und Hashtags in sozialen Medien verwendet.

Digital unterstützte Selbstorganisation

Selbstorganisation von Bürger:innen findet immer statt. Sowohl im Alltag als auch in Krisen, wie es sich immer wieder beobachten lässt. Hierbei nutzen Bürger:innen ganz selbstverständlich digitale Tools, wie soziale Medien oder Messenger-Apps. Durch die Techniknutzung im Alltag sind Bürger:innen nicht nur geübte Nutzer:innen für Kollaboration, um z. B. das nächste Nachbarschaftsfest zu organisieren, das Paket bei den Nachbar:innen abzuholen oder um nach Vorräten zu fragen, sondern haben auch wichtige Krisenfähigkeit erworben. Denn gerade auch in Krisen werden digitale Tools verwendet, um z. B. Freiwilligenarbeit zu organisieren. Im Jahr 2018 untersuchten wir in einer Meta-Studie mehr als 50 Arbeiten zur Nutzung sozialer Medien in Krisen der letzten zwei Jahrzehnte und konnten die steigende Bedeutung illustrieren (Reuter/Kaufhold 2018). Die Nutzung von sozialen Medien in verschiedenen Krisen, Katastrophen und Notfällen zeigt, dass Bürger:innen einen starken Bedarf haben,

8.4 Moderne Technologien und Resilienz

sich selbst digital zu organisieren und zu kommunizieren. Da aber Infrastrukturen oft miteinander verwoben sind und in Folge sogenannte Kaskadeneffekte auftreten können, führt der Ausfall einer Infrastruktur oft zur Störung einer anderen, wie z. B. der Ausfall der Internetkonnektivität durch einen Stromausfall (Aceto/Botta/Marchetta et al. 2018). Dies macht die Nutzung von klassischen sozialen Medien oder Messenger-Apps, die das Internet nutzen unmöglich und damit das Zurückgreifen auf Erfahrungen aus dem Alltag nötig.

Resilienz durch dezentrale Systeme
Ein anderer Ansatz besteht darin, auf kleinere dezentrale Instanzen zu setzen und so ein Netz von Systemen zu haben, bei dem nicht zwingend alle Instanzen funktionsfähig sein müssen, damit das Gesamtsystem funktioniert. Einen solchen Ansatz möchten wir an dieser Stelle für die Kommunikationsfähigkeit von Bürger:innen in Krisen und Katastrophen im Rahmen des Forschungsprojekts emergenCITY beschreiben (Hollick/Hofmeister/Engels et al. 2019). Hierbei möchten wir den besonderen Fokus auf den Nutzungskontext und die Perspektive der Bürger:innen legen. Eine solche Betrachtung erfolgt innerhalb der Disziplin der Mensch-Computer Interaktion (https://fb-mci.gi.de/fachbereich/was-ist-mci) und ist insbesondere wichtig bei Systemen, die bei Fehlnutzung Schaden anrichten können oder deren Funktionsfähigkeit in einer Krisensituation unabdingbar ist.

Technik sollte dabei immer holistisch, also ganzheitlich im Kontext mit anderen Aspekten wie der Perspektive der Nutzenden, betrachtet werden. Bei Anforderungen an diese Systeme spricht man von sicherheitskritischer Mensch-Computer Interaktion (Reuter 2021). Hierbei betrachten wir nicht nur die Technik im Hinblick auf die Ausfallsicherheit, sondern auch, wie Menschen diese Technik fehlervermeidend und unter angemessenem mentalen Aufwand nutzen können.

Wie zu Beginn erwähnt, stellen dezentrale Systeme einen Ansatz dar, um die Resilienz zu verbessern. Ein solcher Ansatz wird im Bereich der Kommunikation durch sogenanntes Peer-to-Peer Messaging verfolgt, wie es beispielsweise aus den frühen 2000er Jahren vom Filesharing bekannt ist. Hierbei werden Daten von einem Peer (User) zu einem anderen Peer gesendet, ohne dabei über einen zentralen Server zu gehen. Ein spezielles dezentrales Protokoll ist Disruption-Tolerant-Networking (DTN), mit dem sogenannten Store-Carry-Forward-Prinzip (Penning/Baumgärtner/Höchst et al. 2023), das es sogar ermöglicht, Nachrichten über mehrere Peers an eine/einen Empfänger:in zu senden. In der einfachsten Variante sendet jede/jeder Nutzer:in Nachrichten an alle anderen Nutzer:innen in der eigenen Umgebung. Sobald ein Smartphone in die Reichweite eines anderen Smartphones kommt, das am DTN teilnimmt, werden Nachrichten automatisch ausgetauscht. Darüber hinaus tragen

Nutzer:innen Nachrichten mit sich, wenn sie sich mit ihren Smartphones bewegen. Auf diese Weise können Nachrichten im gesamten Netzwerk verbreitet werden, auch wenn viele Nutzer:innen zu weit voneinander entfernt sind, um direkt zu kommunizieren. Die Übertragung der Nachrichten kann hier je nach Anwendungsfall verschlüsselt erfolgen und nur von einem oder einer bestimmten Empfänger:in oder aber für alle Nutzer:innen lesbar sein.

Im ersteren Fall bedeutet dies, dass Nutzer:innen »in der Mitte« die verschlüsselte Nachricht weiterverarbeiten können, ohne sie zu lesen und sogar als sogenannte »Data-Mules« (Daten-Maultiere) fungieren, indem sie Nachrichten weiterleiten oder fehlende Verbindungen mit einer kleinen Distanz überbrücken können. Diese dezentrale Kommunikation hat neben der positiven Ausfallsicherheit aber auch Nachteile gegenüber zentraler Kommunikation: Sie ist langsamer, es ist nicht sichergestellt, dass eine Nachricht auch wirklich bei Empfänger:innen ankommt und die Situation ist für Nutzer:innen oft schwer einzuschätzen.

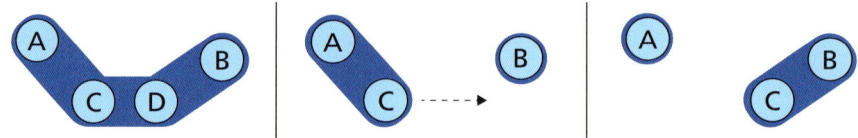

Bild 9: Das »Store-Carry-Forward«-Prinzip von DTN ist für die Nutzer:innen schwer zu verstehen, stellt aber in Krisensituationen Kommunikation sicher. Links: A kann B nicht direkt erreichen, weil B zu weit entfernt ist. Mit Hilfe von C und D wird die Nachricht allerdings gespeichert und als Data Mule an B übertragen. Rechts: Wenn C in der Nähe von B angekommen ist, wird eine Verbindung zu B ermöglicht und die Nachricht von A ist an B übertragen.

Ein Beispiel: Wenn Nutzer:in A eine Nachricht an Nutzer:in B über Bluetooth oder WiFi-Direct senden möchte und sie 500 Meter voneinander entfernt sind, ist die Entfernung einfach zu groß und damit ist keine direkte Kommunikation möglich. Da DTN auch ermöglicht Kommunikation über Zwischenempfänger:innen zu gewährleisten, kann eine solche Verbindung überbrückt werden (▶ Bild 9). Die Laufzeit zwischen dem Senden und dem Empfangen von Nachrichten kann dabei, in scheinbar für Sendende identischen Situationen, drastisch variieren, wenn sich die Topologie der Nutzenden ändert.

Damit dezentrale Kommunikation auch größere Gebiete abdecken kann, ist es auch möglich die Nachrichtenkommunikation nicht nur auf Smartphones auszuführen, sondern auch Langstreckenfunk mit LoRaWAN oder autonome Drohnen, zur

8.4 Moderne Technologien und Resilienz

Verbreitung einzusetzen. Die Drohne kann so z. B. die neuesten behördlichen Informationen zur Krise in entlegene Bereiche des dezentralen Netzes transportieren.

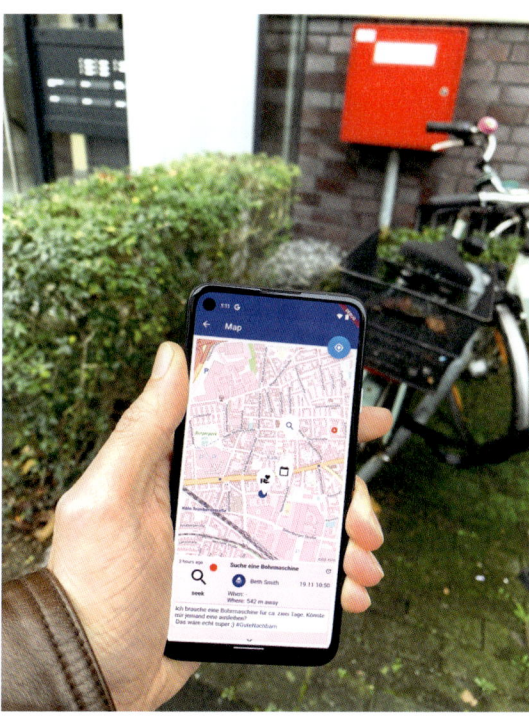

Bild 10: *Der ReSON App-Prototyp unterstützt die nachbarschaftliche Selbstorganisation bereits im Alltag mit Hilfe von auf zentralen Servern basierter Kommunikation, wie man es z. B. von Facebook oder Signal gewohnt ist. Die gleichen Funktionen können aber in einer Krise auch zur Selbsthilfe verwendet werden und selbst bei einem Ausfall des Internets ist es möglich, weiterhin in der Nachbarschaft zu kommunizieren.*

Genau einen solchen Ansatz für nachbarschaftliche Selbstorganisation haben wir im Rahmen des Projekts emergenCITY mit dem App-Prototypen ReSON (Resilient self-organized neighborhood, also resiliente selbstorganisierte Nachbarschaften) untersucht (Haesler/Mogk/Putz et al. 2021 b). Dabei liegt unser Schwerpunkt nicht auf der technischen Implementierung – DTN ist gut erforscht – sondern vielmehr auf der Frage, wie sich die Nutzungskontexte in Krisen (Verbreitung, Anwendungsfälle und Gebrauchstauglichkeit) verhalten. Denn die beste Technik nützt nichts, wenn sie am Ende nicht genutzt wird. Hierbei handelt es sich dennoch ausdrücklich um einen Forschungsprototypen, wir hoffen aber entsprechende Impulse setzen zu können.

Ein Ziel bei dem Design von Apps ist, dass die Vorstellung der Nutzenden wie eine App funktioniert, das sogenannte mentale Modell, möglichst genau der tatsächlichen Funktion entspricht und gut zugänglich sein sollte. Dies führt unter anderem zu einer Reduktion von unerwartetem Verhalten einer App. Das mentale Modell wird

8 Erkenntnisse aus der Forschung

z. B. durch eine gute Gebrauchstauglichkeit durch die Gestaltung der User-Experience und des User-Inferfaces erreicht und kann zudem mit anderen Elementen, wie z. B. Tutorials, unterstützt werden. Hier spielen aber auch Vorerfahrungen mit anderen Apps eine Rolle, die aber im Kontext von dezentral kommunizierenden Messengern in der Regel bei Bürger:innen nicht vorhanden ist und vielmehr die Erwartung aus der bequemen Nutzung von zentral kommunizierenden Messenger Apps, wie z. B. WhatsApp, im Wege stehen können.

Bisher ist wenig erforscht, wie bessere UX (User-Experience) und die Benutzbarkeit von Systemen mit DTN-Kommunikation aussehen könnten. Die breite Öffentlichkeit ist überwiegend an serverbasierte Kommunikation über das Internet gewöhnt, aber die Eigenschaften von DTN unterscheiden sich erheblich. Die Nutzung von DTN kann aber im Extremfall Leben retten. Einige Forscher:innen untersuchen hierfür speziell den Einsatz von DTN in Krisen, wie Lieser et al., die eine auf DTN basierende Architektur entworfen haben, die in Notfällen den Vorrang für wichtige Verkehrsdaten vorsieht (Lieser/Alvarez/Gardner-Stephen et al. 2017), oder Höchst et al., die LoRa-basierte Smartphone-Kommunikation für Krisenszenarien implementiert haben (Höchst/Baumgärtner/Kuntke et al. 2020). Darüber hinaus haben Campillo et al. verschiedene opportunistische Netzwerktechnologien in Katastrophenszenarien verglichen (Martin-Campillo/Crowcroft/Yoneki et al. 2013), während Stute/Kohnhäuser/Baumgärtner et al. (2022) sich mit dem ›RESCUE‹-Framework auf Sicherheit in einer Krisensituation konzentriert haben. Keiner von ihnen fokussiert jedoch speziell auf die Benutzbarkeit und das mentale Modell der Nutzer:innen in Krisen, sondern eher auf die technische Umsetzung, die während Krisen erforderlich wäre. Ein falsches mentales Modell oder eine schlechte UX können Unmut hervorrufen. Forschungen zu Katastrophen-Apps zeigen, dass eine schlechte Benutzbarkeit oder Benutzungserfahrung dazu führen kann, dass Nutzer:innen eine Anwendung vollständig aufgeben, selbst wenn sie zu ihrer eigenen Sicherheit beiträgt (Tan/Prasanna/Stock et al. 2020). Ebenso kann ein falsches mentales Modell von Systemen zu möglicherweise fatalen Fehlern führen.

Doke et al. haben eine Notfall-Smartphone-App entwickelt, die Informationen aus nationalen, staatlichen und landesweiten Quellen aggregiert und so die zentrale serverbasierte Infrastruktur und DTN kombiniert, um die Reichweite auf ländliche Gebiete ohne Handyabdeckung auszudehnen (Doke/Affinnih/Yuan et al. 2021). Álvarez/Almon/Lieser et al. (2018) haben einen groß angelegten Feldtest durchgeführt unter Beteiligung des BBK im Projekt SMARTER mit 125 Teilnehmer:innen, die eine simulierte Krise erlebt haben und über eine dezentral arbeitende App kommuniziert haben. Die Evaluation konzentriert sich hauptsächlich auf Übertragungseigenschaften, nicht untersucht wurde jedoch die Wahrnehmung der Teil-

8.4 Moderne Technologien und Resilienz

nehmer:innen von DTN-basierten Nachrichten oder deren Erfahrungen bei der Interaktion mit der verwendeten App. Lu/Cao/La Porta (2016) haben einen Ansatz entwickelt, um die Kommunikation in der Katastrophenwiederherstellung mithilfe von Peer-to-Peer-basierter Nachrichtenübermittlung zu ermöglichen, wobei ihr Prototyp ›TeamPhone‹ sich mehr auf technische Details als auf Nutzungsfreundlichkeit konzentriert. Ein weiterer Schlüssel für die bessere Krisennutzung einer App ist es, nicht nur ihre Anforderungen und gewünschten Funktionen, sondern auch ein Erlernen und Nutzen im Alltag vor einer Krise und vorhandenen sozialen Strukturen mit zu berücksichtigen.

Zeiten ohne Krise mitdenken
Eine zentrale Erkenntnis aus der historischen Betrachtung von Krisen ist, dass Menschen sich umfassend selbst organisieren und sich gegenseitig helfen oder sich auch freiwillig vernetzen, um Hilfe zu leisten. Hierbei ist Kommunikation essenziell. Auch wenn sich in einer besonderen Krisensituation unbekannte Menschen völlig neu vernetzen, sollten sie idealerweise trotzdem »dieselbe Sprache« sprechen, d. h. zum Beispiel: Zugang zu den gleichen Kommunikationstools haben oder besser noch im Umgang geübt sein. Bei ersterem ist durch die immer neuen Einschränkungen bei dem Kurznachrichtendienst X (vormals Twitter) ein zentrales Instrument der Krisenkommunikation und Freiwilligenarbeit in Krisen unbrauchbar geworden. So kann die Feuerwehr aufgrund eines Nachrichtenlimits keine Nachrichten mehr versenden. (https://www.rnd.de/medien/twitter-zugriffslimit-feuerwehr-hamburg-wird-waehrend-bombenentschaerfung-eingeschraenkt-CAA6NRUEHZA4DDP7DSCHNUL2FM.html).

Konkret heißt das für unseren Ansatz, dass Bürger:innen eine App, die in der Krise hilft, bereits vor der Krise heruntergeladen und ausprobiert haben sollten. Es nützt nichts, wenn die wichtige Krisenapp im App-Store verfügbar ist, man diese aber aufgrund des Ausfalls des Internets nicht mehr herunterladen kann. Wir sind in unseren Untersuchungen aber noch einen Schritt weiter gegangen und stehen einer reinen Krisenfunktion skeptisch gegenüber. Vielmehr denken wir, dass im Falle einer funktionierenden Infrastruktur, eine Kommunikations-App hybrid, also zentral und dezentral kommunizieren soll. Dies ermöglicht auch, bereits vor einer Krise einen Nutzen im Alltag zu haben, z. B. durch die Unterstützung von nachbarschaftlicher Selbstorganisation, denn ein Hoffest zu organisieren oder sich eine Bohrmaschine zu leihen, unterscheidet sich in der Organisationsstruktur nicht wesentlich vom gemeinsamen Sandsäckefüllen oder sich gegenseitig mit einem Stromgenerator auszuhelfen.

8   Erkenntnisse aus der Forschung

Wir stellen immer wieder fest, dass Bürger:innen in Krisen besonders kreativ sind und vorhandene soziale Medien und Messenger-Apps nutzen und diese z. B. mit Hashtags strukturieren (Starbird/Palen 2011). Daher ist ein eher offener Ansatz und die Möglichkeit eine Anwendung bereits im Alltag zu nutzen die beste Krisenvorbereitung, wenn die App in einer Krise weiter funktioniert. Hierbei wäre unser Wunsch, dass sich Bürger:innen nicht mit einer neuen speziellen krisenbezogenen App beschäftigen müssen, sondern dass weiter daran geforscht wird, wie Kommunikation hybrid, also wahlweise dezentral und zentral erfolgen kann, damit bereits jetzt im Alltag genutzte Messenger resilienter werden.

Zusammenfassung

Die vorgestellte Technologie von DTN hat großes Potential für die Kommunikationsfähigkeit in Krisen. Da in Krisen immer wieder das Internet ausfällt, ermöglicht DTN es weiterhin mit Menschen in der näheren Umgebung zu kommunizieren. Hierbei funktioniert die Technologie ohne zentrale Instanz und kommuniziert von Gerät zu Gerät. Damit moderne Technik die Resilienz stärken kann, muss aber nicht nur die Technik selbst resilient sein, z. B. durch dezentrale Kommunikation, sondern sie muss für die Bürger:innen zugänglich, verständlich und bedienbar sein, damit die Resilienz in Krisen nachhaltig gestärkt ist. Ein Schlüssel ist das mentale Modell und damit das Verständnis der Nutzer:innen zur Funktionsweise, was durch eine gute Gestaltung der Nutzungserfahrung und der Gebrauchstauglichkeit, aber auch durch eine Etablierung im Alltag gefördert werden kann. Dafür müssen Kommunikations-Apps am Ende beides können: Im Falle von Konnektivität bequem zentral kommunizieren, aber bei einem Internetausfall auch alternative Kommunikationstechnologien wie DTN anbieten. Die Forschung in diesem Bereich sollte sich dabei also nicht nur auf die technischen Aspekte beschränken, sondern holistisch auch historisches Wissen, Bedürfnisse von Nutzer:innen, eine Integration im Alltag außerhalb der Krise im Sinne der Krisenvorbereitung und auch die Gebrauchstauglichkeit mitbedenken.

Danksagungen

Diese Arbeit wurde durch die LOEWE Initiative des Landes Hessen im Rahmen des LOEWE Zentrums emergenCITY gefördert.

9 Steigerung der Resilienz

9.1 Behörden

Tom Hermes – Referent für Kritische Infrastrukturen S2 im Landeskoordinierungs- und Unterstützungsstab Mecklenburg-Vorpommern

Resilienz ist ein vielfach unterschiedlich genutzter Begriff, der grundsätzlich die Fähigkeit eines Systems beschreibt auf Störungen zu reagieren bzw. ihnen zu widerstehen. Zur Steigerung der gesamtgesellschaftlichen Resilienz hat die Bundesregierung im Jahr 2022 die »Deutsche Strategie zur Stärkung der Resilienz gegenüber Katastrophen (kurz: Resilienzstrategie)« vom 13. Juli 2022 verabschiedet. Der Fokus ist hierbei bewusst weit gewählt und soll über den klassischen Katastrophenschutz hinaus die Gesellschaft stärken.

Was bedeutet Resilienz?
Resilienz beschreibt die Fähigkeit eines Systems, einer Gemeinschaft oder einer Gesellschaft, sich rechtzeitig und effizient den Auswirkungen einer Gefährdung widersetzen, diese absorbieren, sich an sie anpassen, sie umwandeln und sich von ihnen erholen zu können. Eine wichtige Voraussetzung dafür ist die Erhaltung und Wiederherstellung ihrer wesentlichen Grundstrukturen und Funktionen durch Risikomanagement (übersetzt nach United Nations 2016).

Es werden in der Resilienzstrategie diverse Handlungsfelder identifiziert. Einige Handlungsfelder sind sehr behördenspezifisch wie z. B. »Verkehrsinfrastruktur auf die Folgen des Klimawandels« vorbereiten. Ein für Behörden allgemein interessantes Handlungsfeld ist »Risikomanagementfähigkeiten und Koordinierungsmechanismen stärken«. Im Rahmen dieses Kapitels wird herausgearbeitet, wie Behörden einen systematischen Ansatz nutzen können, um sich selbst gegen Systembeeinflussungen zu härten. Auch wenn hier häufig die Beispiele Pandemie und Energiemangellage verwendet werden, erfordern solche Analysen den All-Gefahrenansatz und damit die Betrachtung von sowohl Natur-, technischer als auch menschengemachter Gefahren.

Die oben genannte Selbstverpflichtung zur Resilienzsteigerung über die Resilienzstrategie der Bundesregierung ist nicht die einzige Quelle für die Pflicht zur resilienten Organisation im öffentlichen Dienst. Diese umfasst ebenfalls Maßnahmen der zivilen Verteidigung. Das Beispiel der Ukraine nach dem Ausbruch des Angriffskrieges am 24.02.2022 zeigt deutlich, welche Bedeutung funktionierende Regierungsinstitu-

9 Steigerung der Resilienz

tionen auf nationaler, regionaler und lokaler Ebene haben, um eine umfassende Gesamtverteidigung zu realisieren. In Deutschland besteht die Gesamtverteidigung aus der militärischen und der zivilen Verteidigung. Die Erfordernisse der zivilen Verteidigung sind in der »Konzeption Zivile Verteidigung« (KZV) beschrieben. Die KZV beschreibt hierbei nur Grundsätzliches und bildet für sich genommen keine Rechtsgrundlage ab. Die KZV bildet den theoretischen Rahmen für die sog. Säulen der zivilen Verteidigung. Diese Säulen sind:

1. Aufrechterhaltung der Staats- und Regierungsfunktionen
2. Zivilschutz
3. (Not-)Versorgung der Bevölkerung
4. Unterstützung der Streitkräfte

Die Aufrechterhaltung der Staats- und Regierungsfunktionen ist hierbei die Grundlage sämtlichen Handelns und ein Ausdruck staatlicher Resilienz. Die KZV versteht unter der Aufrechterhaltung der Staats- und Regierungsfunktionen insbesondere folgende Schutzziele:

- Sicherstellung der organisatorischen Handlungsfähigkeit
- Sicherstellung der personellen Handlungsfähigkeit
- Gewährleistung der Kommunikationsfähigkeit
- Sicherstellung der technischen Betriebsfähigkeit
- Gewährleistung der Unterbringung und des Schutzes des Personals

Diese Schutzziele kann man für verschiedene Szenarien außerhalb eines Spannungs- und Verteidigungsfalls als relevant betrachten, da jede Krise und Katastrophe auch in der Verwaltung eine bis mehrere Schutzziele angreifen. Ein Hackerangriff ist z. B. eine Bedrohung für die »Gewährleistung der Kommunikationsfähigkeit« und eine Gefährdung der »technischen Betriebsfähigkeit« während eine Pandemie die »personelle« und ggf. »organisatorische Handlungsfähigkeit« beeinträchtigt. Neben den essentiellen Aufgaben des Regelbetriebes kommen im Verteidigungsfall auf den öffentlichen Dienst auf allen Ebenen neue Aufgaben hinzu, die ihrerseits mit dem vorhandenen Personal verlässlich zu erbringen sind. Welche Möglichkeiten das Risiko- und Krisenmanagement für die resiliente Betriebsführung im öffentlichen Dienst bereithält, wird im nächsten Abschnitt erläutert.

Es gibt grundsätzlich zwei zwingende Gründe ein behördliches Resilienzmanagement einzurichten. Diese beiden Gründe sind die Ressort- und Betreiberverantwortung. Aus der Betreiberverantwortung ergeht die Aufgabe, dass Dienstleistungen, die für

9.1 Behörden

die Versorgung der Bevölkerung essenziell sind, nicht nur unter »alltäglichen« Bedingungen erbracht werden müssen, sondern dauerhaft. Beispiele für diese Verwaltung können z. B. der Betrieb einer Rettungsdienstleitstelle oder der Betrieb der Polizei sein. Die Aufrechterhaltung dieser Dienstleistungen ist Aufgabe der ausführenden Behörde. Diese Aufgaben können im Verteidigungsfall noch stark erweitert werden. Als Beispiel hierfür ist z. B. die Ausgabe von Bezugsscheinen für Kraftstoff oder Heizöl durch die Gemeinden oder die Aufgaben der obersten Landesverkehrsbehörden nach dem Verkehrssicherstellungsgesetz zu nennen.

Die Ressortverantwortung im Kontext der Resilienz führt zu der Aufgabe von Behörden Regelungen zu erlassen, die die sichere Erbringung von kritischen Dienstleistungen durch private Akteure sichert. Das kann Behörden auf allen Ebenen umfassen. Der Bund ist beispielsweise für Regelungen, die eine sichere Versorgung mit Energie zum Ziel haben, verantwortlich. Der Erlass von Regelungen zur Sicherstellung einer 72-stündigen Notstromversorgung von Krankenhäusern ist Aufgabe der Länder und die Verpflichtung des örtlichen Wasserversorgers zur Sicherstellung der Wasserversorgung auch bei Stromausfall ist u. U. Aufgabe einer jeden Gemeinde. Diese Kontrollaufgaben müssen im Normalbetrieb genauso wie in der Krise wahrgenommen werden. Meist wird angenommen, dass das behördliche Krisenmanagement Aufgabe des Katasprophenschutzes sei. Zur Klärung der Zuständigkeiten wird aber grundsätzlich zwischen drei verschiedenen Arten von Krisen unterschieden:

- Fachlagen
- Sektorübergreifende Krisen
- Katastrophen

Die Aufgabe jeder Fachbehörde ist es, Fachlagen und sektorübergreifende Krisen zu bewältigen. Einheiten, Einrichtungen und Strukturen des Katastrophenschutzes können nach den Grundlagen der Amtshilfe unterstützend tätig werden. In Katastrophen, bei denen insbesondere Leib und Leben in Gefahr sind, übernehmen Katastrophenschutzbehörden die einheitliche Lenkung der Gefahrenabwehrmaßnahmen. Es gelten hier die Fachgesetze der Länder. Die (Fach-)Planungen obliegen jedoch in den meisten Fällen den Fachbehörden. Hierfür ist es erforderlich, deren Arbeitsfähigkeit sicherzustellen und ein eigenes Krisenmanagement aufzubauen, das sich bei größeren Lagen in die Gesamtstruktur der Gefahrenabwehr eingliedert. Dies ist keine neue Aufgabe. Ein Blick in die Archive bringt den folgenden, hier nacherzählten Vorfall aus einem Reichstagsprotokoll der 151. Sitzung vom 16.12.1921 ins Bewusstsein:

»Die Aufrechterhaltung der Telefonvermittlung trotz Stromausfall war Gegenstand einer hitzigen parlamentarischen Debatte. Ein leitender Mitarbeiter des

9 Steigerung der Resilienz

zuständigen Fachressorts musste sich dafür verantworten, wie ein Stromausfall in Berlin zum Ausfall der Telefonie führen konnte. Der leitende Mitarbeiter wies die Kritik aus dem parlamentarischen Raum ab und verwies auf effektive Maßnahmen des Krisenmanagements die sicherstellten, dass die Erreichbarkeit von Ärzten, der Polizei und der Feuerwehr zu jeder Zeit gegeben waren. Dennoch berichtete er auch darüber, dass die Absicherung des Telefonnetzes über Batterien als nicht ausreichend zu betrachten ist und daher zukünftig stationäre Netzersatzanlagen beim Neubau von Gebäuden der Vermittlungsstellen geplant werden.«

Dieser o. g. Vorfall war keine parlamentarische Aktivität im Rahmen der möglichen Energiekrise, sondern fand statt im Jahre 1920. Der Bericht beschreibt auch nach heutigen Maßstäben die Betreiberverantwortung bei der Lösung einer Fachkrise.

Die Resilienz von Behörden entspricht also den Betreiberpflichten einer Einrichtung der kritischen Infrastruktur. Hierbei ist zu beachten, dass nicht jeder Betriebsteil zur Bereitstellung von kritischen Dienstleistungen unmittelbar bzw. zeitnah erforderlich ist. Der sinnvolle Ressourceneinsatz bedarf der Definition eines definierten zeitlichen Horizonts. Je weiter der zeitliche Horizont gewählt wird, desto mehr Prozesse müssen betrachtet werden. Grundsätzlich kann davon ausgegangen werden, dass jede staatliche Maßnahme und behördliche Aufgabe zur Lösung von strategischen Problemen eingerichtet wurde und der Ausfall dieser staatlichen Maßnahmen langfristige Probleme verursacht. Ein Beispiel kann hier der während der COVID-19 Pandemie stark betroffene Bildungsbereich sein. Es handelt sich bei der Bildung grundsätzlich nicht um eine Kritische Infrastruktur, jedoch ist natürlich eine gute Bildung für die Existenz eines Staates zwingend erforderlich. Die Frage ist, welcher Ausfall ist kompensierbar und welcher ist indiskutabel? Das Schließen einer Schule aufgrund von »Hitzefrei«, Schneefall oder der Ausfall von Schulstunden aufgrund Lehrermangels werden augenscheinlich gesellschaftlich akzeptiert. Der Ausfall aufgrund der Pandemie hat augenscheinlich schwere Folgen für die Dienstleistung »Bildung«. Es zeigt sich, dass die Folgen des Ausfalls einer Dienstleistung von der Dauer des Ausfalls abhängig sind. Die Dauer ist abhängig vom Szenario und kann wenige Stunden bis zu Monaten umfassen. Im Rahmen der Planungen für die Energiemangellage wurden in Mecklenburg-Vorpommern zwei Zeitschienen aufgemacht:

- Ausfall der Gasversorgung für 30 bis 60 Tage
- Ausfall der Stromversorgung für 14 Tage

Es ist hierbei zu beachten, dass die Planungen nicht nach der vorgegebenen Zeitspanne enden. Es ist wichtig, in jeder Planung auch einen Ausblick für langfristige

9.1 Behörden

Probleme zu erstellen, auch wenn keine dezidierte Feinplanung für Resilienzmaßnahmen durchgeführt wird.

Nach der Festlegung der Zeitschiene auf Basis von (Referenz-)Szenarien für alle Behörden, erfolgt als nächstes die Ermittlung von Fragestellungen für einzelne Behörden.

Die folgenden Fragestellungen wurden genutzt, um Ressorts einer Landesverwaltung gegen Energiekrisen zu härten. Diese Fragestellungen sind mit den Schutzzielen der KZV verwandt und auch für andere Szenarien wie z. B. eine Pandemie verwendbar.

1. Was sind die von der Behörde erbrachten kritischen Dienstleistungen?
2. Welche externen Prozesse sind notwendig, um die kritischen Dienstleistungen zu erbringen?
3. Welche internen Prozesse sind notwendig, um die nach außen wirkenden Prozesse aufrechtzuerhalten?
4. Welche Ressourcen (technisch, organisatorisch, personell) sind zur Erbringung der kritischen Prozesse notwendig?
5. Können kritische Dienstleistungen rationiert werden?

Was sind die kritischen Dienstleistungen?
Im KRITIS-Kontext versteht man unter den kritischen Dienstleistungen jene Dienstleistungen, deren Ausfall zu den definitionsgemäßen KRITIS-Schäden führt, also dem Verlust von Leben und Gesundheit einer Vielzahl von Personen oder einer Gefährdung der öffentlichen Sicherheit und Ordnung. Keine durch Behörden erbrachte Dienstleistung ist entbehrlich, jedoch wachsen die Schäden durch die Einstellung der Dienstleistung proportional zur Zeit des Ausfalls. Der Anstieg des Schadens ist hierbei höchst unterschiedlich. Es kann beispielsweise davon ausgegangen werden, dass der Ausfall einer kommunal betriebenen integrierten Rettungsleitstelle für Feuerwehr und Rettungsdienst in kurzer Zeit einen hohen Schaden erzeugt. Daher muss die Fragestellung nach der kritischen Dienstleistung auch immer im Verhältnis zur Zeit betrachtet werden. Auf lange Sicht führt jeder Ausfall des staatlichen Handelns zu einem Schaden. Die Bestimmung der kritischen Zeitspanne erfolgt in der Praxis häufig mit der Frage: »Was sind die Folgen, wenn die Arbeit eingestellt wird?« Diese Frage wird dann innerhalb verschiedener Zeitscheiben beantwortet, die von 8 Stunden bis zu mehreren Wochen reichen. Wenn auch nach mehreren Wochen keine Schäden entsprechend der KRITIS-Definition eintreten, muss die Saisonalität geprüft werden. Der theoretische Ausfall des Winterdienstes im Sommer hat andere Folgen als der Ausfall des Winterdienstes im Winter. Insbesondere in der Verkehrsverwaltung aber auch in der Agrarverwaltung können periodisch Dienstleistungen von hoher Bedeutung erbracht werden.

9 Steigerung der Resilienz

Das Management von Fachlagen obliegt jeder Behörde und muss bei der Identifizierung kritischer Prozesse mitgedacht werden. Die Auskunftsfähigkeit der Fachbehörden gegenüber Katastrophenschutzbehörden muss ebenfalls mitbedacht sein. Die Feststellung, dass eine Behörde keine kritischen Dienstleistungen (unter Berücksichtigung der betrachteten Zeitspanne) erbringt, ist ein legitimes Ergebnis der Betrachtung. Es muss jedoch unabhängig hiervon eine Handlungsfähigkeit der Behördenleitung sichergestellt sein, um z. B. im Falle von Krisen und Katastrophen auskunftsfähig zu sein. Eine als nicht kritisch betrachtete Behörde kann mit ihrem Personal und Material in Krisen und Katastrophen selbst eine bedeutende Ressource sein. Eine Erreichbarkeit muss daher immer geplant werden. Es gilt hierbei auch die politische Dimension zu beachten.

Die Identifizierung der nach außen und innen wirkenden kritischen Dienstleistung folgt entsprechend der o. g. Frage in der Auflistung nach den benötigten Ressourcen:

Welche Ressourcen sind notwendig, um die o. g. kritischen Dienstleistungen zur erbringen?

Diese Analyse umfasst private Dienstleister wie z. B. IT-Dienstleister oder Wach- und Sicherheitsdienste sowie die benötigten Ressourcen von behördeninternen kritischen Prozessen.

Beispiele für Ressourcen sind hierbei:
- Strom
- Wasser
- Büroräume
- (Schlüssel-)Personal

Der Bedarf an diesen Ressourcen muss ermittelt werden, um in Mangelsituationen Priorisierungen und Substitutionen durchführen zu können und allgemein handlungsfähig zu bleiben.

In einem nächsten Schritt gilt es mithilfe verschiedener Szenarien die Auswirkungen auf die Ressourcenverfügbarkeit zu prüfen. Es sind z. B. folgende Szenarien zu prüfen:
- Brand im Dienstgebäude
- Einstellung der Arbeit aufgrund eines Bombenfundes
- (großflächig, langanhaltender) Stromausfall
- Personalausfall durch Grippewelle

In diesem Rahmen muss auch immer geprüft werden, in welchem Umfang die kritischen Dienstleistungen erbracht werden müssen und inwiefern eine Rationierung erfolgen kann. Es sind hierfür Schutzziele und Versorgungsniveaus zu prüfen und zu definieren. Dies könnten z. B. längere Bearbeitungszeiten sein oder die Erbringung einer kritischen Dienstleistung nur noch in Härtefällen.

Fazit
Die resiliente Organisation einer Behörde ist kein Selbstzweck, sondern eine pflichtgemäße Aufgabe. Es ist hierbei jedoch notwendig, wichtige Entscheidungen zu treffen, um die Versorgung mit notwendigen Dienstleistungen erbringen zu können. Diese Aufgabe kann nur erfolgen, wenn jede Fachbehörde den eigenen Geschäftsbereich unter dem Resilienzgesichtspunkt betrachtet und ein Resilienzmanagement bzw. ein Risiko- und Krisenmanagement aufbaut.

9.2 Technische Ausstattung der BOS

Ulrich Cimolino – Leiter AK Waldbrand im Deutschen Feuerwehrverband, Fachbuchautor

Einsatzmittel
Kritische Schockereignisse bzw. dynamische Schadenslagen stellen andere Anforderungen an die Ausrüstung als übliche Schadenslagen. Die Ausrüstung muss anderen Beanspruchungen standhalten, längere Einsatzdauern problemlos ermöglichen – und sie muss möglichst ausfallsicher bzw. möglichst einfach reparaturfähig sein.

Schutzausrüstung
Die Schutzausrüstung in dynamischen Großschadenslagen ist eine andere wie die für die Brandbekämpfung (im Innenangriff). Leider steht auch heute noch nicht jedem Angehörigen einer Hilfs- und damit Einsatzorganisation immer jeweils eine geeignete Mindestschutzausrüstung zur Verfügung, wie die Auswertung der vfdb-Expertenkommission Starkregen 2021 zeigt (Cimolino 2022). Ungebundene Helfende sowie eingesetzte oder sich selbst einsetzende Firmen verfügen noch seltener über geeignete PSA, benötigen diese aber, wenn sie mit eingesetzt werden.

Die Bereitstellung von ausreichender, geeigneter und auch Reserve- bzw. Austauschkleidung, die (Organisation der) Reinigung verschmutzter Kleidung und Ausrüstung sowie die richtige (Rück-)Verteilung, das Organisieren von Verpflegung, insbesondere Getränken, liegt im Verantwortungsbereich des/der Einsatzleiter:in. Dafür benötigt sie/er auch ausreichend geeignete Einsatzmittel (von Kühl- oder Wärmebehältern, Transportkisten, Paletten bis hin zu Logistik-KFZ).

9 Steigerung der Resilienz

Bild 11: *Die PSA beim Wald- oder Flächenbrand muss der Gefährdung (durch Temperatur und Einsatzdauer) angepasst sein. Hier spezialisierte Schutzkleidung von @fire zur Vegetationsbrandbekämpfung (Quelle: Jan Südmersen, Osnabrück)*

Besondere Risiken erfordern besondere Schutzmaßnahmen. Bei der Vornahme einer Kettensäge muss auf entsprechende Schnittschutzkleidung geachtet werden. Der Einsatz am und v. a. auf Gewässern erfordert Auftriebshilfen (Schwimmwesten).

Bild 12: *Trupp mit Schwimmwesten in einem Boot im Hochwassereinsatz (Quelle: Jürgen Riske, Dernau)*

9.2 Technische Ausstattung der BOS

Bild 13: THW-Helfer in Arbeitskleidung im Hochsommer bei der Instandsetzung von feuerwehrtechnischen Geräten (TS) in einer Feldwerkstatt bei einem mehrwöchigen Einsatz zur Vegetationsbrandbekämpfung in der Sächsischen Schweiz im Sommer 2022. (Quelle: Ralf Manke, THW Dresden)

Bild 14: Beim Einsatz in Lagen mit Fluten (Hochwasser, Starkregen) kommt es zu sehr starker Verschmutzung der PSA. Da hier in der Regel die Kanäle überflutet werden, Kadaver im Wasser treiben etc., MUSS ein regelmäßiger Austausch und die Reinigung der verschmutzten PSA organisiert werden. (Quelle: Feuerwehr Düsseldorf)

Fahrzeuge

Die Erfahrungen aus praktisch allen größeren Lagen mit mehrtägigen Einsätzen in Verbandstärke in Deutschland zeigen (vgl. Cimolino, zum Hochwasser 2002 für die vfdb in 2003, zur Vegetationsbrandbekämpfung, 2014, für den Starkregen 2021, 2022):

- Das vorhandene Straßen- und Wegenetz ist oft beschädigt oder versperrt.
- Hindernisse bzw. liegen gebliebene (eigene oder fremde) Fahrzeuge müssen entweder entfernt, d. h. abgeschleppt oder umfahren werden können.

9 Steigerung der Resilienz

- Die Einsatzstellen liegen oft an nicht befestigten bzw. kaum noch befahrbaren Straßen oder sogar »im« Gelände.
- Zahlreiche schwere Fahrzeuge beschädigen schnell bereits vorgeschädigte Straßen und Wege.

Bild 15: *Straßen und Wege werden häufig unterspült oder komplett weggerissen. (Quelle: Wolfgang Beißmann, Pfarrkirchen)*

Bild 16: *Simbachs Innenstadt nach dem Starkregenereignis im Jahr 2016: Zerstörung der gesamten Infrastruktur (Strom, Gas, Wasser, Abwasser, Telekommunikation) in weiten Teilen Simbachs sowie auch in vielen Bereichen des südlichen Landkreises Rottal-Inn (Quelle: Wolfgang Beißmann, Pfarrkirchen)*

9.2 Technische Ausstattung der BOS

Dies bedeutet schon lange (vgl. Cimolino 2010-2023) bzw. (Cimolino/Zawadtke 2005 und 2006):

- Geeignete Fahrzeuge mit Allradantrieb und möglichst auch sperrbaren Differentialen sind zu bevorzugen.
- Leichtere Fahrzeuge mit breiteren (Single-)Reifen haben einen geringeren Bodendruck und sinken in weichere Böden weniger ein.
- Die Bereifung muss eher für den Einsatz im Gelände als für den auf befestigten Wegen geeignet sein.
- Fahrzeuge müssen über eine ausreichende Motorleistung verfügen, insbesondere wenn sie als Zug- oder Bergefahrzeuge mit eingesetzt werden sollen.
- Die Watfähigkeit muss bekannt und sollte am Fahrzeug außen deutlich angegeben sowie im Fahrzeug beschrieben sein.
- Logistik- und Reparaturkapazitäten sind mit vorzusehen.
- Typengleichheit der zu versorgenden bzw. reparierenden Fahrzeuge ist hier von Vorteil, wenn auch in heutigen Beschaffungszeiten kaum erreichbar. Allerdings kann z. B. bei den Reifen darauf geachtet werden, dass möglichst nicht zu viele verschiedene Größen und Profilierungen genutzt werden.
- Die Kanisterbetankung für alle nötigen Betriebsstoffe muss möglich sein. (Entsprechende Kanister mit geeigneten Entnahmehilfen müssen vorhanden sein!)
- Die Einsatzfahrzeuge sollten alle aus der Luft erkennbar sein, dafür ist das KFZ-Kennzeichen vorgesehen, vgl. DIN 14035. Dieses Kennzeichen sollte auch am Armaturenbrett, z. B. neben dem Funkhörer, gut lesbar beschriftet sein, weil davon auszugehen ist, dass nicht jede Einsatzkraft das Kennzeichen des gerade von ihr besetzten Fahrzeugs im Kopf hat.
- Die Fahrzeuge sollten für den Marsch in einer Kolonne für die Kennzeichnung vorgerüstet sein (Flaggenhalter mit Flaggensatz) (vgl. Cimolino/Weich 2007).
- Die Maschinisten sollten ebenso wie die Fahrzeugführer:innen und die weiteren Führungskräfte wissen – oder nachschlagen können, wie es um die technischen Fähigkeiten der einzelnen Fahrzeuge bezogen auf eine Einsatzlage bestellt ist. Dies betrifft neben der allgemeinen Frage der Geländegängigkeit bzw. -fähigkeit, z. B.:
    - beim Hochwassereinsatz v. a. die Watfähigkeit,
    - beim Vegetationsbrandeinsatz z. B. Pump & Roll-Fähigkeiten, geschützte Leitungen, Lösch- bzw. Schutzdüsen (vgl. Cimolino 2014) bzw. (Cimolino, Neumann, Südmersen 2020),

- beim Einsatz im Schnee die Verfügbarkeit von passenden Schneeketten (und die Fähigkeit der Besatzung, diese auch richtig zu benutzen!).

Der Einsatzwert der Fahrzeuge (Fahrzeugeckdaten, Beladung UND Besatzung!) insbesondere im überörtlichen Einsatz muss mindestens den Normvorgaben entsprechen, damit ein sinnvoller Einsatz überhaupt möglich ist.

Die Verteilung der Fahrzeuge auf die Einheiten sollte den Empfehlungen aus dem Fähigkeitsmanagement ▶ Kapitel 9.4 bzw. (Cimolino/Papke 2023) entsprechen!

9.3 Notwendige Änderungen an der FwDV 100 – Kritische Betrachtung

Andreas H. Karsten und Uwe Becker

Die Feuerwehrdienstvorschrift 100 ist die Führungsdienstvorschrift des deutschen Bevölkerungsschutzes. Sie stammt aus dem Jahre 1999 und ist in allen 16 Bundesländern per Erlass eingeführt. Nach nahezu 25 Jahren und vor dem Hintergrund der Katastrophen der letzten Jahre stellt sich die Frage, inwieweit die FwDV 100 überarbeitet werden muss. Oder ob die zukünftigen komplexen, hochdynamischen Lagen nur mit einer vollkommen neuen Führungsdienstvorschrift gemeistert werden können. National und international arbeiten derzeit eine Reihe von Gremien an neuen, standardisierten Führungsvorschriften, von der International Organization for Standardization (ISO) bis zur vfdb e. V.

So haben zum Beispiel Experten aus Praxis und Forschung, aus Behörden, Einsatzorganisationen und Unternehmen in mehreren Workshops von 2021 bis 2022 acht Thesen zur Zukunft der Stabsarbeit erarbeitet. Initiatoren der Diskussionen waren die Bergische Universität Wuppertal (Lehrstuhl Prof. Dr. Fiedrich) und der Verein Menschen in komplexen Arbeitswelten e. V.:

1. Die Rahmenbedingungen für die Stabsarbeit sind aktuell eher ungünstig und müssen verbessert werden.
2. Zukünftig werden die Anforderungen an Stäbe steigen.
3. Menschen tragen in der Stabsarbeit die Verantwortung und stehen dementsprechend im Mittelpunkt.
4. Der Umgang mit technischen Systemen, Techniken und Räumen muss angemessen sein.
5. Die Organisation muss den Anforderungen des Einsatzes entsprechen.

9.3 Notwendige Änderungen an der FwDV 100 – Kritische Betrachtung

6. Technische Systeme, Arbeitsmittel und Räume müssen den aktuellen Bedarfen und Möglichkeiten entsprechen und eine wirksame Stabsarbeit ermöglichen.
7. Die Weiterentwicklung der Stabsarbeit muss systematisiert werden.
8. Das Führungssystem der FwDV 100 bedarf einer gezielten Weiterentwicklung entsprechend zukünftigen Anforderungen.

Einigen der Thesen kann, ohne groß nachzudenken, zugestimmt werden. Andere sind eher zu diskutieren. Bevor die FwDV 100 als veraltet tituliert wird, soll ein Blick auf einige wichtige Prinzipien geworfen werden:

- Auftragstaktik
- Rationale Entscheidungsfindung
- Arbeitsteilung in Führungsgremien
- Ordnen von Raum, Zeit, Kräften und Informationen

Diese Führungsprinzipien sind Grundforderungen, die an eine moderne Führungsdienstvorschrift zu stellen sind. Diese Grundprinzipien finden sich in vielen Veröffentlichungen zur Führung seit mehr als 150 Jahren. So stellt von Moltke der Ältere Mitte des 19. Jahrhundert fest: »Als Regel ist festzuhalten, dass die Disposition [Befehl] alles das, aber auch nur das enthalten muss, was der Untergebene zur Erreichung eines bestimmten Zweckes nicht selbstständig bestimmen kann.« und »Der Vorteil, welcher der Führer durch ein fortgesetztes Eingreifen zu erreichen glaubt, ist meist nur ein scheinbarer. Er übernimmt damit Funktionen, zu deren Erfüllung andere Personen bestimmt sind, verzichtet mehr oder weniger auf deren Leistungen und vermehrt die Aufgaben seiner eigenen Tätigkeit in einem Maße, dass er sie nicht mehr sämtliche zu erfüllen vermag.« Und 2015 forderten McChrystal/Silverman/Collins, dass die Führungskräfte die Art, wie sie die Krisenbewältigung betrachten, ändern müssen: Anstatt sich darauf zu konzentrieren, Einsatzkräfte im Schadengebiet wie Schachfiguren hin und her zu verschieben, müssen sie sich auf das Ecosystem der Krise konzentrieren (»Wechsel vom Schachspieler zum Gärtner«).

Rationale Entscheidungen gibt es in der Abwehr von Katastrophen eher selten. Werden doch die weitreichenden Entscheidungen unter hohem Zeitdruck und unvollständigen Lageinformationen getroffen. In der Regel sind hier Heuristiken gefragt, die den Verantwortlichen die nötige Entscheidungssicherheit geben. Das ist grundsätzlich auch zulässig. Wären zu lange Wartezeiten auf Lageinformationen mögliche taktische Fehler, hilft die Intelligenz des Unbewussten, auch ohne weitreichendes Lagewissen, vernünftige Entscheidungen zu treffen (Gigerenzer 2008).

9 Steigerung der Resilienz

Fest steht: Eine gute Vorbereitung auf Katastrophen und dazu gehören unter anderem gut trainierte und qualifizierte Stäbe, reduzieren eine mögliche Chaosphase. Kurzfristig entfalten Maßnahmen dann ihre Wirkung.

Die Rahmenbedingungen für die Stabsarbeit sind aktuell eher ungünstig und müssen verbessert werden
Krisen müssen vor Ort bewältigt werden und somit auch dort qualitativ geführt werden. Dies führt allerdings ohne kommunale Zusammenarbeit zu der Herausforderung, mindestens 20 Führungsfunktionen für mehr als 400 Gebietskörperschaften mit qualifizierten, ausgebildeten und trainierten Personen 24/7 zu besetzten. Das bedeutet, dass in Deutschland mindestens 40 000 qualifizierte Personen zur Verfügung stehen müssen. Operative Stäbe der Landkreise und kreisfreien Städte rekrutieren Stabsmitarbeitende häufig aus den Feuerwehren. Der Brand- und Katastrophenschutz in Deutschland stützt sich weitgehend auf das Ehrenamt. Die Qualifizierung zur effektiven Stabsarbeit und der Kompetenz erhaltende regelmäßige Trainingsaufwand sind sehr aufwändig. Behördenübergreifende Stabsstrukturen könnten hier Abhilfe schaffen (vgl. die Ständigen Stäbe der Polizei NRW). Die Einsatzleitung verbleibt bei den örtlich Verantwortlichen (Bürgermeister:innen, Oberbürgermeister:innen, Landrat:in). Einige Stabsfunktionen werden allerdings von speziell ausgebildeten Personen, die nicht zwingend aus der betroffenen Behörde kommen, besetzt. Sie übernehmen neben ihrer eigentlichen Stabsfunktion auch die Funktion der »Korsettstangen« der Stabsarbeit. Für diese Aufgabe können auch erfahrende Personen genutzt werden, die nicht mehr aktiv in Behörden der Gefahrenabwehr arbeiten.

Weiterhin zu fragen ist, ob Spontanhelfende und sehr große Lagen (wie die Ahrtal-Katastrophe) mit der FwDV 100 geführt werden können. Dass Spontanhelfende mit der FwDV 100 zu führen sind, zeigte einer der Autoren (Karsten 2023) auf.

Grundsätzlich sind die in der FwDV 100 beschriebenen Führungsstrukturen skalierbar so lange die oben genannten Führungsprinzipien, unter anderem Auftragstaktik, Entscheidungsfindung, Arbeitsteilung in Führungsgremien und Ordnen von Raum, Zeit, Kräften und Informationen im Sinne der Dienstvorschrift, angewendet werden. Wichtig ist nur, dass alle Mitarbeitenden ausreichend qualifiziert sind und damit die Schnittstellen zwischen den Stäben aller Ebenen funktionieren.

Zukünftig werden die Anforderungen an Stäbe steigen
Aus den Erfahrungen der letzten Jahre (Flüchtlingskrise, Pandemie, vermehrte klimawandelbedingte Großschadenslagen) und allen Prognosen ist davon auszugehen, dass zukünftig häufiger Lagen mittels Stäben geführt werden müssen. Wie die

9.3 Notwendige Änderungen an der FwDV 100 – Kritische Betrachtung

kurze Aufzählung hier und die Einsatzschilderungen in diesem Buch zeigen, werden auch die zu beherrschenden Lagen immer komplexer und damit anspruchsvoller für jedes einzelne Stabsmitglied. Entscheidend ist, dass in den Stäben jeweils Expert:innen als Fachberatende eingesetzt werden. Wobei der Grundsatz der FwDV 100: »So wenig Personen im Stab wie möglich« immer zu beachten bleibt.

Darüber hinaus müssen Führungsstrukturen auf allen Ebenen eingerichtet werden. Das beginnt auf der Kommunalebene und endet auf der strategischen Ebene regelmäßig in den jeweiligen Innenbehörden auf Landesebene.

Insbesondere auf der Landes- und Bundesebene gilt das Ressortprinzip. In den Ländern und beim Bund gibt es keine Regelungen für eine horizontale Kommunikation, was eine inhaltliche Abstimmung erschwert. Eine vertikale Kommunikation aus den Innenbehörden der Länder zu den Kommunen ist hingegen durch das Katastrophenschutzrecht der Länder etabliert.

Menschen tragen in der Stabsarbeit die Verantwortung und stehen dementsprechend im Mittelpunkt

Beide Autoren sind vehemente Verfechter der Nutzung moderner Technologien im Bevölkerungsschutz. Trotzdem sind sie überzeugt, dass trotz den Möglichkeiten der KI letztendlich weiterhin der Mensch die Entscheidungen zu treffen hat. Menschen sind und bleiben auf absehbarer Zeit der entscheidende Faktor bei der Bewältigung von Krisen- und Katastrophenlagen.

Der Umgang mit technischen Systemen, Techniken und Räumen muss angemessen sein

Technische Systeme, die die Menschen unter Stress nicht beherrschen, sind nutzlos. Aber auch Prozeduren, Räume und deren Ausstattung sowie Ausstattungen, die den Stress erhöhen sind kontraproduktiv. Werkzeuge, die von Wissenschaftlern unter Laborbedingungen beherrscht werden, die allerdings einen hohen Schulungsbedarf bei den Stabsmitgliedern generieren, sind nicht einzusetzen. Es sollte das Prinzip »Keep it simple and stupid (KISS)« gelten.

Die Organisation muss den Anforderungen des Einsatzes entsprechen

Dies ist mit der FwDV 100 gegeben. Besonders auf eine Forderung der FwDV 100 soll hier besonders hingewiesen werden: Die Stäbe sind personell so gering wie möglich zu besetzen, ohne auf notwendige Kompetenzen zu verzichten. In den letzten Jahren fordern immer mehr »Spezialist:innen« als Fachberater:innen einen Platz in diversen Stäben ein. Dieser Trend ist dringend umzukehren.

9 Steigerung der Resilienz

Technische Systeme, Arbeitsmittel und Räume müssen den aktuellen Bedarfen und Möglichkeiten entsprechen und eine wirksame Stabsarbeit ermöglichen
Hier gilt das bereits oben Ausgeführte: Jede Möglichkeit, die Arbeit der Stabsmitglieder zu verbessern, ist zu nutzen. Jedem Trend, der die Arbeit behindert, ist nicht zu folgen.

Die Weiterentwicklung der Stabsarbeit muss systematisiert werden
Nach Ansicht der Autoren arbeiten derzeit zu viele Expertengruppen unabhängig voneinander an der Weiterentwicklung der Führungskapazitäten im Bevölkerungsschutz. Es fehlt derzeit an einer von allen anerkannten Plattform, auf der sich die Expert:innen offen austauschen können.

Das Führungssystem der FwDV 100 bedarf einer gezielten Weiterentwicklung entsprechend zukünftiger Anforderungen
Insbesondere die Inhalte des Kapitels 2 »Führung und Leitung« sind im Lichte moderner Ansätze von Führung zu bewerten. Beide Autoren sehen allerdings eher notwendige Anpassungen der FwDV 100 als radikale Änderungen. Bei der Darstellung der Führungsstile bedarf es vor dem Hintergrund neuer Herausforderungen, wie die Einbindung Externer (Spontanhelfende, Unternehmen), einer differenzierteren Aufarbeitung.

Durchweg enthält die FwDV 100 allgemeine Anforderungen und lässt einen großen Auslegungsraum offen. So kann das Führungssystem je nach Situation vor Ort und nach Schadenslage entsprecht angepasst werden. Ebenso können die operativ-taktische und die administrativ-organisatorische Komponente in einem oder zwei Gremien tagen. Diese Anpassungsfähigkeit und Flexibilität machten unterschiedlichste Lagebewältigungen wie die Schneekatastrophe im Münsterland oder den Waldbrand in Ludwigslust-Parchim möglich und ist positiv zu bewerten. Letzteres Beispiel wird in diesem Buch ausführlich behandelt.

Die Negativbeispiele (Ahrtal-Katastrophe) beruhen eher auf menschlichen Fehlern als auf einer veralteten Dienstvorschrift.

9.4 Fähigkeitsmanagement – Ein Weg zur planvollen gegenseitigen Unterstützung

Uwe Becker

Einleitung

Die bundeslandübergreifende Hilfeleistung im Katastrophenschutz bezieht sich auf die Zusammenarbeit und Unterstützung zwischen verschiedenen Ländern in Deutschland, um auf Naturkatastrophen, Notfälle und andere Katastrophen zu reagieren. In einer globalisierten Welt, in der Naturkatastrophen und andere Krisen nicht an Grenzen haltmachen, ist die Zusammenarbeit zwischen diesen von entscheidender Bedeutung, um Ressourcen, Fachwissen und Unterstützung effektiv zu bündeln.

Dies kann aufgrund verschiedener Herausforderungen und Schwierigkeiten komplex sein. Hier sind einige der Hauptprobleme, die bei der Koordinierung und Durchführung länderübergreifender Hilfeleistungen auftreten können:

1. **Unterschiedliche Rechtsgrundlagen**: Jedes Bundesland kann unterschiedliche Gesetze und Vorschriften für den Katastrophenschutz haben, was die Harmonisierung und Koordinierung erschweren können.
2. **Logistik und Infrastruktur**: Eine länderübergreifende Bereitstellung von Ressourcen und Fachkräften erfordert oft die Überwindung von logistischen Herausforderungen, wie Transport und Unterkunft.
3. **Ressourcenknappheit**: In Zeiten großer Katastrophen oder Notfälle können die Ressourcen in einem Bundesland bereits stark beansprucht sein, was die Bereitstellung von Hilfeleistungen für andere Bundesländer begrenzen kann.
4. **Kapazitätsprobleme**: Nicht alle Bundesländer verfügen über die gleiche Kapazität im Katastrophenschutz, was die Unterstützung von Bundesland zu Bundesland erschweren kann. Insbesondere ein unterschiedliches Verständnis bei der Definition taktischer Einheiten sorgt bei Anforderungen zu Nachfragen und Zeitverlusten.
5. **Finanzielle Aspekte**: Mit dem Einsatz von Einheiten aus anderen Bundesländern gehen immer Kosten einher. Dabei sollten fiskalische Überlegungen im Notfall keine Rolle spielen.
6. **Zeitliche Herausforderungen**: Schnelles Handeln ist in Notfallsituationen entscheidend, aber es kann Zeit in Anspruch nehmen, die notwendigen Absprachen zwischen den Bundesländern zu treffen.

Trotz dieser Herausforderungen ist die bundeslandübergreifende Hilfeleistung im Katastrophenschutz von großer Bedeutung, da sie die Bewältigung größerer Katastrophen und Notfälle ermöglicht. Um diese Schwierigkeiten zu überwinden, sind die Schaffung klarer Vereinbarungen, die Standardisierung von Verfahren und die Einrichtung von Kommunikationsstrukturen von entscheidender Bedeutung.

Um Anforderungsverfahren, Kommunikation und einsatzorganisatorische Hürden zu überwinden, wurde schon früh damit begonnen, ein System zu entwickeln, welches hilft, notwendige Fähigkeiten zu strukturieren und vergleichbar zu machen.

Mit dem Fähigkeitsmanagement wurde zunächst begonnen, eine Liste taktischer Einheiten zu erstellen. Es wurde schnell erkannt, dass diese Methode nicht zielführend ist. Zu groß sind die Unterschiede der Bezeichnungen von Einheiten in den Ländern.

Genese

Auf der 210. Innenministerkonferenz 2019 in Kiel haben die Innenminister und -senatoren der Länder den Stand und die künftigen Herausforderungen bei der Bekämpfung von Vegetationsbränden (Wald- und Flächenbränden) erörtert und den für Brand- und Katastrophenschutz zuständigen Arbeitskreis V der IMK beauftragt, eine Arbeitsgruppe »Nationaler Waldbrandschutz« der Länder einzurichten, um übergreifende Strategien und Handlungsansätze zu identifizieren.

In diesem Zusammenhang wurden von der Arbeitsgruppe Unterarbeitsgruppen eingerichtet, die spezifische Einzelthemen zu bearbeiten hatten, unter anderem auch das Thema »Fähigkeitsmanagement«.

Zu diesem Zeitpunkt wurde dieses Thema seitens des BBK gemeinsam mit den Ländern bereits diskutiert. Um doppelte Arbeit zu vermeiden, machte es Sinn, das Thema grundsätzlich aus der AG »Nationaler Waldbrandschutz« abzukoppeln und über die Bekämpfung von Wald- und Vegetationsbränden hinaus auch andere Fähigkeiten mitaufzunehmen. Zwar tagt die Unterarbeitsgruppe Fähigkeitsmanagement (FäM) noch unter dem Schirm der AKV Arbeitsgruppe, stellt aber mit ihrem Konzept (Stand März 2022) einen weiten Ansatz vor.

So ist es erklärtes Ziel, modularisierte Fähigkeiten für den länderübergreifenden Einsatz zu beschreiben. Hier sollen Fähigkeiten über objektiv beschreibbare Kennzahlen dargestellt werden. Damit besteht auch die Möglichkeit, Fähigkeiten zu kombinieren (z. B. Löschwasserförderung und Brandbekämpfung).

Rückblickend auf die eingangs dargestellten Herausforderungen, gehört auch Autarkie für eine gewisse Zeit zur Fähigkeitsbeschreibung.

9.4 Fähigkeitsmanagement

Bestehende Kataloge/Register der Bundesbehörden werden für Spezialfähigkeiten weiterhin geführt.

Das Konzept Fähigkeitsmanagement von Bund und Ländern (FäM) beschreibt die Verfahren wie Melden von Fähigkeiten, Anfordern von Fähigkeiten aber auch die Fähigkeiten selbst.

Melden von Fähigkeiten: Hierfür ist kann jeder Ressourcensteller eigenverantwortlich seine Daten eingeben und pflegen.

Anfordern von Fähigkeiten: Das Anfordern von Fähigkeiten erfolgt weiterhin mit Bezug zum »Konzept für eine bundesweite länderübergreifende Katastrophenhilfe (Stand 2014)«. Hierbei erfolgt die Anforderung bilateral zwischen den Innenbehörden der Länder oder multilateral unter Beteiligung des Gemeinsamen Melde- und Lagezentrums von Bund und Ländern (GMLZ). Als Hilfestellung dienen die im Konzept für länderübergreifende Hilfe definierten Formulare (BBK 2022).

Definition von Fähigkeiten: Die Grundidee ist es, kleinstmögliche, aber dennoch sinnvolle länderübergreifende Teilfähigkeiten zu beschreiben, damit diese sich nahtlos in eine schon bestehende Einsatzorganisation einfügen können. So beschreibt das Konzept jeweils die zu bewältigende Aufgabe, die hierzu notwendigen Kapazitäten und Hauptkomponenten (Führung, Fahrzeuge und Personal).

Damit kann die anfordernde Stelle im Baukastenprinzip Fähigkeiten zusammensetzen. Im Einzelnen sind im Konzept (Fähigkeitsmanagement von Bund und Ländern (FäM), BBK, Ausgabe 2.0, März 2022) folgende Fähigkeiten zu finden:

Bezeichnung	Aufgabe	Bemerkung
Brandbekämpfung (bodengebunden)	Eigenständige Brandbekämpfung am Boden	Die notwendige Löschwasserförderung für einen kontinuierlichen Einsatz durch Auffüllen der Löschmittelbehälter der Fahrzeuge muss bspw. durch ein Modul Löschwassertransport sichergestellt werden.

9 Steigerung der Resilienz

Bezeichnung	Aufgabe	Bemerkung
Brandbekämpfung von Flächenbränden (Vegetationsbränden)	Beitrag zur eigenständigen bodengebundenen Brandbekämpfung ausgedehnter Wald- und Vegetationsbrände in unwegsamen Geländen	
Transport von Löschwasser – fahrzeuggebunden	Beitrag zum straßengebundenen Löschwassertransport bei der Bekämpfung ausgedehnter Wald- und Vegetationsbrände	Löschwasserpufferung muss bspw. durch ein Modul Löschwasserentnahme und -befüllstation sichergestellt werden.
Transport von Löschwasser – fahrzeuggebunden, geländefähig	Beitrag zum Löschwassertransport (Heranführen an die Einsatzstelle) bei der Bekämpfung ausgedehnter Wald- und Vegetationsbrände	
Förderung von Löschwasser – B-Schlauch	Beitrag zur Löschwasserförderung (Förderstrecke) bei der Bekämpfung ausgedehnter Wald- und Vegetationsbrände	
Förderung von Löschwasser – F-Schlauch	Beitrag zur Löschwasserförderung (Förderstrecke) oder Flutung von Geländeflächen bei der Bekämpfung ausgedehnter Wald- und Vegetationsbrände	
Löschwasserentnahme und -befüllstation – bodengebundene Brandbekämpfung	Beitrag zur Löschwasserversorgung für die bodengebundene Brandbekämpfung ausgedehnter Wald- und Vegetationsbrände	
Löschwasserentnahme und -befüllstation – luftgebundene Brandbekämpfung	Beitrag zur Löschwasserversorgung bei der luftgebundenen Bekämpfung ausgedehnter Wald- und Vegetationsbrände	
Einrichtung und Betrieb von Führungsstellen	Bedarfsorientierte Einrichtung und Betrieb von Führungsstellen mit Stab in Führungsstufe D	

9.4 Fähigkeitsmanagement

Bezeichnung	Aufgabe	Bemerkung
Einrichtung und Betrieb einer Einsatzabschnittsleitung Flugbetrieb sowie Landeplätze	Einrichtung und Betrieb einer Einsatzabschnittsleitung für den Flugbetrieb (Helikopter) sowie Betrieb von Landeplätzen	
Einrichtung und Betrieb von Bereitstellungsräumen	Registrierung und Koordination von 500 Einsatzkräften an einem Ort, sowie Vorhalten einer Infrastruktur zum temporären Aufenthalt von Einsatzkräften	
Einrichtung von Brandschneisen und andere Präventionsmaßnahmen	Verhindern/Erschweren einer Ausbreitung von Vegetationsbränden	
Autarkie – klein	Mindestversorgung für 48 h (Liegenschaft mit intakter Ver-/Entsorgung vor Ort nutzbar)	
Autarkie – groß	Mindestversorgung für 48 h (keine Liegenschaft nutzbar)	

Für die Förderung von Löschwasser – F-Schlauch sind beispielhaft folgende Hauptkomponenten vorgesehen:
- Führung gemäß Stufe B (FwDV 100)
- 1 × ELW 1 oder KdoW, geländefähig
- 1 × GWL
- 1 × LF 20 KatS (oder vergleichbar)
- 1 × HFS-System (oder vergleichbar
- 1/3/7/11 (max. Einsatzstärke erweiterter Zug)

Kritische Betrachtung

Ein ausgeklügeltes System eines »Fähigkeitsmanagements« ist der richtige Schritt in Richtung kompatibler Austausch von Einsatzeinheiten, sind hier doch die wesentlichen Parameter festgelegt. Dazu gehören unter anderem der taktische Wert der Einheit, die Hauptkomponenten und die Einsatzstärke des Personals. Die Führungskomponente als Single Point of Contact (SPOC) der Einheit hilft, die Fähigkeit ins eigene Einsatzkonzept einzubinden.

Beim BBK soll eine Datenbank entstehen, die insbesondere den Ländern zur Verfügung steht.

Zu schön wäre der Gedanke, dass im Falle der Notwendigkeit der zuständige Stab in die Liste eines »Markts der Möglichkeiten« schauen und die erforderlichen Einheiten durch Kurzauswahl einfach abrufen könnte.

Die Anforderungen dürfen allerdings nicht direkt aus dem Stab der Kommunen kommen, sondern sollten immer über die Innenbehörden der Länder an das BBK gesteuert werden. Nur so hat das Land die Sicherheit, bei mehreren Ereignissen im Land Einheiten bedarfsgerecht zu steuern.

Damit den Ländern eine aussagekräftige und nützliche Liste zur Verfügung steht, müssen:
1. alle Länder ihre Fähigkeiten identifizieren und zur Verfügung stellen.
2. alle Länder die identifizierten Fähigkeiten in der Datenbank pflegen (Meldedisziplin).
3. anfordernde Länder sparsam mit den zur Verfügung gestellten Ressourcen umgehen.
4. Bundesbehörden (Bundespolizei, Bundeswehr) eigene Fähigkeiten dem Prozess zur Verfügung stellen.

Gerade letzteres ist kompliziert, da diese Behörden eigene Aufgaben zu bewältigen haben, was gleichzeitig einem institutionalisierten Hilfeleistungsversprechen widerspricht.

Ein gegenseitiges kostenfreies zur Verfügung stellen von Einheiten ist wahrscheinlich nicht möglich, entstehen dem entsendenden Land doch hohe Einsatzkosten.

Die Verwaltungsverfahrensgesetze der Länder und des Bundes regeln im Allgemeinen die Kostenfrage. Das bedeutet aber, dass die anfordernden Kommunen entsprechende Titel und Haushaltsmittel vorsehen müssen. Anders als bei ad hoc-Beschaffungen in einer Krise ist in der Regel genügend Zeit, die Sonderbedarfe im Haushalt zu beschaffen.

9.5 Aufgabenverteilung Bund-Länder (Änderung GG – Aufhebung Zivil- und KatS)

Leon Eckert – Mitglied des Bundestages und Anja Kleinebrahn – Wissenschaftliche Mitarbeiterin Katastrophenforschungsstelle am Institut für Sozial- und Kulturanthropologie, FU Berlin

Einleitung

Im Sommer 2021 erschütterten Bilder von extremen Fluten und Zerstörung die Bundesrepublik Deutschland. 230 Tote forderte Sturmtief Bernd europaweit (DKKV 2022). Die offensichtliche Erkenntnis in diesen Tagen war, dass verschiedene Abläufe der Krisenbewältigung – etwa im Hinblick auf den Bereich (Früh-)Warnung oder Ressourcenkoordinierung – schlecht oder gar nicht funktionierten. Mit der Frage: »Was lief falsch und wie könnten wir diese Fehler für die Zukunft beheben?« haben sich sowohl zwei Untersuchungsausschüsse in Nordrhein-Westfalen und Rheinland-Pfalz, also auch zahlreiche Forscherinnen und Forscher, Journalistinnen und Journalisten sowie Einsatzkräfte beschäftigt.

Dieser Beitrag greift diese Fragen auf und beleuchtet vor dem Hintergrund der aktuellen rechtlichen und politischen Ausgangslage im Bereich der Koordination im Bevölkerungsschutz auf struktureller Ebene zwei Problemstellungen: zum einen im Bereich des staatlichen Krisenmanagements auf der Bundesebene, zum anderen im Bereich der Koordinierung zwischen den Bundesländern, die auch im Einsatz im Ahrtal 2021 zu Problemen führte. Darauf aufbauend sollen mögliche Änderungsvarianten der (gesetzlichen) Rahmenbedingungen vorgestellt werden. In einem Fazit werden abschließend ergriffene Maßnahmen der 17 deutschen Innenministerinnen und Innenminister reflektiert und in diesem Zuge ein potenzieller Weg für eine bessere Koordination aufgezeigt.

Ausgangslage

Rechtliche Ausgangslage
Um der Bevölkerung zu helfen, die von Unglücken, Naturkatastrophen oder kriegsbedingten Gefahren betroffen sind, sieht das Grundgesetz verschiedene Zuständigkeiten vor: Der Zivilschutz ist Aufgabe des Bundes, Katastrophenschutz und die Gefahrenabwehr Länderaufgabe.

9 Steigerung der Resilienz

Trotz bzw. wegen dieser unterschiedlichen Zuständigkeiten soll ein sogenanntes »integriertes Hilfeleistungssystem« entstehen. Das bedeutet, dass die vom Bund im Rahmen des Zivilschutzes bereitgestellten Ressourcen von den Ländern im Katastrophenschutz genau wie ihre eigenen Mittel eingesetzt werden können. Ebenso stellen die in den Ländern im Katastrophenschutz tätigen Organisationen ihre Kräfte und Fähigkeiten dem Bund für den Verteidigungsfall zur Verfügung. Durch dieses System sollen die Ressourcen von Bund, Ländern und privaten Hilfsorganisationen eng ineinandergreifen (Geier 2021). Der Bund unterstützt die Länder auf Anforderung durch Hilfeleistung mit dem THW, mit Einheiten der Bundespolizei oder der Bundeswehr. Die Gesamteinsatzleitung verbleibt jedoch bei den dafür geschaffenen Strukturen der Bundesländer. Die Länder können sich ebenfalls gegenseitig über Hilfeleistungen unterstützen (Deutscher Bundestag 2020).

Politische Ausgangslage
In den letzten 30 Jahren gab es in der Bevölkerungsschutzpolitik aufgrund der veränderten sicherheitspolitischen Lage eine deutliche Fokussierung auf den Bereich des Katastrophenschutzes. Auf Bundesebene sind in diesem Zuge mit der Gründung des Bundesamtes für Bevölkerungsschutz und Katastrophenhilfe (BBK) und der Ausrichtung von THW und BBK auf den Katastrophenschutz die letzten größeren strukturellen Veränderungen auf Bundesebene eingeleitet worden (Wendekamm/Feißt 2015). Zur Koordinierung von Einsätzen wurde 2002 das Melde- und Lagezentrum (GMLZ) gegründet und ca. ein Jahr nach der Flut in NRW und Rheinland-Pfalz im Sommer 2022 das Gemeinsame Kompetenzzentrum Bevölkerungsschutz (GeKoB) eingerichtet. Tendenziell sind mit der abnehmenden Fokussierung auf den Zivilschutz einheitliche Normen und Abläufe weiter abgebaut worden. So wurden 1997 die vom Bund vorgegebenen Richtlinien Katastrophenschutz-Dienstvorschrift außer Kraft gesetzt und die Länder haben eigenständige Richtlinien erlassen. Dabei ist die Problemanalyse bzw. Erkenntnis, dass durch die fehlenden Strukturen zwischen den Ländern Schwierigkeiten in der Koordination auftreten können, nicht neu. So dokumentieren es eine Reihe von Vorschlägen, wie zum Beispiel der der Arbeitsgemeinschaft der Berufsfeuerwehren (AGBF). Dort heißt es in einer Fachempfehlung von 2013: »Es gibt in Deutschland keine Institution, die in der Lage wäre oder berechtigt ist, bei länderübergreifenden Gefahrenlagen den Bundesländern verbindliche Handlungs- bzw. Einsatzaufträge zur gegenseitigen und koordinierten Hilfeleistung zu erteilen.« (AGBF 2013) Die Einrichtung des GLMZ und aktuell des GeKoB zeigen ebenfalls, dass wohl ein generelles Problembewusstsein hinsichtlich der Koordinierungsproblematik zwischen den Ländern vorhanden ist.

9.5 Aufgabenverteilung Bund-Länder

Probleme im länderübergreifenden Katastrophenschutz

Koordinierung der Hilfeleistung zwischen den Bundesländern
Anhand der derzeit notwendigen Schritte, die ein Bundesland zur Anforderung von Hilfeleistung eines anderen Bundeslands einleiten muss, lässt sich exemplarisch erkennen, wie umständlich sich die Zusammenarbeit zwischen den Bundesländern im Falle einer länderübergreifenden Lage darstellt. Für die Anforderung von Einsatzkräften zwischen den Ländern bestehen derzeit zwei grundsätzliche Wege. Entweder die Einsatzkräfte sind vorher verabredet und dadurch der Einsatzleitung bekannt, sie können also direkt angefordert werden, oder die Einsatzkräfte sind nicht vorher verabredet und der Einsatzleitung unbekannt. In diesem Fall kann eine Anforderung von sog. Engpassressourcen (also Kräfte und Mittel, die als Unterstützung bei der Bewältigung von Ereignissen notwendig sind, aber eben nicht unmittelbar, zeitnah und ausreichend am Ort des Geschehens zur Verfügung stehen) an das GMLZ übermittelt und anschließend über ebendieses an die Länder weitergegeben werden. Die anderen Länder können dann zurückmelden, ob und welche Ressourcen bereitgestellt werden könnten. Das anfordernde Land wählt dann aus diesem Angebot aus (Pohlmann 2015). Gerade in einer akuten Einsatzlage ist der zweite Weg oft zu langwierig, was sich auch in der Ahrtal-Katastrophe zeigte. Der Untersuchungsausschuss Rheinland-Pfalz beschäftigte sich unter anderem mit der Anforderung von Hubschraubern mit Winden aus Hessen. Diese waren zum damaligen Zeitpunkt auch in den Plänen für die Rettung von Menschen in Rheinland-Pfalz eingeplant, da das Land 2021 keine eigenen Hubschrauber mit Winden vorhielt. Der Anforderungsweg über das hessische Innenministerium dauerte im konkreten Fall so lange, dass der Hubschrauber letztlich ohne formelle Anforderung startete (Kirschstein 2023). Auch die Strömungsretter der bayerischen Wasserwacht – Experten, die in der vorherrschenden Lage wertvolle Hilfe hätten leisten können – hatten sich einsatzbereit aufgestellt, wurden letztlich allerdings nicht mehr rechtzeitig angefordert (Lorenz 2022).

Zu diesem im Zweifel zu langen Anforderungsweg kommt zusätzlich die unterschiedliche Vorplanung von Einheiten zur überörtlichen Hilfeleistung. So existieren in jedem Bundesland andere Konzepte: von der Kreisbereitschaft in Niedersachen bis zum Hilfeleistungskontigent in Bayern. Außerdem gibt es mitunter noch Variationen in den Hilfsorganisationen, so dass der Anfordernde oft nicht sicher weiß, welche Fähigkeiten die anrückenden Einheiten genau mitbringen.

Ein fehlender Überblick und gegenseitige Verständigungsprobleme über die Fähigkeiten der verschiedenen Einheiten sind also im bestehenden System angelegt.

9 Steigerung der Resilienz

Warnung: Ein Koordinierungsproblem vor und nach der Flutkatastrophe
In den Abgrenzungen der Zuständigkeiten zwischen den bundesstaatlichen Ebenen zeigt das Beispiel der Warnung am besten die auftretenden Koordinierungsprobleme. Die Bürgerinnen und Bürger sollen vor kriegerischen Auswirkungen (Bund), Katastrophen (Länder/Kommunen) und örtlichen Großschadenslagen wie einem Großbrand (Länder/Kommunen) gewarnt werden. Das heißt im Umkehrschluss, dass für die Warnung alle Ebenen verantwortlich sind. Durch den Rückzug des Bundes aus der eigenständigen Aufrechterhaltung des Warnsystems für den Zivilschutzfall kam es zu unterschiedlichen Lösungen in den Bundesländern – meistens mit einer lückenhaften Warnabdeckung, wie insbesondere der Warntag 2020 zeigte. Während nach der Flut von 2021 im Ahrtal der Bund Cell-Broadcasting nach europäischem Standard eingeführt hat, bleiben Fragen nach den Investitionskosten und dem Unterhalt von Sirenen auch nach der Flutkatastrophe ungelöst. Die Innenministerkonferenz einigte sich 2019 auf einheitliche Warnsignale; diese sind jedoch noch immer nicht von allen Ländern umgesetzt worden. Gleichzeitig ist die IMK über die Absichtserklärung einer Finanzierungsvereinbarung über die Sireneninvestitionen nicht hinausgekommen. Diese Verantwortungsdiffusion innerhalb der Bundesrepublik Deutschland fand 2021 in Rheinland-Pfalz ebenso statt (Zwischenbericht Enquete-Kommission 2023).

Gegenseitige Verantwortungszuschreibung und Finanzierungsverschiebungen sowie die mangelnde Bereitschaft, getroffene Vereinbarungen im jeweiligen Bundesland umzusetzen, sind durch die Aufteilung der Aufgaben im Bevölkerungsschutz bei der Warnung, aber auch in anderen Bereichen, systemisch bedingt.

Ansätze zur Problemlösung

Beide Beispiele zeigen: Die Akteure aus Bund und Ländern verhalten sich so, dass sie das Beste für ihre jeweilige politische Ebene herausholen. Investitionen in Infrastruktur oder Absprachen, die in erster Linie nicht einem selbst, sondern den anderen Bundesländern zugutekommen, sind erschwert, koordinierte Lösungen brauchen lange und sind in der Umsetzung inkonsequent.

Im Fokus der Lösung der oben beschriebenen Probleme muss also ein Mechanismus zur Regelsetzung sein, der gemeinsame Ergebnisse zwischen den Ländern findet und diese anschließend auch verbindlich implementiert. Im Folgenden wird auf vier mögliche Varianten eingegangen, wie solche verbindlichen Regeln gesetzt werden könnten. Dabei wird jeweils der Aspekt der Regelsetzung und der Regelimplementierung betrachtet.

9.5 Aufgabenverteilung Bund-Länder

1. Innenministerkonferenz als Lösungsmechanismus
Die Innenministerkonferenz beschäftigt sich regelmäßig mit dem Thema Katastrophenschutz. Die dort getroffenen Entscheidungen und die Bearbeitung der Themen finden im Arbeitskreis V (AK V) statt. Die Beschlüsse der IMK sind in diesem Themenfeld meistens einstimmig. Das heißt, dass die Struktur der IMK grundsätzlich einheitliche Ergebnisse für die (potenzielle) Regelsetzung im Katastrophenschutz hervorbringt, wie eben beim genannten Beispiel der Sirenensignale, aber auch in den Bereichen Waldbrand oder Stabsarbeit. Auf die konkrete Umsetzung in den Ländern hat die IMK allerdings keine Einfluss- bzw. Durchsetzungsmöglichkeit.

Ein Lösungsansatz in diesem Zusammenhang wäre es, wenn die IMK einen Umsetzungsmechanismus beschließen würde, der eine gegenseitige Kontrolle beinhaltet, die z. B. politisch Druck auf die Länder ausübt, die die vereinbarten Regelungen nicht umsetzen. Da hier keine rechtlich verbindlichen Strukturen implementiert werden, würde es sich um eine Optimierung der bestehenden Strukturen handeln.

2. Verbindliche Vereinbarung zwischen den Ländern ohne den Bund
Eine Möglichkeit über den bestehenden Status der Koordination in der Innenministerkonferenz ist eine verbindliche Vereinbarung zwischen den Bundesländern. Hierbei können die Länder auch eine Lösung ohne den Bund finden. Ein Beispiel für eine solche Struktur wäre der von der AGBF vorgeschlagene Führungsstab der Länder, an den Kompetenzen der Länder übertragen werden, ohne dass der Bund Teil dieser Struktur ist. Damit wäre die Verbindlichkeit in der Umsetzung der gemeinschaftlich gefundenen Regeln durch die vorher getroffenen Vereinbarungen deutlich erhöht. Dies könnte im Rahmen eines Staatsvertrages umgesetzt werden (AGBF 2013).

3. Grundgesetzänderung und Zentralstellenfunktion
Die debattierte Lösung unter dem Stichwort Grundgesetz ist die Verankerung des BBK als Zentralstelle (Deutscher Bundestag, Zentralstellen 2022). Dabei handelt es sich nur um eine Zentralstellenfunktion, also eine Koordinationsrolle und nicht um die Übernahme der Aufgaben selbst. Allerdings ist nicht geklärt, wie stark die Rechte einer Zentralstelle gegenüber den Ländern sind. In der Regel wird die Zentralstellenfunktion in ihrer Kompetenzzuschreibung auf die Koordinierung von länderübergreifenden Aufgaben definiert. Diese kann man in zwei Kategorien teilen: Die erste Möglichkeit wäre, die Zentralstellenfunktion mit den Ländern zu konzipieren. Dabei können die Länder in der länderübergreifenden Koordination mitentscheiden. Die Länder sitzen mit in der Koordinierungsgruppe, die dann in einem entsprechenden

Entscheidungsmechanismus verbindliche Entscheidungen für alle setzt. Die zweite Variante wäre die Zentralstellenfunktion ohne die Länder zu konzipieren. Hier können die Länder in der länderübergreifenden Koordination nicht mitentscheiden. Der Bund hätte Durchgriffsrechte bzw. würde alles Übergreifende regeln.

4. Grundgesetzänderung Aufgabenübernahme

Eine weder allzu realistisch noch sinnvolle weitere Variante (die hier in erster Linie der Vollständigkeit halber erwähnt wird) ist darüber hinaus die theoretische Möglichkeit die Verantwortung für den Katastrophenschutz komplett an den Bund zu übertragen, womit alle gesetzgeberischen Kompetenzen auf den Bund übergehen würden. Eine Variante, die zu einer erheblichen Veränderung führen würde und bestehende gute Strukturen gefährden könnte. Eine solche Aufgabenübernahme wäre jedoch nur durch eine Grundgesetzänderung möglich.

Fazit

Grundsätzlich ist der Bevölkerungsschutz in Deutschland stark und hat großes Potential. Es gibt in verschiedenen Bereichen ein hohes Maß an Expertise. Umso bedauerlicher ist es, wenn all dies im Fall der Fälle nicht bestmöglich eingesetzt werden kann, v. a. dann, wenn es letztlich an formalen Aspekten scheitert. Die Flutkatastrophe 2021 hat gezeigt, dass die Kooperation der Behörden innerhalb der Länder Rheinland-Pfalz und Nordrhein-Westfalen Schwächen aufweisen und auch die Kooperation zwischen den Bundesländern verbesserungswürdig ist. Künftig lässt sich eine Zunahme von Großschadenslagen erwarten und fordert so die Kooperation zwischen den Behörden im besonderen Maße. Das eingangs beschriebene System der Aufgabenteilung kommt so an seine Belastungsgrenzen. Um die Herausforderungen auch in Zukunft zu bewältigen, braucht das System eine Verbesserung. Das Problem ist erkannt, mögliche Lösungswege wurden in diesem Text aufgezeigt.

Auch die 17 Innenministerinnen und Innenminister sind sich der Koordinierungsprobleme zwischen den Ländern grundsätzlich bewusst. Gewählte Koordinierungslösungen wie das GLMZ oder das GeKoB bleiben allerdings hinter ihren Erwartungen zurück. Das GeKoB wurde als Koordinierungsplattform angekündigt (Verwaltungsvereinbarung Bund – Länder 2022), wird aber zugleich von eigenen Mitgliedern als nicht koordinierungsfähig bewertet (Anfrage Lippmann 2023).

Für den politischen Raum bedeutet dies: Es braucht Führung, um einen der Wege einzuschlagen und (konsequent) durchzusetzen bzw. beizubehalten. Was im Bevölkerungsschutz im Kleinen gilt, sollte auch im Großen gelten: Sich aufeinander verlassen können und jeweils alles dafür tun, dem anderen schnell zu helfen. Dafür braucht es verlässliche Abstimmung und bessere Koordination. Sollten die Länder diese in ihrem Aufgabebereich liegende Verantwortung nicht wahrnehmen, muss im Zweifel der Bund die Weichen stellen.

9.6 Zukunftsforum Öffentliche Sicherheit (ZOES)

Albrecht Broemme, Brandassessor und ehemaliger Präsident der Bundesanstalt Technisches Hilfswerk

Was folgt aus den Hochwasser-Katastrophen im Juli 2021 für die Aufgabenverteilung Bund-Länder-Kommunen? Wie unterscheidet sich die Diskussion im Vergleich zur Hochwasser-Katastrophe im Weißeritz-Tal im August 2002?

Die Hochwasser an der Elbe (Mulde und anderen Nebenflüssen) im Jahr 2002 und an der Ahr, der Erft und anderen Flüssen rund zwanzig Jahre später, hatten viel zu viele Todesopfer und viel zu hohe Sachschäden zur Folge. Nach nahezu allen größeren Katastrophen beginnt eine Diskussion über Verbesserungen bei der Gefahrenabwehr – Resilienz und Prävention kommen dagegen eher zu kurz. Es wird regelmäßig nach mehr Verantwortung durch »den Bund« gerufen sowie nach besserer Abstimmung zwischen den Ländern und den Kreisen. Der Beweis, dass eine regionale Katastrophe, von der mehrere Landkreise oder (Bundes-)Länder betroffen sind, von einer »Zentralstelle in Bonn oder in Berlin« besser gemanagt werden kann, wird nicht zu führen sein. Deshalb wird der Bevölkerungsschutz kein Grund dafür sein, die föderalen Strukturen Deutschlands »auf den Kopf zu stellen«. Zu überwinden sind hingegen die Ressort-Egoismen sowie ein unsinnig praktizierter Föderalismus.

In Deutschland gab es in den letzten Jahrzehnten mehrere Hochwasser-Katastrophen. Sie betrafen einen Landkreis, mehrere (Bundes-)Länder oder Deutschland samt Anrainerstaaten. Beispiele sind die Hochwasser in Simbach bzw. im Landkreis Rottal/Inn am 1. Juni 2016, die »Elbe-Flut« in Sachsen, Sachsen-Anhalt und Niedersachsen im August 2002 oder das »Ahr-Hochwasser« in Deutschland, Luxemburg und Belgien am 14. Juli 2021.

Bei der »Jahrhundertflut« 2002 starben insgesamt mehr als 40 Menschen in den Fluten von Elbe, Mulde und Weißeritz. Die materiellen Schäden werden auf über 20 Milliarden Euro beziffert, wovon 8,6 Milliarden Euro auf Sachsen entfallen. Die Ursache war ein Starkregen am 12. August 2002 im Zinnwald im östlichen Erzgebirge mit bis zu 310 Litern pro Quadratmeter. Eineinhalb Wochen später, am 21. August erreichte die Flutwelle Niedersachsen – es gab daher (eigentlich) noch eine Zeitspanne um Schutzmaßnahmen zu treffen und die Bevölkerung zu informieren. Beim Hochwasser an der Ahr hingegen stürzte sich die bis zu acht Meter hohe Flutwelle innerhalb von wenigen Stunden vom Flussoberlauf durch das enge Ahrtal bis zur Mündung in den Rhein. Die Warnung der Bevölkerung war weder geplant noch technisch möglich.

Hinsichtlich des Ausmaßes der Zerstörungen und der langfristigen Folgen gilt allerdings die »Magdalenen-Flut« vom Juli 1342 als die schlimmste Hochwasserkatastrophe in Mitteleuropa. Sie wurde von Zeitgenossen als Wiederkehr der Sintflut gedeutet. Dieses Hochwasser war vermutlich durch eine massive Schneeschmelze in Verbindung mit ausgetrockneten Böden und ergiebigen Starkregen verursacht. Unmittelbar kamen mehrere 10 000 Menschen ums Leben. Die vernichtete Ernte und verwüstete Äcker führten anschließend zu mehrjährigen Hungersnöten in Zentral-Europa.

Während die Starkregen der zurückliegenden fünfundzwanzig Jahre in Deutschland zu Niederschlägen zwischen 150 und 200 Litern pro Quadratmeter führten, gab es Anfang August 2023 in Slowenien (sowie Österreich und Kroatien) Niederschläge von bis zu 300 Litern pro Quadratmeter und in Zentral-Griechenland (Tessalien, Larissa) sogar bis zu 1 000 Liter pro Quadratmeter. Das zeigt, dass in Europa extreme Niederschläge möglich sind. Die erforderlichen Vorbereitungen betreffen alle Bereiche der Verwaltung, der Wirtschaft, der Forschung und der Bevölkerung. Am meisten tun, müssen die Kommunen sowie die Kreise. Länder und Bund haben überwiegend koordinierende Aufgaben sowie die Steuerung über die Finanzierung. Auch der Katastrophenschutz muss sich noch besser den Klimafolgen anpassen, ist aber bei der Verbesserung der Resilienz nur ein verhältnismäßig kleiner Player.

»Es muss immer erst etwas passieren, damit etwas passiert« stellte der damalige Bundesinnenminister Dr. Wolfgang Schäuble MdB fest.

Nach dem »Elbe-Hochwasser« 2002 gab die Landesregierung von Sachsen den »Kirchbach-Bericht« in Auftrag, den der Generalinspekteur der Bundeswehr a. D. und damalige Präsident der Johanniter-Unfall-Hilfe (JUH) anfertigte. Dieser Bericht umfasst 250 Seiten und regte mehrere Punkte an, von denen viele angepackt und umgesetzt wurden. Neben verbesserten Regelungen des Katastrophenschutz-Rechts müssen die widersprüchlichen Ziele von Landschaftsschutz, Hochwasserschutz und Finanzierung aufgelöst werden.

Nach den Unwetterkatastrophen 2021 gaben die Landesregierung von Nordrhein-Westfalen und das Innenministerium von Rheinland-Pfalz beim Verfasser je einen »Bericht über Strategien zur Vorbeugung, Vorbereitung, Koordinierung,

9.6 Zukunftsforum Öffentliche Sicherheit (ZOES)

Nachbereitung und zur verbesserten Resilienz bei Unwetterereignissen« in Auftrag. Diese Berichte mussten unter Corona-Bedingungen erstellt werden und umfassen jeweils 25 Seiten. Einer der inzwischen (bundesweit) umgesetzten Punkte ist die Organisation von »Katastrophen-Leuchttürmen« bzw. Info-Punkten für die Bevölkerung in Ortsteilen. Hingegen kam die Errichtung von zusätzlichen Hochwasser-Messpegeln – insbesondere an Zuflüssen und kritischen Bächen – leider nicht voran.

In Anbetracht der rund 180 Todesopfer in Rheinland-Pfalz und Nordrhein-Westfalen wurde vom Bund und den Ländern entschieden, die Warnmöglichkeiten für die Bevölkerung kurzfristig zu verbessern: Ein Sirenennetz wird wieder aufgebaut sowie Cell-Broadcast mit eingesetzt. An jedem zweiten Donnerstag im September findet um elf Uhr ein bundesweiter Warntag statt – inzwischen (2023) zum zweiten Mal mit wachsendem Erfolg.

Außerdem wurde beim »Bundesamt für Bevölkerungsschutz und Katastrophenhilfe (BBK)« damit begonnen, das GeKoB zu installieren. Dieses »Gemeinsame Kompetenzzentrum Bevölkerungsschutz« soll das risiko-, gefahren- und lagebezogene Informations- und Koordinationsmanagement zwischen Bund und Ländern optimieren. Bisher fehlen allerdings noch die Kommunen, die Wirtschaft, die Wissenschaft und vor allem die »Blaulicht-Familie«.

In den Jahren 2022 und 2023 hat sich die Bundesregierung zweimal mit Strategien zur Inneren Sicherheit befasst. Das Kabinett hat hierzu folgende Dokumente veröffentlicht:

- die **Deutsche Strategie zur Stärkung der Resilienz gegenüber Katastrophen** (»Sendai-Papier«, 120 Seiten) vom 13. Juli 2022, die unter Federführung des Bundesministeriums des Innern und für Heimat (BMI) erarbeitet wurde und
- die **Nationale Sicherheitsstrategie der Bundesrepublik Deutschland** vom 14. Juni 2023, erarbeitet unter Federführung des Auswärtigen Amtes (AA).

Beide Papiere betreffen alle Bundes-Ressorts und wurden mit diesen abgestimmt. Eine Abstimmung mit Ländern, Kommunen, anderen staatlichen und nicht-staatlichen Akteuren sowie der Forschung gab es nicht. Die Umsetzung der Beschlüsse von Sendai ist für alle 45 Staaten bis 2030 verpflichtend, die das Abkommen unterschrieben haben – so auch für die Bundesrepublik Deutschland. Dieser Top-Down-Prozess kam bei Kommunen, Landkreisen, der Wirtschaft und der »Blaulicht-Familie« bisher kaum an.

Zu den Naturgefahren zählen in Deutschland vor allem hydrometeorologische Gefahren, darunter Hochwasser, schwere Unwetter wie Stürme oder Starknieder-

9 Steigerung der Resilienz

schläge, Temperaturstürze, Hitzewellen und Dürren sowie umweltbezogene Gefahren wie Vegetationsbrände. Außerdem sind geologische Gefahren, z. B. Erdrutsche und Erdbeben, Vulkanausbrüche, sowie extraterrestrische Gefahren wie etwa ein Meteoriteneinschlag zu beachten.

»Resilienz beschreibt die Fähigkeit eines Systems, einer Gemeinschaft oder einer Gesellschaft, sich rechtzeitig und effizient den Auswirkungen einer Gefährdung widersetzen, diese absorbieren, sich an sie anpassen, sie umwandeln und sich von ihnen erholen zu können. Eine wichtige Voraussetzung dafür ist die Erhaltung und Wiederherstellung ihrer wesentlichen Grundstrukturen und Funktionen durch Risikomanagement.« Definition der Vereinten Nationen

Eine erfolgreiche Resilienz ist gekennzeichnet durch Optimismus, Akzeptanz, Lösungsorientierung, das Verlassen der Opferrolle, ein Erfolgsnetzwerk, positive Zukunftsplanung und Selbstreflexion. Insbesondere die Selbstreflektion erfordert Kritikfähigkeit und den Willen, aus Fehlern zu lernen. Dieser Punkt wird in Deutschland regelmäßig ersetzt durch die Suche nach den (vermeintlich) Schuldigen. Hinzu kommt die zu beklagende »Katastrophen-Demenz«: nach einem halben Jahr ist die Hälfte vergessen, nach einem Jahr nahezu alles.
Die Resilienz umfasst folgenden Regelkreis:
1. Risiken verstehen.
2. Institutionen stärken und Risiken steuern.
3. In Vorsorge investieren.
4. Vorbereitung verbessern und wirksamer reagieren.

Der Anlass für eine Gefährdung ist unerheblich. So kann z. B. eine Hochwasserwelle durch einen bei Hochwasser gebrochenen Deich oder durch einen geborstenen Staudamm oder durch Terroranschläge oder durch Starkregen verursacht werden: die Auswirkungen sind prinzipiell ähnlich.

Übergeordnete Ziele sind:
- Die deutsche Gesellschaft resilienter gegenüber Katastrophen zu machen
- und über die internationale Zusammenarbeit zur weltweiten Umsetzung des Sendai-Rahmenwerkes beizutragen!

9.6 Zukunftsforum Öffentliche Sicherheit (ZOES)

Strategische Ziele sind:
- die **Integration** der bestehenden Strukturen und Systeme,
- die **Kooperation** der staatlichen und der nichtstaatlichen Akteure im engen Katastrophenrisiko-Management
- sowie die **Koordination** durch verstärkte Verbreitung und Verknüpfung der Informationen, Erkenntnisse und Ergebnisse im Katastrophenrisiko-Management.

Handlungsfelder bzw. Handlungsempfehlungen sind:
1. Das Katastrophenrisiko **verstehen**.
2. Die Institutionen **stärken**, um das Katastrophenrisiko zu steuern.
3. In die Katastrophenvorsorge **investieren**, um die Resilienz zu stärken.
4. Die Vorbereitung auf den Katastrophenfall **verbessern** und einen besseren Wiederaufbau ermöglichen.
5. Internationale Zusammenarbeit, u. a. zum Stärken von Vorbereitungs- und Bewältigungsstrategien, zum resilienten, entwicklungsorientierten Wiederaufbau (»Build Back Better«).

Zur Koordinierung der vielfältigen Akteure gibt es seit 2016(!) die **Interministerielle Arbeitsgruppe (IMAG) Sendai**. Bereits im November 2017 wurde beim BBK die **Nationale Kontaktstelle (NKS)** eingerichtet, die die Umsetzung des Sendai-Rahmenwerks koordiniert und fachlich unterstützt.

Die **Deutsche Anpassungsstrategie (DAS)** ist seit 2008 eine etablierte Daueraufgabe, ein Behördennetzwerk aus 28 Bundesbehörden. Hinsichtlich der Extremwetterereignisse sind dies das Bundesamt für Bevölkerungsschutz und Katastrophenhilfe (BBK), das Technische Hilfswerk (THW), der Deutsche Wetterdienst (DWD), das Bundesinstitut für Bau-, Stadt- und Raumforschung (BBSR) sowie das Umweltbundesamt (UBA). Dagegen ist die vertikale Vernetzung der zahlreichen Fachexpertisen von Bund, Ländern, Kommunen, Wirtschaft und Wissenschaft noch »stark ausbaufähig«.

> **Um die Resilienz zu verbessern, müssen wir uns besser vernetzen, besser planen und konsequenter agieren:**
> - Jede Ebene nimmt ihre Verantwortung vollständig wahr. Neue Regelungen der Verantwortlichkeiten sind generell nicht erforderlich.
> - Als Pendant zum BBK auf Bundesebene sollten entsprechende Landesbehörden eingerichtet werden (siehe Niedersachsen, Rheinland-Pfalz, Berlin).

- Alle <u>Ressorts</u> stimmen sich untereinander umfassend ab (horizontal und vertikal).
- Die widersprüchlichen Interessen und Vorstellungen müssen unter Beachtung der eindeutig gesetzten <u>Oberziele</u> konsequent aufgelöst werden.
- Verwaltung, Wirtschaft, Forschung und Bevölkerung werden <u>einbezogen</u>.
- Es müssen Planungen gemacht werden, die größtenteils erst mittel- und <u>langfristig Früchte</u> tragen.
- Zur Umsetzung müssen mittel- und langfristige <u>Finanzierungen</u> vereinbart und vollzogen werden.

9.7 Föderalismus ist der Schlüssel zum Erfolg

Andreas H. Karsten und Uwe Becker

Nach jeder Katastrophe/Krise, die nicht entsprechend den Erwartungen der Bevölkerung von den Gefahrenabwehrbehörden – in der Regel die Kommunen – gemeistert wurden, wird der Ruf nach neuen Zuständigkeiten und neuen Strukturen laut: Verwaltungsstab, SAE, Landesamt für Bevölkerungsschutz, Krisenstäbe bei mittleren, oberen und obersten Landesbehörden bis zur Änderung des Grundgesetzes. Letzteres soll dem Bund (operative, strategische und/oder administrative) Zuständigkeiten im friedensmäßigen Bevölkerungsschutz übertragen. Dies reicht bisweilen so weit, dass ein »Bundeseinsatzleiter« gefordert wird. Während der COVID-19-Pandemie wurde solch ein Bild der Bevölkerung durch die Berufung des Generals Carsten Breuer in den Krisenstab des Bundeskanzleramtes suggeriert. Damit wurde erstmals jemand mit generalistischem Blick mit Kompetenzen ausgestattet, alle betroffenen Ressorts auf Bundesebene und der obersten Behörden auf Landesebene an einen Tisch zu bekommen.

Bislang war eine monothematische Betrachtung, nämlich lediglich die Gesundheitslage, Gegenstand strategischer Entscheidungen.

In dem Gremium wurden Entscheidungen zwischen den Ländern abgeglichen, in der Hoffnung, dass die Bevölkerung diese »One Voice Policy« auch wahrnimmt. Es ist bekannt, dass dies nicht in allen Bereichen gelang. Zu unterschiedlich sind die Belange in den Ländern. Selbst dieses Beispiel einer bundesweiten Krise im Gesundheitsschutz zeigt die Vorteile eines föderalen Systems. Ob Stadtstaat oder Flächenland, ob dicht besiedelt oder nicht, es finden unterschiedliche Bedingungen Berücksichtigung.

9.7 Föderalismus ist der Schlüssel zum Erfolg

Eine Bekämpfung von Schockereignissen beginnt immer lokal: Die örtliche Feuerwehr als Teil der Gemeinde beginnt mit der Schadensbewältigung. Erfüllt die Größe und/oder die Art des Schockereignisses ein in den Katastrophenschutzgesetzen der einzelnen Länder festgelegtes Kriterium, so hat der Landkreis den Katastrophenfall auszurufen und die Einsatzleitung zu übernehmen. Die mittleren/oberen und obersten Katastrophenschutzbehörden können bei Bedarf und gesetzlichen Möglichkeiten die Einsatzleitung übernehmen. Da der Katastrophenschutz anders als die Bundeswehr und einige Polizeien keine stehenden Führungsgremien vorhält, bedarf die Etablierung der Führungsstrukturen oberhalb der Gemeinden Zeit. Das bedeutet, dass in der kritischen Anfangsphase eines jeden Einsatzes, in dem Menschenleben zu retten sind, in der Regel nur die örtlichen, maximal die Kreisführungsstrukturen arbeitsfähig sein werden. Selbst bei vorhergesagten Ereignissen (z. B. Fluten) bei denen die Führungsstrukturen oberhalb des Kreises auch vorab aktiviert worden sind, können diese aufgrund der notwendigen Melde- und Reaktionszeiten nur bedingt bei der akuten Menschenrettung in der Chaosphase den Einheiten vor Ort konkrete Anweisungen geben. Diese Erkenntnis führte bereits in den Vorgängern der FwDV 100 zu der Anordnung mit Auftragstaktik zu führen.

Um die Frage genauer diskutieren zu können, ob der Bund neue Zuständigkeiten bekommen sollte, sollen im folgenden einzelne Aufgaben betrachtet werden.

Disposition von Einheiten
Bei großen Schadenslagen ist eine Hilfe anderer Bundesländer unumgänglich, wie auch das Ahrtal-Hochwasser und die Waldbrandkatastrophen gezeigt haben. Beim derzeitigen Verfahren fragt das betroffene Bundesland bei einem anderen an oder nutzt das GMLZ des BBK, um seine Anfrage bundesweit zu streuen. Bei Letzteren würden die eventuell entsendenden Bundesländer die zur Verfügung stehenden Ressourcen dem GMLZ melden. Dort werden alle Ressourcen zusammengefasst und dem betroffenen Bundesland übermittelt. Dieses entscheidet dann nach einsatztaktischen und evtl. finanziellen Gesichtspunkten, welche Angebote es in Anspruch nehmen möchte. Diese Entscheidung übermittelt es an das entsprechend gewählte Entsender-Bundesland.

Würde der finanzielle Gesichtspunkt fortfallen, z B., indem die Bundesländer einen Krisentopf etablieren, der nach dem Königsteiner Schlüssel befüllt wird, und im GMLZ einsatztaktisch geschulte Personen ihren Dienst versehen, könnte die Disposition der Einheiten durch das GMLZ erfolgen. Dies hätte eine Beschleunigung des Verfahrens zur Folge, wodurch die betroffene Bevölkerung schneller Hilfe bekommen würde.

9 Steigerung der Resilienz

Operativ-taktische Einsatzleitung
Grundsatz der deutschen Führungsvorschriften (z. B.: FwDV 100, PDV 100) ist die Auftragstaktik. Das bedeutet, dass die Entscheidungsgewalt so weit wie möglich nach unten, nach »vor Ort des Geschehens« delegiert wird. Dieses Prinzip hat sich in den letzten mehr als 150 Jahren sehr bewährt. Hält man an diesem Prinzip fest, so würden selbst bei einem »Bundeseinsatzleiter« die wesentlichen Entscheidungen vor Ort von den örtlichen Einsatzleitern getroffen. Ein Unterschied zur jetzigen Situation wäre nicht feststellbar. Auch notwendige Absprachen einsatztaktischer Maßnahmen zwischen benachbarten Führungsbereichen ist heute schon gängige Praxis selbst über Ländergrenzen hinweg. Auch hierfür bedürfte es keiner bundeszentralisierten Einsatzleitung.

Administrativ-organisatorische Führung
Ein wesentliches Prinzip des deutschen Staatsaufbaus ist das Subsidiaritätsprinzip. Dies hat u. a. zur Folge, dass für die alltägliche öffentliche Sicherheit der Bürger:innen die Gemeinden zuständig sind, die dafür z. B. Feuerwehren unterhalten. Soll in Krisensituation die Zuständigkeit wechseln, so bedarf dies zusätzliche Ressourcen (für den übergeordneten Krisenstab) und Zeit (für die Lageeinweisung). In Katastrophen ist solch ein Übergang der Zuständigkeit von den Gemeinden auf den Kreis in allen Bundesländern vorgesehen. Eine weitere Verlagerung auf Bundesebene bedürfte eine deutliche Änderung des gesamten Staatsaufbaus, der derzeit in den 16 Bundesländern nicht einheitlich ist. Auch müssten viele Gesetze vereinheitlicht werden. Dies würde den Charakter der Bundesrepublik Deutschland entscheidend verändern, wobei die Notwendigkeit überhaupt nicht nachgewiesen ist. Was der eigentliche Grund für schlechte Leistungen bei der Bekämpfung von Katastrophen und Krisen in der Vergangenheit gewesen ist, lässt sich nicht eindeutig sagen. Mangelnde Personalauswahl und -schulung steht zumindest genauso in Verdacht ausschlaggebend gewesen zu sein, wie die fehlende Zentralisierung der Entscheidungsfindung und Führung.

Bundesunterstützungseinheiten
Der Bund könnte heute schon ein Freiwilligen Führungscorps aufstellen, das den gesetzlich festgelegten Entscheidungsträgern (i. d. R. Landrät:innen und Bürgermeister:innen) und deren Stäbe im Einsatzfall beratend zur Seite steht. Es könnte auch gewisse Stabsfunktionen übernehmen und so die Stabsarbeit stabilisieren.
Die Angehörigen dieses Corps könnten aus pensionierten Führungskräften des Bevölkerungsschutzes und der Polizeien sowie Reservist:innen der Bundeswehr gebildet werden. So würden keine Ressourcen des Bevölkerungsschutzes für diese

9.7 Föderalismus ist der Schlüssel zum Erfolg

Aufgabe aus anderen Bereichen herangezogen werden müssen. Allerdings sollten diese Einheiten auch nur unterstützenden Character haben. Nach den Waldbränden in Lübtheen wurde der Ruf nach einer bundesweit agierenden schnellen Eingreiftruppe (Task Force) Waldbrand im politischen Raum laut. Diese sollte bei komplizierten Einsatzbegebenheiten die Zügel in die Hand nehmen. Nicht nur, dass es im aktuellen Rechtssystem der Länder kompliziert wäre diese »Spezialeinheiten« mit derartigen Kompetenzen auszustatten, möge man sich folgende Situation vorstellen: Das System des Brandschutzes fußt in Deutschland im Wesentlichen auf dem Ehrenamt. Die Kamerad:innen kämpfen Stunden und Tage gegen das Feuer an. Dann steht plötzlich eine Waldbrandbundesfeuerwehr vor der Tür und übernimmt die Einsatzstelle. Das würde sicherlich zu großem Frust und Unmut führen.

Hier und da ist eine Fachberatung bei komplizierten Sachverhalten notwendig. Dieses Prinzip ist in anderen Bereichen schon lange bekannt. Das Transport-Unfall-Informations- und Hilfeleistungssystem (TUIS) hat sich seit vielen Jahren etabliert. Hier wird durch Beratung und Stellung von Hilfsmitteln in den verschiedenen Stufen die vor Ort arbeitende Feuerwehr unterstützt. Die Einsatzleitung verbleibt aber immer beim/bei der Einsatzleiter:in vor Ort. Das war bei den ersten politischen Diskussionen rund um die »Waldbrand Taskforce« nicht so.

Fazit

Das förderale System hat sich bewährt. Länder, wie beispielsweise Tunesien mit einem zentralistischen System, haben ein Zuständigkeiten-Problem. Wird in der Fläche eine Entscheidung benötigt, wird die Anfrage so weit in das System gesteuert, bis in der Führungslinie die eigene Verantwortung erkannt wird. Die daraus folgende Response, bestenfalls ein Auftrag, benötigt dann zu viel Zeit bis zur Umsetzung.

Eine Änderung des Grundgesetzes mit dem Ziel förderale Strukturen aufzubrechen, würde nach Auffassung beider Autoren keine Steigerung der Leistungsfähigkeit des deutschen Bevölkerungsschutzes liefern. Das zeigen auch internationale Erfahrungen beider Autoren. Die Ausweitung und Professionalisierung der Unterstützung der Kommunalbehörden durch den Bund bei Katastrophen- und Krisenlagen durch qualitativ und quantitativ verbesserte Aus-, Fort- und Weiterbildung aller Protagonisten sowie durch Führungsunterstützung im Ereignisfall würden aus Sicht der Autoren einen deutlichen Mehrwert zum Wohle der betroffenen Bevölkerung generieren. Eine verpflichtende Ausbildung der Führungskräfte im Verwaltungsdienst im Krisenmanagement würde das unterstützen.

10 Internationale Zusammenarbeit

10.1 Grenzüberschreitende Zusammenarbeit in der nichtpolizeilichen Gefahrenabwehr im Dreiländereck Niederlande, Belgien, Deutschland

Marlies Cremer – Amtsleiterin, Amt für Rettungswesen und Bevölkerungsschutz StädteRegion Aachen

Einleitung

Zusammenarbeit und Hilfestellungen in Notsituationen nur mit den deutschen Behörden zu vereinbaren, würde der Bevölkerung in Grenzgebieten wichtige Ressourcen der Nachbarn vorenthalten und damit die Resilienz des gesamten Hilfeleistungssystems schwächen. Das gilt natürlich gegenseitig.

Das haben die Verantwortlichen im Dreiländereck Niederlande, Belgien und Deutschland schon früh erkannt und so hat die grenzüberschreitende Zusammenarbeit bereits eine sehr lange Tradition. Sie wurde bereits praktiziert, bevor innerhalb der EU das Gemeinschaftsverfahren (heute Katastrophenschutzverfahren) als solidarisches Hilfeleistungssystem entwickelt wurde.

Der geographische Bezug der folgenden Ausführungen ist die Euregio-Maas-Rhein (EMR) mit der Deutschsprachigen Gemeinschaft und der Provinz Limburg auf der belgischen, Südlimburg auf der niederländischen sowie dem Zweckverband Region Aachen mit den Kreisen Heinsberg, Düren, Euskirchen, der Stadt Aachen und der StädteRegion Aachen auf der deutschen Seite.

Die hier betrachtete Zusammenarbeit bezieht sich auf die nicht-polizeiliche Gefahrenabwehr, im Wesentlichen also auf die Bereiche Brandschutz, Rettungsdienst und Katastrophenschutz, wobei diese Bezeichnungen in allen drei Ländern etwas unterschiedlich definiert sind. Insofern gilt es jeweils zu klären, über welchen Bereich man spricht und was darunter verstanden wird.

Rechtliche Grundlagen

Die europäischen Staaten haben bereits lange vor Einführung des EU-Gemeinschaftsverfahrens Abkommen zur gegenseitigen Hilfeleistung bei Katastrophen oder schweren Unglücksfällen abgeschlossen.

10.1 Grenzüberschreitende Zusammenarbeit

Bild 17: *Administrative Gliederung der Euregio-Maas-Rhein (EMR) (Quelle: Homepage der EMR)*

Es werden in diesem Kapitel die Rechtsgrundlagen betrachtet, die für die deutsch/belgischen und die deutsch/niederländischen Aktivitäten bedeutsam sind. Betrachtet man den gesamten Bereich der EMR, müssten auch die niederländisch/belgischen Verträge und Vereinbarungen mit einbezogen werden, worauf an dieser Stelle verzichtet wird.

Grob skizziert werden in den Abkommen folgende Themen geregelt:
Verpflichtung zur gegenseitigen Hilfeleistung, Definition von Hilfeleistung, zuständige Behörden, Regelung des problemlosen Grenzübertritts der Hilfskräfte, Defini-

tionen und Regelungen bzgl. der mitgeführten Hilfegüter, Sonderregelungen für Luftfahrzeuge, Befehlsgewalt, Kostenregelungen, Verpflichtung zur Zusammenarbeit und des Informationsaustausches (Mendel/Hennes 2009, Band A 1.5 S. 1 ff.).

Das Abkommen vom 06.11.1980 zwischen der Bundesrepublik Deutschland und dem Königreich Belgien über die gegenseitige Hilfeleistung bei Katastrophen oder schweren Unglücksfällen erhielt durch das Vertragsgesetz vom 30.11.1982 in Deutschland Gesetzescharakter, es wurde am 21.03.1984 ratifiziert und trat am 01.05.1984 in Kraft.

Einige Jahre später wurde auch das bilaterale Abkommen vom 07.06.1988 zwischen der Bundesrepublik Deutschland und dem Königreich der Niederlande über die gegenseitige Hilfeleistung bei Katastrophen einschließlich schweren Unglücksfällen am 20.03.1992 in Gesetzesform gebracht, am 08.07.1992 ratifiziert. Es trat dann am 01.10.1992 in Kraft.

Da innerhalb Deutschlands gemäß grundgesetzlicher Regelung die Länder für den Katastrophenschutz zuständig sind, besteht hier eine Schwierigkeit für den Bund tätig zu werden, da die Hilfeleistung zum überwiegenden Teil nur durch die Ressourcen der Länder sichergestellt werden kann. Die Berechtigung allein nach Art. 32 Abs. 1 Grundgesetz (GG) zum Abschluss völkerrechtlicher Verträge hilft da nicht wirklich weiter, wenn die zu vereinbarenden Unterstützungsleistungen nicht im eigenen Zuständigkeitsbereich liegen (Hesselberger 2000, S. 215 f.). Die Länder verfügen daher folgerichtig gemäß Art. 32 Abs. 3 GG auch über die Befugnis, mit auswärtigen Staaten Verträge zu schließen. Sie sind hierbei jedoch ausdrücklich auf den Bereich ihrer Gesetzgebungszuständigkeit beschränkt und bedürfen für den Vertragsschluss der Zustimmung der Bundesregierung (Niedobitek 2001, S. 198). Für Vereinbarungen auf regionaler und örtlicher Ebene bedarf es in jedem Fall einer entsprechenden gesetzlichen Grundlage des jeweiligen Bundeslandes. Damit wird den individuellen Gegebenheiten und Notwendigkeiten der lokalen Situation auf der jeweiligen Seite der Grenze Rechnung getragen (DStGB 2006, S. 23). Dies zu fördern, sicherte die Bundesrepublik Deutschland im Rahmen des Madrider Abkommens zu.

- **Madrider Abkommen**

Am 21. Mai 1980 wurde auf Initiative des Europarates in Madrid das Europäische Rahmenübereinkommen über die grenzüberschreitende Zusammenarbeit zwischen Gebietskörperschaften abgeschlossen. In diesem Abkommen verpflichten sich die Vertragspartner, die grenzüberschreitende Zusammenarbeit zu erleichtern und zu fördern (Landtag Nordrhein-Westfalen 1991).

10.1 Grenzüberschreitende Zusammenarbeit

Aus dieser Verpflichtung heraus, entstanden die für den hier beschriebenen Bereich maßgeblichen Abkommen, das sog. Anholter Abkommen und das sog. Mainzer Abkommen.

- **Anholter Abkommen**

Das Abkommen zwischen dem Land Nordrhein-Westfalen, dem Land Niedersachsen, der Bundesrepublik Deutschland und dem Königreich der Niederlande über grenzüberschreitende Maßnahmen zwischen Gebietskörperschaften und anderen öffentlichen Stellen wurde am 20.05.1991 verabschiedet und wird in Kurzform oft als »Anholter Abkommen« bezeichnet, da es in Isselburg-Anholt unterzeichnet wurde. Es ist am 01. Januar 1993 in Kraft getreten.

- **Mainzer Abkommen**

Das Mainzer Abkommen wurde auf der deutschen Seite von den Ländern Nordrhein-Westfalen und Rheinland-Pfalz mit der Wallonischen Region und der Deutschsprachigen Gemeinschaft Belgiens abgeschlossen. Es wurde durch die Zustimmung des Landtags in NRW bzw. durch das Landesgesetz in Rheinland-Pfalz in Landesrecht umgesetzt und trat am 01. September 1998 in Kraft.

- **Regionale Vereinbarungen**

Die oben genannten Abkommen ermöglichen den örtlichen und regionalen Gebietskörperschaften den Abschluss öffentlich-rechtlicher Vereinbarungen. Damit war der Weg frei für eigenständige Verträge auf der kommunalen Ebene, was die Kommunen für die grenzüberschreitende Zusammenarbeit auch genutzt haben. Im Bereich des Brandschutzes verfügen alle Grenzkommunen innerhalb der EMR über Vereinbarungen zur gegenseitigen Hilfeleistung.

Für den Rettungsdienst bot das Anholter Abkommen für deutsch/niederländische Vereinbarungen ebenfalls eine ausreichende Grundlage.

So haben die Stadt Aachen, der Kreis Heinsberg und die StädteRegion Aachen als Trägerinnen des Rettungsdienstes mit dem Geneeskundige en Gezondheitsdienst Zuid Limburg als für den Rettungsdienst verantwortliche Stelle auf der niederländischen Seite im Jahr 2013 eine »Öffentlich-rechtliche Vereinbarung über eine grenzüberschreitende Zusammenarbeit im öffentlichen Rettungsdienst« abgeschlossen, die bis heute Bestand hat.

Dieser Vereinbarung war ein Pilotprojekt vorgeschaltet, das insbesondere zum Ziel hatte, die Akzeptanz der Patient:innen für ein Rettungsmittel aus dem Nachbarland zu überprüfen. Das Ergebnis war so positiv, dass die dauerhafte Vereinbarung ohne Bedenken im Anschluss auf den Weg gebracht werden konnte.

Da Notfallrettung in Belgien keine kommunale Aufgabe ist, kann das Mainzer Abkommen jedoch nicht für eine entsprechende Vereinbarung im Rettungsdienst herangezogen werden und daher steht eine entsprechende Regelung bis heute noch aus. Die zuständigen Ministerien, auf der deutschen Seite das Ministerium für Arbeit, Gesundheit und Soziales des Landes NRW sowie das föderale Gesundheitsministerium Belgiens in Brüssel sind jedoch bemüht, eine entsprechende Vereinbarung abzuschließen.

Der Einsatz von entsprechenden Rettungsmitteln beruht insofern nach wie vor auf den konkreten Anforderungen aus den jeweiligen Leitstellen.

Arbeitsstruktur

Nach einigen Jahren des gegenseitigen Kennenlernens war die Zeit gekommen, die Arbeitsstruktur für die grenzüberschreitende Zusammenarbeit zu konkretisieren.

Auf einer Klausurtagung der Verantwortlichen im Jahr 2006 wurden dann straffere Strukturen vereinbart. Es wurde eine Lenkungsgruppe und konkrete Arbeitsgruppen gebildet, die mit entsprechenden Arbeitsaufträgen versehen wurden. Die bisher unter der Überschrift »Öffentliche Sicherheit und Katastrophenschutz« stattfindenden Treffen, erhielten einen neuen Namen, der der Mehrsprachigkeit in der Region besser Rechnung tragen sollte. Es wurde der Begriff EMRIC für »Euregio-Maas-Rhein In Crisismanagement« vereinbart.

Die Grundlage für die gemeinsame Arbeit sollte künftig ein jeweils für fünf Jahre beschlossener Mehrjahresplan sein. Die geschäftsführende Arbeit wurde in einem Büro gebündelt und zunächst über Interreg-Projekte finanziert. Da Projektmittel nicht dauerhaft zur Verfügung stehen, wurden zwischenzeitlich auch ständige Finanzbeiträge oder alternativ beizusteuernde Arbeitsleistungen der Beteiligten festgelegt. So verfügt EMRIC heute über ein eigenes Büro zur Koordinierung der im Mehrjahresplan festgelegten Arbeiten und vertritt diese Ideen in einer Reihe weiterer Institutionen und beteiligt sich ebenfalls an zur vorgegebenen Thematik passenden Forschungsprojekten.

Die Struktur sieht nach dem im Juni 2023 in der Lenkungsgruppe verabschiedeten Mehrjahresplan für die Jahre 2024 – 2028 wie folgt aus:

10.1 Grenzüberschreitende Zusammenarbeit

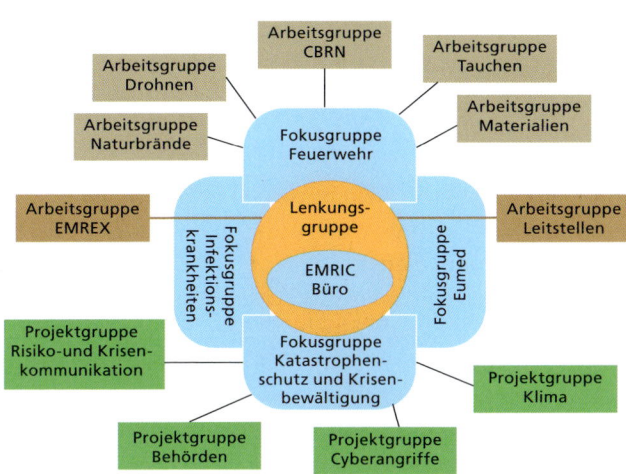

Bild 18: *EMRIC-Büro (Quelle: Homepage Gremieninfo der der Städteregion Achen)*

Brandschutz

Es gilt schon seit Jahrzehnten als selbstverständlich, dass sich die Feuerwehren dies- und jenseits der Grenzen gegenseitig unterstützten, wenn Notsituationen es erfordern. Übungen finden gemeinsam statt und die Möglichkeiten der gegenseitigen Unterstützung sind bekannt.

Auch in Spezialbereichen, wie z.B. CBRN, gibt es konkrete Absprachen zu Anforderungen und Einsatzmöglichkeiten. Insbesondere der Austausch von Fachberater:innen wurde schon in konkreten Einsatzfällen praktiziert.

Die Einsätze erfolgen, wie oben ausgeführt, auf der Grundlage der bestehenden Vereinbarungen und nach entsprechender Anforderung über die zuständige Leitstelle.

Rettungsdienst

Luftrettung
Im Bereich des Rettungsdienstes gelang es bereits Mitte der 70er Jahre als erstem Einsatzmittel dem Rettungshubschrauber Christoph 21 (damals mit dem Funkrufnamen SAR 72) die Grenzen nach Belgien zu überfliegen. Die für die gesundheitliche Versorgung der Bevölkerung Verantwortlichen in Ostbelgien wollten von dieser guten Versorgungsmöglichkeit, die im August 1974 geschaffen wurde, auch für ihre Bevölkerung profitieren (Nellessen 2009, S.167 ff.).

Da der niederländische Rettungsdienst grundsätzlich kein Notarztsystem kennt, war hier die Zusammenarbeit in der Luftrettung zunächst noch nicht sehr ausgeprägt.

Das änderte sich, nachdem Ende der 1990er Jahre auch in den Niederlanden an vier Standorten Luftrettung eingeführt wurde und die Grenzregion Südlimburg von dem deutschen Rettungshubschrauber Christoph 21 (heutiger Funkrufname: Christoph Europa 1) mitversorgt werden sollte.

In den letzten Jahren wurden jährlich rund 80 RTH-Einsätze vom Standort Würselen in das benachbarte niederländische und belgische Gebiet geflogen.

Bodengebundener Rettungsdienst
Die bodengebundene grenzüberschreitende Zusammenarbeit nahm nach dem oben beschriebenen Pilotprojekt und dem Abschluss einer konkreten Vereinbarung des niederländischen Rettungsdienstes mit den Gebietskörperschaften Kreis Heinsberg, Stadt Aachen und StädteRegion Aachen zu den gegenseitigen Hilfeleistungen durch die Rettungsdienste zu. Hier liegen die durchschnittlichen Einsatzzahlen für die StädteRegion Aachen im Zeitraum zwischen 2017 und 2021 bei 257 Einsätzen pro Jahr.

Die Gesamtzahl grenzüberschreitender Einsätze zwischen den drei Staaten im Dreiländereck betrugen 2022 im medizinischen Bereich 925 und im Brandschutz 32 (Quelle: Jahresbericht EMRIC 2022, https://emric.info/de/berichte/aktuelle-berichte/70/jahresbericht-2022).

Katastrophenschutz
Katastrophen sind glücklicherweise selten, aber auch hier bestehen mittlerweile Absprachen und Informationen, welche Fähigkeiten wo bestehen und standardisiert über die Leitstellen in der EMR angefordert werden können. Es gibt derzeit sieben Leitstellen in der EMR (Maastricht (NL), Lüttich und Hasselt (B) sowie Aachen, Heinsberg, Euskirchen und Düren auf der deutschen Seite). Die Leiter:innen der Leitstellen treffen sich bereits seit mehr als 20 Jahren regelmäßig in der Arbeitsgruppe Leitstelle des EMRIC-Verbundes.

Neben der Anforderung operativer Einsatzkräfte ist auch der Austausch von Verbindungspersonen in die jeweiligen Führungsgremien vorgeplant. Während der Covid-19-Situation war der Kontakt zwischen den Dienststellen und die regelmäßig vom EMRIC-Büro aktualisierte Übersicht über die unterschiedlichen Regelungen zur Eindämmung der Pandemie in den drei Ländern eine entscheidende Hilfe zum Verständnis in einer Grenzregion.

Zur besseren Verarbeitung in den Leitstellen sind die Anforderungen softwaregestützt. So schafft eine Erleichterung auch bei bei Sprachproblemen die angeforderte Hilfe korrekt zu identifizieren und zu entsenden.

10.1 Grenzüberschreitende Zusammenarbeit

Konkret konnten bei mehreren Bränden im Hohen Venn in Ostbelgien durch den Einsatz von Hubschraubern mit Löschbehältern und Brandschutzkräften aus NRW die belgischen Feuerwehren und Forstbehörden unterstützt werden (2004, 2011 sowie zuletzt im Mai 2023).

Führung und Leitung
Zum besseren Verständnis der jeweiligen Führungsstrukturen fanden mehrere gemeinsame Übungen an der AKNZ (heute BABZ) in Ahrweiler statt.

Die Zulassung von Übungsbeobachtern findet sowohl auf der Ebene der operativen Führung als auch auf Ebene der administrativen Führungsebenen statt. Damit ist gewährleistet, dass ein Grundverständnis für die Arbeitsweise der jeweiligen Nachbarn entsteht.

Ebenso können sich bei Interesse Führungskräfte sowie Leitstellendisponenten in die Bedienung der jeweiligen Lagedarstellungssoftwaren sowohl in Belgien als auch in den Niederlanden einweisen lassen, um bei Einsätzen und Übungen das Geschehen mit entsprechenden Leserechten verfolgen zu können.

Forschung
Der EMRIC-Verbund beteiligt sich derzeit an zwei Forschungsprojekten im Kontext der von der EU über das Interreg V Programm geförderten Maßnahmen:
- Pandemric (Quelle: https://pandemric.info) untersucht den Nutzen der euregionalen Zusammenarbeit im Falle einer Pandemie oder eines großflächigen Ausbruchs einer Infektionskrankheit,
- Marhetak (Quelle: https://marhetak.info) dient der Verbesserung der euregionalen Zusammenarbeit in Zeiten von Hochwasser.

Zusammenfassung

Die Nutzung der Kapazitäten der Nachbarn jenseits der Staatsgrenzen fördern die Resilienz des jeweils angrenzenden Gebietes. Die Erarbeitung der Kenntnisse der Strukturen und Abläufe in den Grenzgebieten erfordern einen Mehraufwand, zu dem alle Beteiligten einen Beitrag leisten sollten. Entscheidend sind nicht die Vereinbarungen oder die Sprachkenntnisse, sondern der Wille der Verantwortlichen und Mitwirkenden zur Zusammenarbeit. Daher gilt in der grenzüberschreitenden Arbeit noch mehr als in anderen Bereichen der gerne zitierte Satz: »in Krisen Köpfe kennen«.

Das Beispiel EMRIC im Dreiländereck Niederlande/Belgien/Deutschland könnte dabei als Blaupause für andere Regionen dienen.

10.2 Nato-Bündnisfall und strategisches Umfeld – Neue Herausforderungen

Dirk Freudenberg – Dozent im Referat »Risiko- und Krisenmanagement – national« beim Bundesamt für Bevölkerungsschutz und Katastrophenhilfe

Vorbemerkung

Wenn man sich im Rahmen eines Sammelbandes, welcher die Thematik von Resilienz und Schockereignissen behandelt, der Frage nach einem NATO-Bündnisfall zuwenden will, so ist wohl zuerst zu klären, ob und gegebenenfalls, warum ein NATO-Bündnisfall ein solches »Schock-Ereignis« sein soll. Dabei ist im Übrigen zunächst festzustellen, dass der Begriff »Schock« ein Terminus ist, der seinen Ursprung in der Intensivmedizin hat und hieraus in andere Wissenschaftsbereiche, wie umgangssprachlich in unterschiedliche Lebensbereiche übertragen bzw. übernommen wurde. Da dieser Begriff oftmals mit einer »Starre«, einer sogenannten »Schockstarre«, also einem Zustand der Bewegungs- und Handlungsunfähigkeit in Verbindung gebracht wird, scheint hier der Begriff der »Überraschung« treffender zu sein. Entscheider, auch wenn sie, wie im militärischen Bereich, darauf trainiert sind, in die Gefahr hinein unter den Bedingungen von Ungewissheit zu handeln, hassen bezeichnenderweise Überraschungen, mit denen sie selbst konfrontiert werden könnten; gleichwohl sind sie Teil der Lebenswirklichkeit und der unumstößlichen Gesetze von Krieg und Politik. Carl von Clausewitz hat im 3. Buch seines bekanntesten Werkes »Vom Kriege«, in der Beschäftigung mit der »Strategie« der »Überraschung« ein eigenes Kapitel gewidmet und sich mit Wesen und Wirkung des Gegenstandes tiefgründig auseinandergesetzt: »Die geistigen Wirkungen, welche die Überraschung mit sich führt, machen für denjenigen, welcher sich ihres Beistandes erfreut, oft die schlechteste Sache zu einer guten und lassen den anderen nicht zu einem ordentlichen Entschluß kommen […] weil die Wirkung der Überraschung das Eigentümliche hat, das Band der Einheit gewaltig aufzulockern, so daß leicht jede einzelne Individualität dabei zum Vorschein kommt«(Hahlweg 1952, S. 72 ff.; S. 281 ff.). An anderer Stelle nutzt Clausewitz auch den Begriff der »Friktion«, dem er ein ganzes Kapitel widmet: »Es ist alles im Kriege sehr einfach, aber das Einfachste ist schwierig. Diese Schwierigkeiten häufen sich und bringen eine Friktion hervor, die sich niemand richtig vorstellt, der den Krieg nicht gesehen hat … die Friktion, oder was hier so genannt ist, ist es, welche das scheinbar

10.2 Nato-Bündnisfall und strategisches Umfeld

Leichte schwer macht« (Hahlweg 1952, 161 f.). Es kommt also darauf an, bei der Betrachtung der Situation, in der Beurteilung der Lage, die »[…] Schwierigkeit richtig zu sehen […]« und sich »[…] gegen das innere Niveau seiner eigenen Überzeugung von der Seite der Befürchtungen ab auf die Seite der Hoffnungen hinzuneigen; er wird nur dadurch das wahre Gleichgewicht erhalten können« (Hahlweg 1952, S. 157).

Russland und China als strategische Rivalen

Die Auseinandersetzungen zwischen Russland und der Ukraine sowie die daraufhin einsetzende Konfrontation zwischen dem Westen und Russland im Frühjahr 2014 belegen, dass Kriege offenkundig nicht so fern und ausgeschlossen sind, wie sich das viele in Europa vorgestellt und gewünscht haben (Varwick 2014, S. 7ff). Der Angriff Russlands auf die Ukraine am 24. Februar 2022 gibt hierfür die letzte Gewissheit (Freudenberg 2022/23, S. 64 f). Glaubte man doch in Deutschland lange, dass mit dem Zusammenbruch des Warschauer Paktes und dem Zerfall der Sowjetunion großangelegte militärische Auseinandersetzungen der Vergangenheit angehörten bzw. langfristig nicht zu erwarten gewesen wären, so hat dieses Ereignis, mehr noch als die russische Intervention in der Ostukraine und die Annexion der Krim im Jahre 2014, auch viele Sicherheitsexperten in Politik, Behörden und wissenschaftlichen Institutionen eines Besseren belehrt (Tiesler 2023, S. 9). Hier zeigt sich also, dass langfristige Vorhersagen zur politischen Stabilität geopolitischer Räume durchaus kritisch zu hinterfragen sind: Zum einen ist zu fragen, wie die Parameter der Vorhersage begründet sind, und was zum anderen die Annahmen berechtigt, qualitative Aussagen zu einer solch vorausgreifenden Entwicklung zu treffen. Das Eingeständnis der NATO, dass dieses Ereignis von der NATO so nicht erwartet wurde, die NATO also überrascht wurde (FAZ 2014, Schiltz 2014), ist signifikant, da sie die Bedingtheit derartiger sicherheitspolitischer Prognosen unterstreicht. Zugleich ist die Fähigkeit der verschiedenen sicherheitspolitischen Akteure und Institutionen zur Antizipation von Entwicklungen bzw. deren Wille zu hinterfragen, Sicherheitspolitik von Analogien und historischen Parallelen zu befreien und dafür als antizipatorisch zu begreifen (Freudenberg 2022/23, S. 66). Sicherheitspolitik muss insbesondere in ihrer Vorausschau Zukunftsentwicklungen antizipatorisch untersuchen, indes aber gewahr sein, dass es immer wieder zu nicht vorhersehbaren Einflussnahmen und Friktionen sowie Imponderablen kommen kann, welche die zuvor erwarteten Entwicklungen entscheidend beeinflussen, stören oder auch verhindern können (Freudenberg 2023, S. 77). Ungeachtet dessen sieht sich jedenfalls die NATO gezwungen, sich auf ihren ureigenen Kern, die kollektive Verteidigung zurückzubesinnen (Varwick/Matlè 2014, S. 2 und 2016, S. 121ff, U. S. Army War College 2017,

1704 und 1721). Tim Marshall (2017, S. 126) vertritt daher die Auffassung, dass »der Schock« der Krim-Annektion (neben dem des russisch-georgischen Krieges) wieder die Aufmerksamkeit auf das uralte Problem eines möglichen Krieges in Europa gelenkt habe. Das Weißbuch von 2016 hatte bereits festgestellt, dass die Renaissance klassischer Machtpolitik, die den Einsatz militärischer Macht zur Verfolgung nationaler Interessen vorsieht und mit erheblichen Rüstungsanstrengungen einhergeht, die Gefahr gewaltsamer zwischenstaatlicher Konflikte – auch in Europa und seiner Nachbarschaft erhöht (Bundesministerium der Verteidigung 2016, S. 38). Diese Vorhersage hat sich inzwischen als Wirklichkeit manifestiert. Somit bekommt auch die NATO, welche von einer breiten Schicht des amerikanischen sicherheitspolitischen Establishments wegen ihrer permanenten Unterfinanzierung durch die Europäer, als ernstzunehmender sicherheitspolitischer Akteur in Frage gestellt wurde, und deren Strategie und Politik vom französischen Präsidenten bereits als »hirntot« (NN; Macron 2022) bezeichnet wurde, ein neues Gewicht. Die Sowjetunion war eine nukleare Supermacht mit einem ideologisch begründeten Weltherrschaftsanspruch. Ein solcher Weltherrschaftsanspruch kann dem heutigen Russland sicherlich nicht unterstellt werden. Gleichwohl haben die ostmitteleuropäischen Staaten – insbesondere Polen und Ungarn – sowie die baltischen Staaten eine deutliche Bedrohungsperzeption. Es geht Russland gewiss zumindest darum, seinen Interessen- und Einflussbereich gegenüber dem Westen und insbesondere der NATO klar abzustecken und mit den USA weltpolitisch wieder auf Augenhöhe zu kommen sowie als gleichberechtigter, global-agierender sicherheitspolitischer Akteur wahr- und ernstgenommen zu werden. (Spätestens) mit den kriegerischen Ereignissen 2014 in Ostmitteleuropa und der Ukraine ist deutlich geworden »..., dass Russland [sich weigert], die Rolle des Verlierers fortzusetzen und mit dem Phantomschmerz durch den Verlust des Sowjetimperiums weiterzuleben und [deshalb ein Veto über alle Weltangelegenheiten verlangt]« (Stürmer 2017, S. 16). Diese Ambitionen Russlands sind nicht neu; verändert haben sich allerdings die außenpolitischen Instrumente sowie die Bereitschaft, zur Durchsetzung russischer Interessen hohe Risiken einzugehen (Klein 2017, S. 37) und zur Erreichung politischer Ziele auch militärische Macht einzusetzen (Lucas 2017,S. 22). Die Spannungen im russisch-westlichen Verhältnis stellen demgemäß auch eine ernste Gefahr für die Sicherheit im euroatlantischen Raum dar und zeigen, dass die Idee einer »strategischen Partnerschaft«, wie sie auch von Deutschland ambitioniert verfolgt wurde (Bundesakademie für Sicherheitspolitik, 2010), erst einmal eine Vision bleibt (Klein 2017, S. 37ff). Im Gegenteil: Das neue strategische Konzept der NATO adressiert Russland als Aggressor und Bedrohung für die europäische Sicherheitsordnung (NATO 22, S. 3). Die übrigen Bedrohungen, beispielsweise durch den Transnationalen Terrorismus und

10.2 Nato-Bündnisfall und strategisches Umfeld

weitere internationalen Konfliktlagen werden nunmehr nicht (wieder) durch die Anspannungen im russisch-westlichen Verhältnis überlagert oder gar eingedämmt, sondern sie bestehen hiervon weithin unabhängig weiter fort (NATO 22, S. 4). Zugleich wird auch China mit seinem offensiven Auftreten zur Verwirklichung seiner Interessen und dem Versuch, die bestehende regelbasierte internationale Ordnung umzugestalten (Auswärtiges Amt 2023, S. 8) sowie seine strategische Partnerschaft zu Russland als Herausforderung für die Interessen, Sicherheit und Werte der NATO identifiziert (NATO 22, S. 5). Die Hoffnung, die viele hegten, dass die Konzepte von Globalisierung und Transnationalität und die damit verbundenen Verflechtungen von weltweit agierenden Wirtschaftsunternehmen im Interesse von wirtschaftlichem Wachstum und Prosperität und die sich hieraus ergebenden Wechselwirkungsbeziehungen die auf Wohlstandswachstum ausgerichteten Nationalstaaten und modernen Industrienationen daran hindern würden, in tiefgreifende Konfrontationen zu gehen, ist zutiefst enttäuscht worden (Tiesler 2023, S. 9 f). Insofern wird China für Deutschland gleichzeitig als Partner, Wettbewerber und systemischer Rivale beurteilt (Die Bundesregierung, Nationale Sicherheitsstrategie 2023, S. 23; Auswärtiges Amt, China-Strategie 2023, S. 8).

Somit ist nicht nur die globale sicherheitspolitische Lage durchweg komplexer geworden, sondern, es hat sich auch das Akteursfeld mit seinen unterschiedlichsten Interessen und Machtansprüchen vervielfältigt. Staaten versuchen auch weiterhin, Regeln zu setzen, in deren Rahmen sich nicht-staatliche Akteure bewegen müssen, allerdings wird dies zunehmend schwieriger (Masala 2017, S. 25). Die sicherheitspolitische Lage Deutschlands wie auch die politische Bedrohungsperzeption haben sich dementsprechend inzwischen insofern geändert, als dass auch kriegerische Ereignisse und deren direkte oder indirekte Auswirkungen auf Deutschland wieder stärker zu betrachten sind (Freudenberg 2022/23, S. 68 f).

Strategische Lagebeurteilung und Konsequenzen
Diese Erkenntnisse haben erhebliche Auswirkungen auf den seit den 1990er Jahren stark zurückgefahrenen und zu wesentlichen Teilen abgebauten Zivilschutz in der Bundesrepublik Deutschland (Müller 2015, S. 3). Diese aktuellen Risiko- und Bedrohungsperzeptionen überlagern oder verdrängen nicht die Bedrohung durch den Transnationalen Terrorismus, sondern stehen daneben (vgl. Freudenberg 2017). Das gilt es zu beachten. Dass nicht alle möglichen Gefährdungen eintreten, kann pragmatisch als Entlastung gewertet werden, politisch und strategisch jedoch nicht (Jäger/Daun 2013, S. 583). Daher muss sich Deutschland dementsprechend auf unterschiedliche und vielfältige Bedrohungen und Risiken einstellen (vgl. Die Bundesregierung, Weißbuch 2016, S. 34 ff., Ehrhart/Neuneck 2015, Ehrhart/Neuneck 2016,

2 ff.). Deutschland war mit Blick auf die mangelnde Selbstbehauptungsfähigkeit Europas im neuen Zeitalter der Großmächte-Rivalität zum Problem geworden; es muss nun dafür Sorge tragen, Teil der Lösung zu werden (Meyer zum Felde 2020, S. 14). Dabei wäre es allerdings falsch, sich nur auf den aktuellen Konflikt in Osteuropa und seine möglichen Auswirkungen und Wechselwirkungen sowie seine eventuelle Ausweitung zu beschränken. Vielmehr dürfen andere Konflikte und Konfliktursachen und deren sicherheitspolitische Interdependenzen nicht außer Acht gelassen werden, auch wenn sie derzeit vom Krieg in der Ukraine überlagert zu sein scheinen, um entsprechend darauf vorbereitet zu werden und gegebenenfalls angemessen darauf reagieren zu können. Insgesamt ist die Schwierigkeit gestiegen, die sicherheitspolitische Situation umfassend zu erfassen, einzuordnen und zu bewerten. Dementsprechend ist es ein wesentlicher Faktor, dass es zu der Vielfalt an Gefährdungsursachen kommt, welche unter den Bedingungen allgemeiner Effektivitäts- und Beschleunigungseffekte immer weiterreichende Wirkungen zeigen, die sich jenseits von zuvor scheinbar festen Grenzen auf verschiedensten Wegen miteinander verbinden, und dass derartige Gefahrenkomplexe eine hohe politische, strategische Steuerung erforderlich machen (Jäger/Daun 2013, S. 583). Die aktuellen geopolitischen Entwicklungen werfen in sicherheitspolitischer Hinsicht denn auch mehr offene Fragen als gesicherte Antworten auf. Hier zeigt sich zugleich, dass langfristige Vorhersagen zur politischen Stabilität geopolitischer Räume durchaus kritisch zu hinterfragen sind: Es ist jeweils zu prüfen, wie die jeweiligen Parameter von Vorhersagen begründet sind, und was zum anderen die Annahmen berechtigt, qualitative Aussagen zu einer solch vorausgreifenden Entwicklung zu treffen (Freudenberg 2021, S. 24).

Fazit

Es könnte verhängnisvoll sein, Wahrscheinlichkeiten mit Möglichkeiten zu verwechseln (Poretschkin 1991, S. 13). Analogieschlüsse dürfen nicht die Analyse ersetzen und insofern muss Sicherheitspolitik antizipatorisch sein (Freudenberg 2023, S. 96). Darüber hinaus ist auch die einseitige Fokussierung auf ein zukünftiges Kriegsbild, also eine beengte Vorstellung darüber, wie militärische Auseinandersetzungen der Zukunft aussehen werden, abzulehnen (Freudenberg 2023, S. 95). Der alte Leitspruch der NATO, »Wachsamkeit ist der Preis der Freiheit«, bleibt daher auch als Mahnung für die Zukunft unverändert aktuell, um nicht Überraschungen oder auch Friktionen zu erliegen. Mithin sind die Herausforderungen auch unter den Bedingungen der Zivilen Verteidigung einschließlich des Zivilschutzes, der – gleich der militärischen Verteidigung – als Teil einer Gesamtverteidigung (Freudenberg 2020/22, S. 250ff) Verfassungsauftrag (Poretschtin 1991, S. 114 und 2013, S. 514,

10.2 Nato-Bündnisfall und strategisches Umfeld

Steinkamm 1989, S. 310 f, Walus 2012, S. 30) sowie Bündnisverpflichtung darstellt aber auch zugleich den Bürger:innen und dessen Einstellung und Haltung als aktiver Träger der sicherheits-(politischen) Pflichten zum Erhalt des Staates direkt betrifft (Freudenberg 2022 a, S. 152 ff., Freudenberg/Hagebölling 2022, S. 85 ff., Freudenberg 2020/22, S. 175 ff., Freudenberg 2022 b, S. 572 ff., Freudenberg 2023, S. 19 ff., Freudenberg, 2023 a, S. 97 ff.).

Es bedarf einer gesamtgesellschaftlichen Einstellung und Haltung, die sich den Herausforderungen stellt und diese aktiv annimmt (Freudenberg 2023, S. 8 ff., Freudenberg 2021/22, S. 97 ff.). Für die verantwortliche Politik bedeutet dies zum einen, sich nicht damit abzufinden, dass »[…] Deutschland nicht verteidigungswillig [ist]« (Vaatz 2023). Es ist vielmehr der Auftrag von Politik, um Überzeugungen zu kämpfen und dafür beim Wähler, dem Souverän, zu werben. Zum anderen bedeutet dieses für die politischen und administrativen Entscheidungsträger, ihre eigene Führungsverantwortung aktiv wahrzunehmen und zu gestalten (Freudenberg 2022/2023, S. 401 ff., Freudenberg 2021 a, S. 20 ff.; Freudenberg 2021 b, S. 241 ff.).

11 Road Map

Uwe Becker und Andreas H. Karsten

Die Kapitel dieser Publikation zeigen deutlich und aus unterschiedlichsten Perspektiven die komplexe Betroffenheit aller Bereiche bei Schockereignissen. Betroffen sind Behörden der BOS, Verwaltungen der kommunalen Ebene, die der Landes- und Bundesebene, aber es zeigt auch Verbindungen über staatliche Grenzen hinaus in den europäischen Raum. Unternehmen, insbesondere KRITIS-Unternehmen sind betroffen und nicht zu vergessen die Bürger:innen, jeweils in der Rolle des Mithelfenden und als Betroffene.

Zur Resilienzsteigerung sind Anpassungsstrategien in allen Bereichen zu entwickeln, beginnend mit einer strukturierten Resilienzanalyse. Damit ist eine systematische und methodische Bewertung der Resilienz eines Systems, einer Organisation oder einer Gemeinschaft gemeint. Die Resilienz bezieht sich auf die Fähigkeit, auf Veränderungen, Herausforderungen, Krisen oder Störungen angemessen zu reagieren, sich anzupassen und gestärkt aus solchen Situationen hervorzugehen.

Grundlage aller Maßnahmen zur Resilienzsteigerung sollte unter anderem eine Analyse des Ist-Zustandes sein. Dabei sind umfassende Ursachen-Wirkungs-Analysen für – nicht unbedingt realistische – Extremsituationen durchzuführen. Erfolgen die Analysen zu oberflächlich, übersieht man wichtige kritische Entitäten. So übersahen viele Pandemie-Untersuchungen vor Covid-19 Mitarbeiter:innen zum Beispiel von Supermärkten, Kindergärten, Pflegeeinrichtungen. Diese Bereiche mussten ebenfalls als »systemrelevant« definiert werden, um ihnen, wie den KRITIS-Betrieben Sonderrechte zusprechen zu können.

Die Entitäten, die bei den meisten Szenarien einen kritischen Zustand erreichen können, sind bei den Maßnahmen mit hoher Priorität zu betrachten.

Eine strukturierte Analyse beinhaltet im Einzelnen:

- Identifikation von Handlungsfeldern (Festlegung von Szenarien und Identifizierung von Betroffenheiten)
- Risikobetrachtung und Impactanalyse
- Bewertung der jeweiligen »Ist-Resilienz«
- Identifikation von Schwachstellen
- Entwicklung von Anpassungsstrategien und Ableiten von Maßnahmen
- Umsetzung der Maßnahmen

11 Road Map

Aufgrund der Erkenntnisse der vorherigen Kapitel wurden folgende Handlungsfelder identifiziert, um die Resilienz gegenüber Schockereignissen zu steigern:

1. Steigerung der Resilienz der Menschen, für die eine Entität (z. B. eine Gemeinde oder ein Landkreis) verantwortlich ist:
Die Gefahrenabwehrbehörden sind in Extremsituation nicht in der Lage, sich um jeden Menschen zu kümmern. Deshalb ist es notwendig, dass die Menschen eine eigene Resilienz gegenüber Schockereignissen entwickeln und aufrechterhalten. Darauf haben alle staatlichen Entitäten regelmäßig hinzuweisen und Angebote zu unterbreiten, wie der Mensch seine Resilienz steigern kann. Neben Informationsbroschüren sollten auch Kurse an den Volkshochschulen angeboten werden. Brandschutzschulungen und Erste-Hilfe-Kurse im Rahmen der Zivilschutzausbildung an Schulen gab es schon in Deutschland. Bedauerlicherweise sind diese wichtigen Werkzeuge nach der Wiedervereinigung abgeschafft worden. Solche Fortbildungen, die nebenbei noch den nützlichen Nebeneffekt der Erste-Hilfe-Ausbildung für den Führerschein haben, müssen umgehend wieder eingeführt werden.

2. Steigerung der Resilienz der Zivilgesellschaft:
Eine weitere Steigerung der Resilienz lässt sich erreichen, wenn sich die Menschen, Gruppen, Vereine, Unternehmen usw. in Krisensituationen gegenseitig helfen. Dazu ist es notwendig, sich untereinander zu kennen. Eine Möglichkeit ist die Einrichtung von »Runden Tischen-Resilienz« vor einer Krisensituation. Solche Diskussionsforen bieten neben dem Kennenlernen auch die Möglichkeit, dass die Gefahrenabwehrbehörden, die Fähigkeiten der Zivilgesellschaft erfassen und so in ihren Gefahrenabwehrplanungen berücksichtigen können.

3. Steigerung der Resilienz der Gefahrenabwehrbehörde:
Auch in Krisensituationen müssen die Gefahrenabwehrbehörden leistungsfähig bleiben, sowohl um das Schadensereignis zu bekämpfen wie auch die Alltagsaufgaben (z. B. die Auszahlung des Bürgergeldes) weiter zu erfüllen. Diese umfangreichen Aufgaben können nur durch den Einsatz des gesamten Personals bewältigt werden. Deshalb ist es notwendig, dass jeder einzelne Arbeitsplatz in den Behörden resilient ist. Dazu gehört neben der eigenen Resilienz auch die Resilienz in deren Umfeld (z. B. Familien). So muss die/der private Krisenmanger:in der Familie eine Person sein, die nicht in Behörden oder anderen KRITIS-Unternehmen arbeitet.

Es ist auch an »Krisen-Kindergärten« und ähnliches zu denken. Nur wenn die Mitarbeitenden in der Krisenorganisation sicher sein können, dass es ihren Familienangehörigen gut geht, werden sie in der Lage sein, sich voll und ganz auf ihre Tätigkeit zu konzentrieren.

Neben personalwirtschaftlichen Überlegungen müssen auch eine Reihe von technischen Begebenheiten sichergestellt sein. So müssen kritische Bereiche gegenüber Schockereignissen resilient ausgebildet werden. Dazu gehören der Schutz vor Hochwasser, das Vorhalten von Ersatzstromanlagen, der Schutz vor Cyber-Gefahren und vieles mehr.

Letztendlich sollten noch organisatorische Maßnahmen getroffen werden. Durch die Kooperation mit Nachbarbehörden oder privaten Anbietern von Dienstleistungen kann bspw. eine Kompensation eines Totalausfalls der eigenen Arbeitsleistung gewährleistet werden. Dieses Handlungsfeld zeigt, dass Krisen nicht nur durch Feuerwehr, THW und HIORGs bewältigt werden, sondern dass die Verwaltung von der kommunalen bis zur Landes- und Bundesebene eine wichtige Rolle spielt.

4. Steigerung der Resilienz der BOS:
Die BOS werden gerade bei Schockereignissen in der Regel die Hauptlast der Gefahrenabwehr schultern müssen. Deshalb ist auf deren Resilienz ein besonderes Augenmerk zu richten. Beim Personal fängt dies mit der Auswahl der Einsatzleiter:innen an, führt über eine gute Ausbildung (auch von notwendigen Soft Skills) und regelmäßige Fortbildungen bis hin zu entsprechenden Übungen.

Leitstellen, Stabsräume aber auch Tankstellen und alle weiteren für die Einsatzfähigkeit relevanten Bereiche sind an Ersatzstromanlagen anzuschließen und gegen Cyber-Attacken zu schützen.

Auch für die BOS ist nach Kooperationen mit anderen Behörden und Privatunternehmen zu suchen.

5. Steigerung der Resilienz von Unternehmen, insbesondere KRITIS:
KRITIS-Unternehmen sind für das Funktionieren einer Gesellschaft von entscheidender Bedeutung. Zwar liegt die Verantwortung zur Sicherstellung kritischer Dienstleistung beim Unternehmen selbst, dennoch könnten fiskalische Überlegungen solche Betriebe zwingen, die Widerstandskraft gegen schädliche Einflüsse zu senken. Unternehmen, die unter die Verordnung zur Bestimmung Kritischer Infrastrukturen nach dem BSI-Gesetz (BSI-KritisV) fallen, sind gezwungen, sich wenigstens gegen Cyber-Attacken zu schützen. Allerdings liegen hier die Schwellenwerte betroffener Unternehmen in der Regel bei 500 000 zu versorgenden Menschen. Zurzeit (Sommer 2024) wird am sogenannten KRITIS-Dachgesetz gearbeitet, welches nicht nur IT-Verfahren im Blick hat.

12   Fazit

Stefan Voßschmidt

Resilienz ist für den demokratischen Rechtsstaat das zentrale Ziel. Resilienz meint hier Resilienz aller Menschen und aller Ebenen. Resilienz meint nicht zuletzt Zukunft. Resilienz heißt Unbegrenztheit, meint auch mit der größten Lage fertig zu werden und ist eine gesamtgesellschaftliche Aufgabe, eine Aufgabe aller staatlichen Stellen, aller relevanten Unternehmen und jedes Einzelnen. Im Bereich der Kritischen Infrastrukturen (KRITIS) könnte es ein deutscher Beitrag zur Resilienz sein, wenn Deutschland das Stromnetz erwirbt (Bünder/Geintz/Theile 2023).

Besonders herausfordernd ist Resilienz bei Schockereignissen, bei nicht erwarteten Katastrophen, deren Dauer sich einer validen Prognose entzieht. Aber sie treten auf, wie die Flutkatastrophe im Westen nach dem Tief Bernd und der Munitionsbrand in Lübtheen zeigen. Nach Einschätzung der Autoren steigt das Risiko derartiger Schockereignisse tendenziell, die Herausforderungen sind in derartigen Lagen von ganz besonderer Art und die Resilienz steigt exponentiell in ihrer Bedeutung. Alle Autoren sehen die Risiken, die mit Schockereignissen einhergehen und stellen spezielle Aspekte in den Mittelpunkt.

Wer ist nun hier verantwortlich für die Bekämpfung derartiger Großkatastrophen und Schockereignisse? Es gilt auch hier: Freiheit heißt Verantwortung, jeder tut Seins und ist für Seins verantwortlich. D. h. jeder, der in Deutschland ist, hat nicht nur Grundrechte und Ansprüche gegen den Staat, sondern auch die Verpflichtung zum Selbstschutz, zur Selbstvorsorge. Das setzt das Grundgesetz voraus. In § 1 Abs 1 Satz 2 ZSKG wird es für die denkbar größte Katastrophe, den Zivilschutzfall oder Krieg ausdrücklich formuliert. Verpflichtungen treffen auch die Unternehmer. Sie dürfen keine Schäden zufügen (do no harm – internationaler Grundsatz und sind als Betreiber für ihr Unternehmen verantwortlich (Betreiberverantwortung)). Führt der Ausfall ihres Unternehmens zurechenbar zu einem Schaden, müssen sie diesen ersetzen. Besondere Verpflichtungen hat der Staat: Er hat beispielsweise die Daseinsvorsorge zu gewährleisten. Dazu haben staatliche Stellen mit der Notstandsverfassung erweiterte Handlungskompetenzen. Denn im Rechtsstaat gibt es kein »Not kennt kein Gebot«.

Wieweit haben die beschriebenen Lagen zu Analyse und Optimierungen geführt? Wieweit bestehen z. B. für das Land Rheinland-Pfalz Anpassungsnotwendigkeiten? Hat der Katastrophenschutz als Landesauftragsverwaltung und Pflichtaufgabe in Selbstverwaltung, zumindest teilweise den Kreisen und kreisfreien Städten über-

12   Fazit

tragen, funktioniert? Lösen die geplanten Landesämter für Katastrophenschutz und weitere rund um die Uhr besetzte Lagezentren die Probleme? Hier bieten, wie Uwe Becker klarlegt, bundeseinheitliche Standards, ein Fähigkeiten-Management und ein optimiertes Unterstützungssystem Optimierungspotential. Dabei bleibt der Föderalismus der Schlüssel zum Erfolg, wie Becker/Karsten es ausführen. Doch auch der länderübergreifende Katastrophenschutz kann optimiert werden, wie Kleinebrahn/Eckert zeigen.

Gleichzeitig zeigt die Analyse von Becker/Karsten der FwDV 100, dass diese in allen Ländern geltende Vorschrift vielleicht (etwas) angepasst werden muss, aber im Kern zeitgemäß und aufgabengerecht das Notwendige formuliert. Gerade ihre Prinzipien: Auftragstaktik – so wenig Personal, wie möglich – oder ein weiter Auslegungsraum, sind nach den geschilderten Erfahrungen der Flut im Westen und des Vegetationsbrandes munitionsverseuchter Flächen in Lübtheen wichtiger denn je. Denn die Lagen werden größer, dauern länger und überlagern sich. Krieg in der Ukraine und in Nahost, Hochwasser, Brand, Corona, Cyber-Angriffe, Klimawandel, das sind schon heute erkennbare Herausforderungen für den Bevölkerungsschutz. Ist das Risiko KI eine weitere? Gerade Bedrohungen aus dem Cyber-Raum werden immer (ge)wichtiger. Klappt Kommunikation noch ohne Satelliten? Haesler/Reuter zeigen, dass moderne Technologien resilienzsteigernd sein können, aber mit Abhängigkeiten i. B. vom Übertragungssystem einhergehen. Eine Übertragung von Gerät zu Gerät – hybride Kommunikation dezentral und zentral – peer to peer messaging – auch über data mules (Menschen, die die Nachricht weiterleiten, aber nicht lesen können) führt zu einer Redundanz der Kommunikationswege und steigert die Resilienz.

Alle Autoren präferieren die Nutzung neuer Technik. Damit KI hier helfen kann, ist die Nachvollziehbarkeit der KI-Entscheidungsvorschläge die wichtigste Grundlage, wie Leonie Sieger anschaulich darlegt. Können wir der KI trauen (vgl. Brachmann/Levesque 2023)? Schon die Auswertung von Social Media-Posts wird ein immer wichtigerer Teil der Lagebewältigung, wie Christoph Dennenmoser zeigt. Fake News müssen erkannt und richtiggestellt werden, um Panik zu vermeiden (vgl. falsche »Dammbruch Warnung« nach Tief Bernd im Ahrtal). Ein digitaler Lagebericht ist notwendig.

Schockereignisse führen zu neuen Entwicklungen. Diese werden im Bereich der Psychosozialen Notfallversorgung im Beitrag von Lars Tutt thematisiert. Bei Großkatastrophen wie der Flut nach dem Tief Bernd sind so große Landstriche zerstört, dass es für Betroffene unmöglich ist, dem Ereignis aus dem Weg zu gehen. So wird häufig die Suche nach Schuldigen/Täter:innen Teil des Verarbeitungsprozesses. Wichtig ist in derartigen Lagen (Situationen der Unsicherheit) die Verlässlichkeit

12 Fazit

der Ansprechpartner. Auch Menschen, die im Katastrophenschutz tätig sind, benötigen Struktur und Rückzugsräume, wie dies Schun/Rosenkranz schildern. Schockereignisse haben dramatische Auswirkungen für Betroffene, deren Lebensraum und -umstände. Cyber-Angriffe auf KRITIS hingegen, ziehen schwerwiegende Auswirkungen für die Gesamtgesellschaft mit sich; sie sind Schockereignisse der Zukunft (Aileena Helmer).

Verdrängungen helfen nicht. Wenn für das Ahrtal der Bemessungswert für das 100-jährige Hochwasser (HQ 100) mit ca. 505 m³/sec nicht einmal halb so groß ist, wie der tatsächliche Durchfluss von 1 200 m³/sec, der bei den Hochwassern 1804 und 2021 erreicht wurde, scheinen diese Hochwasser und die von 1910 und 2016 nicht ausreichend berücksichtigt (Arbeitskreis, Statistischer Hochwasserschutz 2023, S. 2). Die Hochwasserkatastrophe hat gezeigt, dass die Bundesregierung hinsichtlich der Aufgabenverteilung Bund – Länder eine Antwort finden muss. Hier empfiehlt es sich, **ein strategisches Netzwerk** zu etablieren, um bei zukünftigen Schockereignissen resilienter agieren zu können. Jede Ebene nimmt ihre Verantwortung konsequent und vollständig wahr, wie dies Albrecht Broemme betont. Wie Zusammenarbeit funktionieren kann, zeigt Marlies Cremer am Beispiel der grenzüberschreitenden Zusammenarbeit im Dreiländereck (Belgien, Deutschland, Niederlande). Dies setzt eine Kenntnis aller wichtigen Faktoren voraus, wie Karsten/Becker in der Road Map zeigen. Bei Corona nutzten alle dazu den Begriff der Systemrelevanz. Für die Versorgung sind z. B. Supermarktmitarbeiter:innen von besonderer Systemrelevanz. Systemrelevant ist natürlich auch die Resilienz der BOS und ihrer Einrichtungen. Wesentliches in vielen Katastrophen leisten Spontanhelfende. Aktuelle Forschung und Befragungen zeigen dies, wie von Alexander Fekete dargestellt.

Ist Deutschland verteidigungsbereit und verteidigungsfähig? Dirk Freudenberg analysiert die Lage im Hinblick auf einen möglichen Nato-Bündnisfall. Auch Russland als Aggressor war aus der Sicht Deutschlands ein Schockereignis. Die weitere Entwicklung ist nicht absehbar. Droht der Ukraine eine Entvölkerung? Die Prognosen von Mihm (2023) haben sich bewahrheitet. 2023 gab es rund 6 Millionen Flüchtlinge aus der Ukraine (Uno Flüchtlingshilfe 2024).

Wie dem auch sei: Es wird immer Schockereignisse geben. Resilienz auf allen Ebenen ist notwendig sie zu bewältigen. Wir hoffen, mit diesem Buch einen Beitrag dazu geleistet zu haben und einen Impuls zur weitergehenden Vernetzung gesetzt zu haben.

Abkürzungsverzeichnis

AAO	Allgemeine Aufbauorganisation
ABC	atomar, biologisch, chemisch
a.d.D.	Auf dem Dienstweg
ADD	Aufsichts- und Dienstleistungsdirektion Rheinland-Pfalz
AK V	Arbeitskreis V der Ständigen Konferenz der Innenminister und -senatoren der Länder; Feuerwehrangelegenheiten, Rettungswesen, Katastrophenschutz und zivile Verteidigung
AKNZ	Akademie für Krisenmanagement, Notfallvorsorge und Zivilschutz
ASDN	Autorisierte Stelle Digitalfunk Niedersachsen
ASG	Arbeitssicherstellungsgesetz
ASTIM	Arbeitsstab des Innenministeriums Mecklenburg-Vorpommern
ATV	All-Terrain-Vehicles
BABZ	Bundesakademie für Bevölkerungsschutz und Zivilschutz
BAIUDBw	Bundesamt für Infrastruktur, Umweltschutz und Dienstleistungen der Bundeswehr
BALM	Bundesamt für Logistik und Mobilität
BAO	Besondere Aufbauorganisation
BBK	Bundesamt für Bevölkerungsschutz und Katastrophenhilfe
BfV	Bundesamt für Verfassungsschutz
BGB	Bürgerliches Gesetzbuch
BGH	Bundesgerichtshof
BHKG	Gesetz über den Brandschutz, die Hilfeleistung und den Katastrophenschutz
Biwapp	App zur Warnung und Information der Bevölkerung
BLG	Bundesleitungsgesetz
BMAS	Bundesministerium für Arbeit und Soziales
BMG	Bundesministerium für Gesundheit
BMI	Bundesministerium des Innern und für Heimat

Abkürzungsverzeichnis

BMVg	Bundesministerium der Verteidigung
BOS	Behörden und Organisationen mit Sicherheitsaufgaben
BPol	Bundespolizei
BPolG	Bundespolizeigesetz
BSI	Bundesamt für Sicherheit in der Informationstechnik
BSI G	Gesetz über das Bundesamt für Sicherheit in der Informationstechnik
BSI-KritisV	Verordnung zur Bestimmung Kritischer Infrastrukturen nach dem BSI-Gesetz
BVerfG	Bundesverfassungsgericht
BW	Bundeswehr
CBRN	chemisch, biologisch, radioaktiv, nuklear
CBRN-MANV	MANV mit CBRN-kontaminierten Betroffenen
CER Richtlinie	Critical Entities Resilience
Dekon	Dekontamination
Dekon-G	Dekontamination von Geräten
Dekon-P	Dekontamination von Personal
Dekon-V	Dekontamination für Verletzte
DGKM	Deutsche Gesellschaft für Katastrophenmedizin e. V.
DGSMTech	Deutsche Gesellschaft zur Förderung von Social Media und Technologie im Bevölkerungsschutz e. V.
DWD	Deutscher Wetterdienst
EA	Einsatzabschnitt
EBV	Erdölbevorratungsverband
EHSH	Erste Hilfe mit Selbstschutzinhalten
eLSM	erweiterte Lebensrettende Sofortmaßnahmen
EnSiG	Energiesicherungsgesetz
ErdölBevG	Erdölbevorratungsgesetz
ESVG	Ernährungssicherstellungs- und -vorsorgegesetz
FD	Fachdienst

Abkürzungsverzeichnis

FEM	Führungs- und Einsatzmittel der Polizei
FGr	Fachgruppe des THW
FGr B	Fachgruppe Bergung des THW
FGr E	Fachgruppe Elektroversorgung des THW
FGr I	Fachgruppe Infrastruktur des THW
FGr N	Fachgruppe Notversorgung/Notinstallation des THW
FGr R	Fachgruppe Räumen
FGr SB	Fachgruppe Schwere Bergung des THW
FGr Sp	Fachgruppe Sprengen des THW
Fgr TW	Fachgruppe Trinkwasserversorgung des THW
FGr W	Fachgruppe Wassergefahren des THW
FGr WP	Fachgruppe Wasserschaden/Pumpen des THW
FÖS	Forschungsforum Öffentliche Sicherheit
FwDV	Feuerwehrdienstvorschrift
FZ FK	Fachzug Führung/Kommunikation des THW
FZ Log	Fachzug Logisitk des THW
GG	Grundgesetz
GoA	Geschäftsführung ohne Auftrag
GPS	Global Positioning System
gSE	größere Schadenslage bei der Polizei
GSE/K	Große Schadenslagen der Polizei/Katastrophen
HBV Anlage	Anlagen zum Herstellen, Behandeln und Verwenden wassergefährdender Stoffe
HFS	Hytrans Fire System Pumpen
HVB	Hauptverwaltungsbeamter
IBC Tanks	Intermediate Bulk Container
IfSG	Gesetz zur Verhütung und Bekämpfung von Infektionskrankheiten beim Menschen
IfSGMeldeVO	Meldeverordnung nach dem Gesetz zur Verhütung und Bekämpfung von Infektionskrankheiten beim Menschen

Abkürzungsverzeichnis

IKT	Informations- und Kommunikationstechnik
INSARAG	International Search and Rescue Advisory Group
IuK	Informations- und Kommunikation
IWWB	InfoWeb Weiterbildung
KATAL	Katastrophenalarm
KATWARN	Warn- und Informationssystem
KdoTerr-AufgBw	Kommando für Territoriale Aufgaben der Bundeswehr
KRITIS	Kritische Infrastrukturen
LebEL	Lebensbedrohliche Einsatzlagen
LfU	Landesamt für Umwelt
LKatSG MV	Gesetz über den Katastrophenschutz in Mecklenburg-Vorpommern
Lkdo RP	Landeskommando der Bundeswehr Rheinland-Pfalz
LSM	Lebensrettende Sofortmaßnahmen
LUP	Landkreis Ludwigslust Parchim in Mecklenburg-Vorpommern
MANV	Massenanfall von Verletzten
MILKATAL	Militärischer Katastrophenalarm
MoWaS	Modulares Warnsystem des Bundes
NBrandSchG	Niedersächsisches Gesetz über den Brandschutz und die Hilfeleistung der Feuerwehr
NINA	Notfall-Informations- und Nachrichten-App des Bundes
NKatSG	Niedersächsisches Katastrophenschutzgesetz
NLBK	Niedersächsisches Landesamt für Brand- und Katastrophenschutz
NPOG	Niedersächsisches Polizei- und Ordnungsbehördengesetz
OPZ	Operationszentrale
OV	Ortsverband des THW
PDV	Polizeidienstvorschrift
PRIOR	Primäres Ranking zur Initialen Orientierung im Rettungsdienst
PSA	Persönliche Schutzausrüstung
PSG	Postsicherstellungsgesetz

Abkürzungsverzeichnis

PSNV	Psychosoziale Notfallversorgung
PSNV B	Psychosoziale Notfallversorgung für Betroffene
PSNV E	Psychosoziale Notfallversorgung für Einsatzkräfte
PSU	Psychosoziale Unterstützung
S1	Stabsbereich 1 (nach FwDV 100 – Personal/Innerer Dienst
S2	Stabsbereich 2 (nach FwDV 100 – Lage)
S3	Stabsbereich 3 (nach FwDV 100 – Einsatz)
S4	Stabsbereich 4 (nach FwDV 100 – Versorgung)
S5	Stabsbereich 5 (nach FwDV 100 – Presse- und Medieninformation)
S6	Stabsbereich 6 (nach FwDV 100 – Informations- und Kommunikationswesen)
Sächs. BRKG	Sächsisches Gesetz über den Brandschutz, Rettungsdienst und Katastrophenschutz
SAE	Stab außergewöhnliche Ereignisse
S-Funktion	Funktion in einem Stabsbereich
SGB	Sozialgesetzbuch
StGB	Strafgesetzbuch
T-CPR	Telefonreanimation
TEL	Technische Einsatzleitung
TerrFüKdo	Territoriales Führungskommando der Bundeswehr
THW	Bundesanstalt Technisches Hilfswerk
TKG	Telekommunikationsgesetz
Tr	spezialisierter Trupp des THW
TZ	Technische Züge des THW
ÜMANV-S	nachbarliche Soforthilfe im Rettungsdienst in NRW
VdF	Verband der Feuerwehren in NRW e.V.
VerkLG	Verkehrsleistungsgesetz
VerkSiG	Verkehrssicherstellungsgesetz
V-Fall	Verteidigungsfall
vfdb	Vereinigung zur Förderung des Deutschen Brandschutzes

Abkürzungsverzeichnis

VOST	Virtual Operation Support Team
VwVfG	Verwaltungsverfahrensgesetz
WasSiG	Wassersicherstellungsgesetz
WiSiG	Wirschaftssicherstellungsgesetz
WPflG	Wehrpflichtgesetz
ZMZ	Zivil-Militärische Zusammenarbeit
ZOES	Zukunftsforum Öffentliche Sicherheit e. V.
ZSKG	Gesetz über den Zivilschutz und die Katastrophenhilfe des Bundes
ZTr	Zugtrupp

Literaturverzeichnis

2.1 Rechtliche Grundlagen

Bach et al.: Deutsche Resilienzstrategie – Ein wichtiger Schritt in Richtung gesamtstattlicher Resilienz? in: Notfallvorsorge 1/2024, S. 4 ff.

BMVg 2018: Was sind hybride Bedrohungen? abrufbar unter: https://www.bmvg.de/de/themen/sicherheitspolitik/hybride-bedrohungen/was-sind-hybride-bedrohungen–13692, letzter Zugriff: 29.12.2023.

BMVg 2023: Wehrhaft. Resilient. Nachhaltig. Integrierte Sicherheit für Deutschland, abrufbar unter: https://www.bmvg.de/resource/blob/5636374/38287252 c5442 b786ac5 d0036ebb237 b/nationale-sicherheitsstrategie-data.pdf, letzter Zugriff: 29.12.2023.

EUR-LEX 2023: Gemeinsame Mitteilung an das Europäische Parlament, den Europäischen Rat, den Rat, den Europäischen Wirtschafts- und Sozialausschuss und den Ausschuss der Regionen, Bekämpfung von Desinformation im Zusammenhang mit COVID-19 – Fakten statt Fiktion JOIN/2020/8 final, abrufbar unter: https://eur-lex.europa.eu/legal-content/DE/TXT/?uri=CELEX%3A52020JC0008, letzter Zugriff: 29.12.2023.

Heintschel von Heinegg: Hybride Bedrohungen im und durch den Cyberraum, Informationen zu politischen Bildung 353/2022, 17.01.2023, S. 1 ff, abrufbar unter: https://www.bpb.de/shop/zeitschriften/izpb/internationale-sicherheitspolitik-353/517305/hybride-bedrohungen-im-und-durch-den-cyberraum/, letzter Zugriff: 29.12.2023.

Kurscheid, Voßschmidt: Zwei Jahre nach der Flut – Was uns das Hochwasser an der Ahr lehrt(e), Notfallvorsorge 4/2023, 21 ff.

Sächsisches Gesetz über den Brandschutz, Rettungsdienst und Katastrophenschutz in der Fassung der Bekanntmachung vom 4. März 2024 (SächsGVBl. S. 289).

v. Lewinski K., Freudenberg, D.: § 3 Geschichte des Bevölkerungsschutzrechtes, B IX Rn 116 f, in: von Lewinski, Kai/Freudenberg, Dirk, Handbuch des Bevölkerungsschutzes, 2024.

5.1 Risikomanagement einer Kommune

Bundesamt für Bevölkerungsschutz und Katastrophenhilfe (Hrsg.): Risikoanalyse im Bevölkerungsschutz. Ein Stresstest für die Allgemeine Gefahrenabwehr und den Katastrophenschutz, 2. Aufl. 2019.

Gißler, D.: Einsätze wirksam führen. Eine universale Führungstheorie für die Gefahrenabwehr und das Krisenmanagement, Stuttgart 2021.

Grzeszick, B.: Katastrophenschutz ohne (förmlichen) Katastrophenfall? Zu Konzeption, Voraussetzungen und Grenzen nur materieller Zuständigkeitsregelungen im Katastrophenschutzrecht, in: Verwaltungsarchiv Bd. 114 (2023), S. 139 ff.

Kleikamp, J.: Kleines Handbuch der Krisenkommunikation, 3. Aufl. Köln 2023.

Lenzen, V.: Erkenntnisse aus der Corona-Pandemie für die Kommunalverwaltung (Teil 1 und 2), Der Gemeindehaushalt 2023, S. 132 ff., S. 157 ff.

Otto, J., Schomaker, R. M.: Veränderung deutscher Verwaltungen durch die COVID-19-Pandemie, Verwaltung & Management 2022, S. 64 ff.

Schwind, J.: Verwaltungsrechtliche Aspekte der Corona-Krise in Niedersachsen, in: Niedersächsische Verwaltungsblätter 2020, S. 293 ff.

Schwind, NLT-Information 6/2020, S. 185 ff.

ders.: Die Niedersächsischen Kommunen und Corona – erstes Zwischenfazit mit Blick auf mögliche nächste Krisen, in: Seybold, Jan (Hrsg.): 9. Niedersächsischer Kommunalrechtskongress, Hamburg 2022.

Literaturverzeichnis

ders.: Corona-Krise: Erstes Zwischenfazit und Vorbereitungen auf eine mögliche zweite Welle, NLT-Information 4/2020, S. 103 ff.
ders.: Aufbau der Impfzentren: Land löst das neue außergewöhnliche Ereignis von landesweiter Tragweite nach Katastrophenschutzrecht aus, NLT-Information 6/2020, S. 185 ff.

5.3 Warnung aus der Sicht eines Betroffenen

Deeg, J.: Die vernetzte Welt der Pflanzen, Spektrum der Wissenschaft Verlagsgesellschaft mbH, 2018.
Neumann, A.: Er war doch nur Regen!? Protokoll einer Katastrophe, Gmeiner-Verlag GmbH, Meßkirch 2021.
Kox, T., Göber, Dr. M.: Umgang mit Unsicherheit und Auswirkungen auf die Warnung, in: Tagungsband LÜKEX 15, 1.Thementag: Warnung der Bevölkerung. Bundesamt für Bevölkerungsschutz und Katastrophenhilfe, Bonn Oktober 2015.
Schedlich, C., Fröschke, K., Helmerichs, J.: Warnung der Bevölkerung aus sozialwissenschaftlicher Perspektive, in: Tagungsband LÜKEX 15, 1. Thementag: Warnung der Bevölkerung. Bundesamt für Bevölkerungsschutz und Katastrophenhilfe, Bonn Oktober 2015.

6.2 Resilienz aus Sicht der Feuerwehr

Allport, G. & Odbert, H.: Trait-names: A psycho-lexical study. Psychological Monographs, Whole No. 211, 1936.

6.3 Bundesanstalt Technisches Hilfswerk (THW)

Homepage BBK:Bundesamt für Bevölkerungsschutz und Katastrophenhilfe, Sicherstellungs- und Vorsorgegesetze, 2023, online abrufbar unter: https://www.bbk.bund.de/SharedDocs/Glossareintraege/DE/S/sicherstellungs_vorsorgegesetz.html, letzter Zugriff: 29.12.2023.
Homepage THW: THW im Überblick, 2023, online abrufbar unter: https://www.thw.de/SharedDocs/Downloads/DE/Allgemein/thw_ueberlick.pdf?__blob=publicationFile&v=7, letzter Zugriff: 29.12.2023.

6.4 Aufgaben der Polizei

Bundespolizei (Hrsg.): Bundespolizei – Unser Auftrag, 2023, online abrufbar unter: https://www.bundespolizei.de/Web/DE/05Die-Bundespolizei/01Unser-Auftrag/Unser-Auftrag_node.html, letzter Zugriff: 20.5.2023.
Hofinger, G., Heimann, R. (Hrsg.): Handbuch Stabsarbeit. Führungs- und Krisenstäbe in Einsatzorganisationen, Behörden und Unternehmen, Berlin, Heidelberg: Springer, 2016.
Innenministerkonferenz, Arbeitskreis II (Hrsg.): PDV 100 »Führung und Einsatz der Polizei«. Ausgabe 07/2020. Zitiert als: PDV 100.
Kasper, M., Hendigk, B.: Zusammenarbeit von Polizei und Rettungsdiensten in größeren Schadenslagen. In: Handbuch des Rettungswesens (4/2022, Bd. 1), Witten: Mendel, 2022.
Spielvogel, C., Reissig-Hochweller, R., Trautmann, K., Kappes, P., Brunner, T.: Taschenbuch Stabsarbeit. Stuttgart, München, Hannover, Berlin, Weimar, Dresden: Boorberg, 2013.

6.7 Helfer-Shuttle – Ein Dank den Helfenden

Löffler, Michael Peter: Guten Morgen Sonnenschein, Crisis Prevention 4/2022, S. 48 ff.

Literaturverzeichnis

6.11 Besonderheiten der Psychosozialen Notfallversorgung

BBK 2012, Bundesamt für Bevölkerungsschutz und Katastrophenhilfe: Psychosoziale Notfallversorgung: Qualitätsstandards und Leitlinien Teil I und II, Praxis im Bevölkerungsschutz, Band 7, 3. Auflage, Bonn, 2012.

Beerlage, I., Arendt, D., Hering, T., Springer, S.: Der Einzug gesundheitswissenschaftlicher Perspektiven in der PSNV. In: Karutz, H.; Blank-Gorki, V. (Hrsg.): Wege zur Psychosozialen Notfallversorgung, Edewecht, 2020, S. 154.

Hobfoll, S. E., Watson, P., Bell, C. C., Bryant, R. A., Brymer, M. J. et al.: Five Essential Elements of Immediate and Mid Term Mass Trauma Intervention. Empirical Evidence, in: Psychiatry, 70 (4) 2007, S. 283-315.

Hoppe, S.: Die PSNV und ihre Entwicklung. In: Karutz, H.; Blank-Gorki, V. (Hrsg.): Wege zur Psychosozialen Notfallversorgung, Edewecht, 2020, S. 21.

Jatzko, S.: »Katastrophen-Nachsorge in einer Schicksalsgemeinschaft«. In: Karutz, H.; Blank-Gorki, V. (Hrsg.): Wege zur Psychosozialen Notfallversorgung, Edewecht, 2020, S. 119.

Karutz, H.: Nachwort und Ausblick, in: Karutz, H.; Blank-Gorki, V. (Hrsg.): Wege zur Psychosozialen Notfallversorgung, Edewecht, 2020, S. 230.

Lasogga, F., Gasch, B.: Psychische Erste Hilfe bei Unfällen, Edewecht, 2009, S. 55.

Müller-Lange, J.: Seelsorge unter den Bedingungen einer Katastrophe, in: Müller-Lange, J.; Rieske, U.; Unruh, J. (Hrsg.): »Handbuch Notfallseelsorge«, 2013, S. 257.

Nachsorge Trier, online abrufbar unter: https://www.katastrophen-nachsorge.de/aktuelles/nachsorge-trier/, letzter Zugriff. 25.7.2023.

Rebuck, J.: »PSNV-Einsatz im Ahrtal – Lessons Learned für ein Krisenventionsteam«, in: IM EINSATZ, 29. Jg. (2022).

Tutt, L.: PSNV für Spontan- und ungebundene Helfer: Belastungsstörungen vorbeugen, in: IM EINSATZ, 26. Jg. (2019), S. 57-61.

6.12 Spannungsverhältnisse im Einsatz (Flutkatastrophe im Ahrtal 2021)

Ridder, A.: Der Sicherheitsassistent, in: Feuerwehr einsatz:nrw 1-2/2017.

8.1. Flut und Bewältigung als Schock – Lehren aus 2021 für die Resilienz von Einsatzkräften und Gesellschaft

Baumgarten, C., Bentler, C.: Analyse der persönlichen Zufriedenheit von Einsatzkräften während der Hochwasserkatastrophe 2013 in Deutschland. Eine Umfrage zur Steigerung der Motivation von Helfern im Bevölkerungsschutz, 2015.

Fekete, A.: Motivation, Satisfaction, and Risks of Operational Forces and Helpers Regarding the 2021 and 2013 Flood Operations in Germany. Sustainability 13, 12587, 2021.

Fekete, A.: Vorläufige Erst-Auswertung zur Umfrage zur Zufriedenheit der Einsatzkräfte, Helferinnen und Helfer beim Hochwasser 2021, Cologne, 2021, S. 22.

Fekete, A., Sandholz, S.: Here Comes the Flood, but Not Failure? Lessons to Learn after the Heavy Rain and Pluvial Floods in Germany 2021. Water 13, 3016, 2021.

Raphael, B.: When disaster strikes. A handbook for the caring professions. Century Hutchinson, London, UK, 1986, 342 ff.

Literaturverzeichnis

8.2. Webdaten zur Anreicherung des Lagebilds: Chancen und aktuelle Herausforderungen

Abel, F., Hauff, C., Houben, G., Stronkman, R. & Tao, K.: Twitcident: fighting fire with information from social web streams. WWW (Companion Volume), 2012, S. 305–308.

Adjali, O., Besançon, R., Ferret, O., Le Borgne, H. & Grau, B.: Building a Multimodal Entity Linking Dataset From Tweets. Proceedings of the 12th Language Resources and Evaluation Conference, 2020, 4285–4292.

Alam, F., Ofli, F. & Imran, M.: Descriptive and Visual Summaries of Disaster Events Using Artificial Intelligence Techniques: Case Studies of Hurricanes Harvey, Irma, and Maria. Behaviour & Information Technology, 39(3), 2020, S. 288–318.

Alam, F., Ofli, F., Imran, M. & Aupetit, M.: A Twitter Tale of Three Hurricanes: Harvey, Irma, and Maria, in B. Tomaszewski & K. Boersma (Hrsg.): Conference Proceedings – 15th International Conference on Information Systems for Crisis Response and Management, ISCRAM 2018 (S. 553–572). Information Systems for Crisis Response; Management, ISCRAM, 2018.

Al-Olimat, H., Thirunarayan, K., Shalin, V. & Sheth, A.: Location Name Extraction from Targeted Text Streams using Gazetteer-based Statistical Language Models. Proceedings of the 27th International Conference on Computational Linguistics, 1986–1997, 2018, online abrufbar unter: https://aclanthology.org/C18-1169, letzter Zugriff: 02.04.2024.

Angaramo, F. & Rossi, C.: Online Clustering and Classification for Real-time Event Detection in Twitter, in K. Boersma & B. Tomaszeski (Hrsg.): 15th International Conference on Information Systems for Crisis Response and Management (ISCRAM), 2018.

Argamon, S., Koppel, M., Pennebaker, J. & Schler, J.: Automatically Profiling the Author of an Anonymous Text. Communications of the ACM, 52(2), 2009.

BBK: Glossar, Bundesamt für Bevölkerungsschutz und Katastrophenhilfe, 2022.

BBK: Krisenmanagement: Thema Lagebild Bevölkerungsverhalten, 2023.

Bodaghi, A., Schmitt, K. A., Watine, P. & Fung, B. C. M.: A Literature Review on Detecting, Verifying, and Mitigating Online Misinformation. IEEE Transactions on Computational Social Systems, 2023, S. 1–27, online abrufbar unter: https://doi.org/10.1109/TCSS.2023.3289031, letzter Zugriff: 02.04.2024.

Boididou, C., Papadopoulos, S., Kompatsiaris, Y., Schifferes, S. & Newman, N.: Challenges of Computational Verification in Social Multimedia. Proceedings of the 23rd International Conference on World Wide Web, 2014, 743–748.

Bongard, J., Kersten, J. & Klan, F.: Searching and Structuring the Twitter Stream for Crisis Response: A flexible Concept to support Research and Practice. Proceedings of the 4th International Open Search Symposium (OSSYM), 2022.

Bubendorfer-Licht, S., Eckert, L., Hahn, A., Krings, G. & Schäfer, I.: Grünbuch – Interdisziplinäres Lagebild in Echtzeit, 2023.

Burel, G. & Alani, H.: Crisis Event Extraction Service (CREES) – Automatic Detection and Classification of Crisis-related Content on Social Media. Proceedings of the 15th International Conference on Information Systems for Crisis Response and Management (ISCRAM), 2018, S. 12.

Cer, D., Yang, Y., Kong, S., Hua, N., Limtiaco, N., John, R. S., Constant, N., GuajardoCespedes, M., Yuan, S., Tar, C., Sung, Y., Strope, B. & Kurzweil, R.: Universal Sentence Encoder. CoRR, abs/1803.11175, 2018.

Cheng, Y.: How Social Media Is Changing Crisis Communication Strategies: Evidence from the Updated Literature. Journal of Contingencies and Crisis Management, 26(1), 2018, S. 58–68.

de Miranda, G. R., Pasti, R. & de Castro, L. N.: Detecting Topics in Documents by Clustering Word Vectors. In F. Herrera, K. Matsui & S. Rodríguez-González (Hrsg.), Distributed Computing and Artificial Intelligence, 16th International Conference (S. 235–243). Springer International Publishing, 2020.

Devlin, J., Chang, M., Lee, K. & Toutanova, K.: BERT: Pre-training of Deep Bidirectional Transformers for Language Understanding. CoRR, abs/1810.04805, 2018.

Literaturverzeichnis

DFV: Deutscher Feuerwehr Verband, Leitstelle der Zukunft: Transformation zum Dienstleister für operative Gefahrenabwehr und Informationsmanagement (Positionspapier), 2020.

Fathi, R., Thom, D., Koch, S., Ertl, T. & Fiedrich, F.: VOST: A Case Study in Voluntary Digital Participation for Collaborative Emergency Management. Information Processing & Management, 57(4), 102174, 2020.

Fertier, A., Montarnal, A., Barthe-Delanoë, A.-M., Truptil, S. & Bénaben, F.: Realtime data exploitation supported by model- and event-driven architecture to enhance situation awareness, application to crisis management. Enterprise Information Systems, 14(6), 2020, 769–796, online abrufbar unter: https://doi.org/10.1080/17517575.2019.1691268, letzter Zugriff: 02.04.2024.

Ghanem, B., Ponzetto, S. P. & Rosso, P.: FacTweet: Profiling Fake News Twitter Accounts. arXiv preprint arXiv:1910.06592, 2019.

Grace, R.: Overcoming Barriers to Social Media use Through Multisensor Integration in Emergency Management Systems. International Journal of Disaster Risk Reduction, 66, 102636, 2021.

Hasan, M., Orgun, M. A. & Schwitter, R.: A Survey on Real-time Event Detection from the Twitter Data Stream. Journal of Information Science, 44(4), 2018, S. 443–463.

Hogan, A., Blomqvist, E., Cochez, M., D'amato, C. et al.: Knowledge Graphs, arXiv:2003.02320 v6, online abrufbar unter: http://doi.org/10.48550/arXiv.2003.02320, letzter Zugriff: 15.07.2024.

Gayo, J. E. L., Navigli, R., Neumaier, S., Ngomo, A.-C. N., Polleres, A., Rashid, S. M., Rula, A., Schmelzeisen, L., Sequeda, J., Staab, S. & Zimmermann, A.: Knowledge Graphs. ACM Comput. Surv., 54(4),2021, online abrufbar unter: https://doi.org/10.1145/3447772, letzter Zugriff: 02.04.2024.

Hu, X., Al-Olimat, H. S., Kersten, J., Wiegmann, M., Klan, F., Sun, Y. & Fan, H.: GazPNE: Annotation-free Deep Learning for Place Name Extraction from Microblogs Leveraging Gazetteer and Synthetic Data by Rules. International Journal of Geographical Information Science, 36(2), 2022 a, S. 310–337.

Hu, X., Sun, Y., Kersten, J., Zhou, Z., Klan, F. & Fan, H.: How Can Voting Mechanisms Improve the Robustness and Generalizability of Toponym Disambiguation?, 2022b.

Hu, X., Zhou, Z., Li, H., Hu, Y., Gu, F., Kersten, J., Fan, H. & Klan, F.: Location Reference Recognition from Texts: A Survey and Comparison, 2022c.

Hu, X., Zhou, Z., Sun, Y., Kersten, J., Klan, F., Fan, H. & Wiegmann, M.: GazPNE2: A General Place Name Extractor for Microblogs Fusing Gazetteers and Pretrained Transformer Models. IEEE Internet of Things Journal, 9(17), 2022 d, 16259–16271.

Imran, M., Castillo, C., Diaz, F. & Vieweg, S.: Processing Social Media Messages in Mass Emergency: Survey Summary. Companion Proceedings of the The Web Conference 2018, 2018, S. 507–511.

Imran, M., Castillo, C., Lucas, J., Meier, P. & Vieweg, S.: AIDR: artificial intelligence for disaster response. WWW (Companion Volume), 2014, S. 159–162.

Imran, M., Qazi, U., Ofli, F., Peterson, S. & Alam, F.: AI for Disaster Rapid Damage Assessment from Microblogs. Proceedings of the AAAI Conference on Artificial Intelligence, 36(11), 12517–12523.

Jiang, S., Groves, W., Anzaroot, S. & Jaimes, A. (2019). Crisis Sub-Events on Social Media: A Case Study of Wildfires. Proceedings of the AI for Social Good Workshop at the 36th International Conference on Machine Learning (AISG@ICML), 2022.

Kaufhold, M.-A., Gizikis, A., Reuter, C., Habdank, M. & Grinko, M.: Avoiding Chaotic Use of Social Media Before, During, and After Emergencies: Design and Evaluation of Citizens' Guidelines. Journal of Contingencies and Crisis Management, 27(3), 2019 a, S. 198–213.

Kaufhold, M.-A., Rupp, N., Reuter, C. & Habdank, M.: Mitigating Information Overload in Social Media During Conflicts and Crises: Design and Evaluation of a Cross-platform Alerting System. Behaviour & Information Technology, 39(3), 2019 b, S. 319–342.

Kersten, J., Bongard, J. & Klan, F.: Combining Supervised and Unsupervised Learning to Detect and Semantically Aggregate Crisis-Related Twitter Content. Proceedings of the 18th International Conference on Information Systems for Crisis Response and Management, 2021.

Literaturverzeichnis

Kersten, J., Bongard, J. & Klan, F.: Gaussian Processes for One-class and Binary Classification of Crisis-related Tweets. Proceedings of the 19th International Conference on Information Systems for Crisis Response and Management (ISCRAM), Tarbes, France, May 2022.

Kersten, J. & Klan, F.: What Happens Where During Disasters? A Workflow for the Multifaceted Characterization of Crisis Events Based on Twitter Data. Journal of Contingencies and Crisis Management, 28(3), 2020, S. 262–280.

Kersten, J., Kruspe, A., Wiegmann, M. & Klan, F.: Robust Filtering of Crisis-related Tweets. Proceedings of the 16th International Conference on Information Systems for Crisis Response and Management, May 19-22, 2019.

Kruspe, A., Kersten, J. & Klan, F.: Detecting event-related tweets by example using fewshot models. Proceedings of the 16th International Conference on Information Systems for Crisis Response and Management (ISCRAM), Valencia, Spain, May 19-22, 2019.

Kulkarni, S., Jain, S., Hosseini, M. J., Baldridge, J., Ie, E. & Zhang, L.: Spatial Language Representation with Multi-Level Geocoding. CoRR, abs/2008.09236. 2020, online abrufbar unter: https://arxiv.org/abs/2008.09236, letzter Zugriff: 02.02.2024

Li, H., Caragea, D., Caragea, C. & Herndon, N.: Disaster Response Aided by Tweet Classification With a Domain Adaptation Approach. Journal of Contingencies and Crisis Management, 26(1), 2018, S. 16–27.

Liu, J., Singhal, T., Blessing, L. T. M., Wood, K. L. & Lim, K. H.: CrisisBERT: A Robust Transformer for Crisis Classification and Contextual Crisis Embedding, 2020.

Liu, W., Jiang, L., Wu, Y., Tang, T. & Li, W.: Topic Detection and Tracking Based on Event Ontology. IEEE Access, 8, 98044–98056, 2020.

Luo, X., Qiao, Y., Li, C., Ma, J. & Liu, Y.: An Overview of Microblog User Geolocation Methods. Information Processing & Management, 57(6), 2020.

Mazloom, R., Li, H., Caragea, D., Caragea, C. & Imran, M.: A Hybrid Domain Adaptation Approach for Identifying Crisis-Relevant Tweets. International Journal of Information Systems for Crisis Response and Management, 11, 2019, S. 1–19.

McCreadie, R., Macdonald, C. & Ounis, I.: EAIMS: Emergency Analysis Identification and Management System. SIGIR, 2016, S. 1101–1104.

Middleton, S. E., Kordopatis-Zilos, G., Papadopoulos, S. & Kompatsiaris, Y.: Location Extraction from Social Media: Geoparsing, Location Disambiguation, and Geotagging. ACM Trans. Inf. Syst., 36 (4), 2018.

Mishra, P., Del Tredici, M., Yannakoudakis, H. & Shutova, E.: Author Profiling for Abuse Detection. Proceedings of the 27th International Conference on Computational Linguistics, 2018, S. 1088–1098.

Nguyen, D. Q., Vu, T. & Tuan Nguyen, A.: BERTweet: A Pre-trained Language Model for English Tweets. Proceedings of the 2020 Conference on Empirical Methods in Natural Language Processing: System Demonstrations, 2020, S. 9–14.

Nguyen, T. D., Al-Mannai, K. A., Joty, S., Sajjad, H., Imran, M. & Mitra, P.: Robust Classification of Crisis-related Data on Social Networks Using Convolutional Neural Networks. Proceedings of the 11th International Conference on Web and Social Media (ICWSM), 2017, S. 632–635.

Ning, X., Yao, L., Benatallah, B., Zhang, Y., Sheng, Q. Z. & Kanhere, S. S.: Source-Aware Crisis-Relevant Tweet Identification and Key Information Summarization. ACM Transactions on Internet Technology, 19(3), 37:1–37:20, 2019.

Olteanu, A., Castillo, C., Diaz, F. & Vieweg, S.: CrisisLex: A Lexicon for Collecting and Filtering Microblogged Communications in Crises. Proceedings of the International AAAI Conference on Web and Social Media, 8(1), S. 376–385, online abrufbar unter: https://doi.org/10.1609/icwsm.v8i1.14538, letzter Zugriff: 02.04.2024.

Poblete, B., Guzmán, J., Maldonado, J. & Tobar, F. A.: Robust Detection of Extreme Events Using Twitter: Worldwide Earthquake Monitoring. IEEE Transactions on Multimedia, 2018.

Literaturverzeichnis

Purves, R. S., Clough, P., Jones, C. B., Hall, M. H. & Murdock, V.: Geographic Information Retrieval: Progress and Challenges in Spatial Search of Text. Foundations and Trends® in Information Retrieval, 12(2-3), 2018, S.164–318.

Reuter, C. & Kaufhold, M.-A.: Fifteen Years of Social Media in Emergencies: A Retrospective Review and Future Directions for Crisis Informatics. Journal of Contingencies and Crisis Management, 26 (1), 2018, S. 41–57.

Reuter, C., Ludwig, T., Friberg, T., Pratzler-Wanczura, S. & Gizikis, A.: Social Media and Emergency Services? Interview Study on Current and Potential Use in 7 European Countries. Int. J. Inf. Syst. Crisis Response Manag., 7(2), 2015, S. 36–58, online abrufbar unter: https://doi.org/10.4018/IJISCRAM.2015040103, letzter Zugriff: 02.04.2024.

Reuter, C., Stieglitz, S. & Imran, M.: Social Media in Conflicts and Crises. Behaviour & Information Technology, 39(3), 2020, S. 241–251.

Schopp, N., Schüler, C., Tondorf, V. & Schueller, L.: Lagebild Bevölkerungsverhalten für ein effektives Krisenmanagement. Bundesgesundheitsblatt – Gesundheitsforschung Gesundheitsschutz, 65, 2022, 1067–1072, online abrufbar unter: https://doi.org/10.1007/s00103-022-03583-2, letzter Zugriff: 02.04.2024.

Sharma, K., Qian, F., Jiang, H., Ruchansky, N., Zhang, M. & Liu, Y.: Combating Fake News: A Survey on Identification and Mitigation Techniques. 10(3), 2019, online abrufbar unter: https://dl.acm.org/doi/10.1145/3305260, letzter Zugriff: 02.04.2024.

Soares, L. B., FitzGerald, N., Ling, J. & Kwiatkowski, T.: Matching the Blanks: Distributional Similarity for Relation Learning. CoRR, abs/1906.03158, 2019.

Stieglitz, S., Mirbabaie, M., Fromm, J. & Melzer, S.: The Adoption of Social Media Analytics for Crisis Management – Challenges and Opportunities. Twenty-Sixth Eur. Conf. Inf. Syst. (ECIS2018), 2018a.

Stieglitz, S., Mirbabaie, M. & Milde, M.: Social Positions and Collective Sense-Making in Crisis Communication. International Journal of Human–Computer Interaction, 34(4), 2018b, S. 328–355.

Thiebes, B. & Winkhardt-Enz, R.: Challenges and Opportunities Using new Modalities and Technologies for Multi-risk Management. Natural Hazards, 2022.

Thom, D., Krüger, R. & Ertl, T.: Can Twitter Save Lives? A Broad-scale Study on Visual Social Media Analytics for Public Safety. IEEE Transactions on Visualization and Computer Graphics, 22(7), 2015, S. 1816–1829.

Thomas, C., McCreadie, R. & Ounis, I.: Event Tracker: A Text Analytics Platform for Use During Disasters. SIGIR, 2019, S. 1341–1344.

Viegas, F., Canuto, S., Gomes, C., Luiz, W., Rosa, T., Ribas, S., Rocha, L. & Gonçalves, M. A.: CluWords: Exploiting Semantic Word Clustering Representation for Enhanced Topic Modeling. Proceedings of the Twelfth ACM International Conference on Web Search and Data Mining, 2019, S. 753–761.

Wang, J., Hu, Y. & Joseph, K.: NeuroTPR: A neuro-net toponym recognition model for extracting locations from social media messages. Transactions in GIS, 24(3), 2020, S. 719–735, online abrufbar unter: https://doi.org/10.1111/tgis.12627, letzter Zugriff: 17.05.2023.

Wiegmann, M., Kersten, J., Senaratne, H., Potthast, M., Klan, F. & Stein, B.: Opportunities and Risks of Disaster Data from Social Media: A Systematic Review of Incident Information. Natural Hazards and Earth System Sciences, 21(5), 2021.

Wiegmann, M., Kersten, J., Klan, F., Potthast, M. & Stein, B.: Analysis of Filtering Models for Disaster-Related Tweets. Proceedings of the 17th International Conference on Information Systems for Crisis Response and Management, 2020.

Yan, Z., Yang, C., Hu, L., Zhao, J., Jiang, L. & Gong, J.: The Integration of Linguistic and Geospatial Features Using Global Context Embedding for Automated Text Geocoding. ISPRS International Journal of Geo-Information, 10(9), 2021, online abrufbar unter: https://www.mdpi.com/2220-9964/10/9/572, letzter Zugriff: 17.05.2023.

Literaturverzeichnis

Yao, S., Hu, S., Li, S., Zhao, Y., Su, L., Kaplan, L., Yener, A. & Abdelzaher, T.: On Source Dependency Models for Reliable Social Sensing: Algorithms and Fundamental Error Bounds. 2016 IEEE 36th International Conference on Distributed Computing Systems (ICDCS), 2016, 467–476.

Yin, J., Chao, D., Liu, Z., Zhang, W., Yu, X. & Wang, J.: Model-Based Clustering of Short Text Streams. Proceedings of the 24th ACM SIGKDD International Conference on Knowledge Discovery & Data Mining, 2018, S. 2634–2642, online abrufbar unter: https://dl.acm.org/doi/10.1145/3219819.3220094, letzter Zugriff: 17.05.2023.

8.3 Moderne Technologien

Das Flutinformations- und Warnsystem FLIWAS, online abrufbar unter: https://infoportal.fliwas3.de/, Lde/136608.html, letzter Zugriff: 10.10.23.

Elektronische Lagedarstellung Bevölkerungsschutz, online abrufbar unter: https://www.iosb.fraunhofer.de/de/projekte-produkte/elektronische-lagedarstellung-bevoelkerungsschutz.html, letzter Zugriff: 10.10.2023.

EU project successfully deploys robots following Italy earthquake, online abrufbar unter: https://cordis.europa.eu/article/id/120405-eu-project-successfully-deploys-robots-following-italy-earthquake, letzter Zugriff: 10.10.2023.

Famine Early Warning Systems Network, online abrufbar unter: https://fews.net/, letzter Zugriff: 10.10.2013.

Imran, M., Castillo, C., Lucas, J., Meier, P. and Sarah Vieweg, S.: AIDR: artificial intelligence for disaster response. In Proceedings of the 23rd International Conference on World Wide Web (WWW '14 Companion). Association for Computing Machinery, New York, NY, USA, 2014, 159–162, online abrufbar unter: https://doi.org/10.1145/2567948.2577034, letzter Zugriff: 10.10.2023.

John, A.: Es ging um Minuten, online abrufbar unter: https://www.tagesschau.de/inland/gesellschaft/katastrophenschutz-flut-ahrtal-101.html, letzter Zugriff: 10.10.2023.

Kawatsuma, S., Fukushima, M., & Okada, T.: Emergency response by robots to Fukushima-Daiichi accident: summary and lessons learned. Industrial Robot: An International Journal, 39(5), 2012, 428–435, online abrufbar unter: https://doi.org/10.1108/01439911211249715, letzter Zugriff: 10.10.2023.

Kruijff, G.-J. M. et al.: »Rescue robots at earthquake-hit Mirandola, Italy: A field report,« 2012 IEEE International Symposium on Safety, Security, and Rescue Robotics (SSRR), College Station, TX, USA, 2012, pp. 1-8, online abrufbar unter: https://ieeexplore.ieee.org/document/6523866, letzter Zugriff: 10.10.2023.

Mostafiz, R., Rohli, R.V, Friedland, C.J and Lee, Y.: Actionable Information in Flood Risk Communications and the Potential for New Web-Based Tools for Long-Term Planning for Individuals and Community. Front. Earth Sci. 10:840250, online abrufbar unter: https://doi.org/10.3389/feart.2022.840250, letzter Zugriff: 10.10.2023.

Murphy, R. R., Steimle, E., Griffin, C., Cullins, C., Hall, M. and Pratt, K.: Cooperative use of unmanned sea surface and micro aerial vehicles at Hurricane Wilma. J. Field Robotics, 25: 2008, 164-180. https://doi.org/10.1002/rob.20235, letzter Zugriff: 10.10.2023.

Sambasivam, G., Opiyo, G. D.: A predictive machine learning application in agriculture: Cassava disease detection and classification with imbalanced dataset using convolutional neural networks, Egyptian Informatics Journal, Volume 22, Issue 1, 2021, pp 27-34, ISSN 1110-8665, online abrufbar unter: https://doi.org/10.1016/j.eij.2020.02.007, letzter Zugriff: 10.10.2023.

Sarvapali D. Ramchurn, Trung Dong Huynh, Yuki Ikuno, Jack Flann, Feng Wu, Luc Moreau, Nicholas R. Jennings, Joel E. Fischer, Wenchao Jiang, Tom Rodden, Edwin Simpson, Steven Reece, and Stephen J. Roberts: HAC-ER: A Disaster Response System based on Human-Agent Collectives. In Proceedings of the 2015 International Conference on Autonomous Agents and Multiagent Systems (AAMAS '15). International Foundation for Autonomous Agents and Multiagent Systems, Richland, SC, 2015, 533–541.

Literaturverzeichnis

Son, Y., Clouston, S., Kotov, R., Eichstaedt, J., Bromet, E., Luft, B., & Schwartz, H.: World Trade Center responders in their own words: Predicting PTSD symptom trajectories with AI-based language analyses of interviews. Psychological Medicine, 53(3), 2023, 918-926, online abrufbar unter: https://doi.org/10.1017/S0033291721002294, letzter Zugriff: 10.10.2023.

Tao Li, Ning Xie, Chunqiu Zeng, Wubai Zhou, Li Zheng, Yexi Jiang, Yimin Yang, Hsin-Yu Ha, Wei Xue, Yue Huang, Shu-Ching Chen, Jainendra Navlakha, and S. S. Iyengar: Data-Driven Techniques in Disaster Information Management. ACM Comput. Surv. 50, 1, Article 1, 2017,(January 2018), 45 pages, online abrufbar unter: https://doi.org/10.1145/3017678, letzter Zugriff: 10.10.2023.

Wang, K., Lam, N. S. N., Zou, L., Mihunov, V.: Twitter Use in Hurricane Isaac and Its Implications for Disaster Resilience. ISPRS International Journal of Geo-Information. 2021; 10(3):116, online abrufbar unter: https://doi.org/10.3390/ijgi10030116, letzter Zugriff: 10.10.2023.

Xiyue Wang, Kazuki Takashima, Tomoaki Adachi, Patrick Finn, Ehud Sharlin, and Yoshifumi Kitamura: AssessBlocks: Exploring Toy Block Play Features for Assessing Stress in Young Children after Natural Disasters. Proc. ACM Interact. Mob. Wearable Ubiquitous Technol. 4, 1, Article 30 (March 2020), 2020, 29 pages. Online abrufbar unter: https://doi.org/10.1145/3381016, letzter Zugriff: 10.10.23.

Xuan Song, Quanshi Zhang, Yoshihide Sekimoto, Teerayut Horanont, Satoshi Ueyama, and Ryosuke Shibasaki: Modeling and probabilistic reasoning of population evacuation during large-scale disaster. In Proceedings of the 19th ACM SIGKDD international conference on Knowledge discovery and data mining (KDD '13). Association for Computing Machinery, New York, NY, USA, 2013, 1231–1239, online abrufbar unter: https://doi.org/10.1145/2487575.2488189, letzter Zugriff: 10.10.2023.

Zahera, H. M., Vollmers, D., Sherif, M. A., Ngomo, A. C. N.: MULTPAX: Keyphrase Extraction Using Language Models and Knowledge Graphs. In: Sattler, U., et al. The Semantic Web – ISWC 2022. ISWC 2022. Lecture Notes in Computer Science, vol 13489. Springer, Cham, 2022, online abrufbar unter: https://doi.org/10.1007/978-3-031-19433-7_18, letzter Zugriff: 10.10.2023.

Zahera, H. M., Jalota, R., Sherif, M. A. and Ngomo, A.-C. N.: »I-AID: Identifying Actionable Information From Disaster-Related Tweets,« in IEEE Access, vol. 9, pp. 118861-118870, 2021, online abrufbar unter: https://doi.org/10.1109/ACCESS.2021.3107812, letzter Zugriff: 10.10.2023.

Zahera, H. M., Sherif, M. A. and Ngomo, A. C. N.: Jointly Learning from Social Media and Environmental Data for Typhoon Intensity Prediction. In Proceedings of the 10th International Conference on Knowledge Capture (K-CAP '19). Association for Computing Machinery, New York, NY, USA, 2019, 231–234, online abrufbar unter: https://doi.org/10.1145/3360901.3364413, letzter Zugriff: 10.10.2023.

8.4 Moderne Technologien und Resilienz

Aceto, G., Botta, A., Marchetta, P., Persico, V., & Pescapé, A.: A comprehensive survey on internet outages. Journal of Network and Computer Applications, 2018, 113, S.36-63.

Álvarez, F., Almon, L., Lieser, P., Meuser, T., Dylla, Y., Richerzhagen, B., ... & Steinmetz, R.: Conducting a large-scale field test of a smartphone-based communication network for emergency response. In Proceedings of the 13th Workshop on Challenged Networks, October, 2018, S. 3-10.

Doke, K., Affinnih, H. O., Yuan, Q., Gasco-Hernandez, M., Gil-Garcia, J. R., Bogdanov, P., & Zheleva, M.: Improving Emergency Preparedness and Response in Rural Areas. In ACM SIGCAS Conference on Computing and Sustainable Societies, June 2021, S. 66-78.

Haesler, S., Schmid, S., Vierneisel, A. S., & Reuter, C.: Stronger together: how neighborhood groups build up a virtual network during the COVID-19 pandemic. Proceedings of the ACM on Human-Computer Interaction, 5(CSCW2), 2021, S.1-31.

Haesler, S., Mogk, R., Putz, F., Logan, K. T., Thiessen, N., Kleinschnitger, K., ... & Hollick, M.: Connected self-organized citizens in crises: An interdisciplinary resilience concept for neighborhoods. In Companion Publication of the 2021 Conference on Computer Supported Cooperative Work and Social Computing, 2021, S. 62-66.

Literaturverzeichnis

Hollick, M., Hofmeister, A., Engels, J. I., Freisleben, B., Hornung, G., Klein, A., ... & Pelz, P.: Emergencity: A paradigm shift towards resilient digital cities. In World Congress on Resilience, Reliability and Asset Management (WCRRAM), 2019, S. 383-406.

Höchst, J., Baumgärtner, L., Kuntke, F., Penning, A., Sterz, A., & Freisleben, B.: Lora-based device-to-device smartphone communication for crisis scenarios. In Proceedings of the 17th International Conference on Information Systems for Crisis Response and Management (ISCRAM), May 2020.

Lieser, P., Alvarez, F., Gardner-Stephen, P., Hollick, M., & Boehnstedt, D.: Architecture for responsive emergency communications networks. In 2017 IEEE Global Humanitarian Technology Conference (GHTC) (1-9). IEEE, 2017.

Lu, Z., Cao, G., & La Porta, T.: Networking smartphones for disaster recovery. In 2016 IEEE International Conference on Pervasive Computing and Communications (PerCom) (pp. 1-9). IEEE, March 2016.

Martín-Campillo, A., Crowcroft, J., Yoneki, E., & Martí, R.: Evaluating opportunistic networks in disaster scenarios. Journal of Network and computer applications, 2013, 36(2), S. 870-880.

Penning, A., Baumgärtner, L., Höchst, J., Sterz, A., Mezini, M., & Freisleben, B.: Dtn7: An open-source disruption-tolerant networking implementation of bundle protocol 7. In Ad-Hoc, Mobile, and Wireless Networks: 18th International Conference on Ad-Hoc Networks and Wireless, ADHOC-NOW 2019, Luxembourg, Luxembourg, October 1–3, 2019, Proceedings 18 (196-209). Springer International Publishing, 2019.

Reuter, C., & Kaufhold, M. A.: Fifteen years of social media in emergencies: a retrospective review and future directions for crisis informatics. Journal of contingencies and crisis management, 2018, 26 (1), S. 41-57.

Reuter, C. (Hrsg.): Sicherheitskritische Mensch-Computer-Interaktion: Interaktive Technologien und Soziale Medien im Krisen- und Sicherheitsmanagement (2. Auflage). Wiesbaden: Springer Vieweg, 2021.

Reuter, C.: A European Perspective on Crisis Informatics: Citizens' and Authorities' Attitudes Towards Social Media for Public Safety and Security. Springer Nature, 2022.

Starbird, K., & Palen, L.: »Voluntweeters« self-organizing by digital volunteers in times of crisis. In Proceedings of the SIGCHI conference on human factors in computing systems, May 2011, S. 1071-1080.

Stute, M., Kohnhäuser, F., Baumgärtner, L., Almon, L., Hollick, M., Katzenbeisser, S., & Freisleben, B.: RESCUE: A resilient and secure device-to-device communication framework for emergencies. IEEE Transactions on Dependable and Secure Computing, 2020, 19(3), S. 1722-1734.

Tan, M. L., Prasanna, R., Stock, K., Doyle, E. E., Leonard, G., & Johnston, D.: Usability factors influencing the continuance intention of disaster apps: A mixed-methods study. International Journal of Disaster Risk Reduction, 2020, 50, 101874.

9.2. Technische Ausstattung der BOS

Cimolino, U.: Auswertung der Erfahrungen beim Elbe-Hochwasser 2002, Vortrag zur vfdb-Jahresfachtagung, 2003.

Cimolino, U., Weich, A.: Kennzeichnung von Führungskräften, -fahrzeugen und Plätzen, Reihe Standardeinsatzregeln, ecomed, Landsberg, 2007.

Cimolino, U. (Hrsg.): Einsatzstellenkommunikation bzw. Kommunikation im Einsatz, Buchreihe Einsatzpraxis, ecomed, Landsberg, 2000 – 2008.

Cimolino, U., Zawadke, T.: Einsatzfahrzeuge – Technik, Reihe Einsatzpraxis, ecomed, Landsberg, 2005.

Cimolino, U., Zawadke, T.: Einsatzfahrzeuge – Typen, Reihe Einsatzpraxis, ecomed, Landsberg, 2006.

Cimolino, U. (Hrsg.): Großschadenslagen, ecomed, Landsberg, 2010 – 2023.

Cimolino, U., Südmersen, J., Zawadke, T: Vegetationsbrandbekämpfung, Reihe Technik – Taktik – Einsatz, ecomed, Landsberg, 2020.

Cimolino, U.: SER Wasserrettung, Reihe Standardeinsatzregeln, ecomed, Landsberg, 2011.

Literaturverzeichnis

Cimolino, U.: Analyse der Einsatzerfahrungen und Entwicklung von Optimierungsmöglichkeiten bei der Bekämpfung von Vegetationsbränden in Deutschland, Dissertation, Universität Wuppertal, 2014, online abrufbar unter: http://elpub.bib.uni-wuppertal.de/servlets/DocumentServlet?id=4005, zuletzt abgerufen: 25.02.2022.

Cimolino, U. (Hrsg.): Vegetationsbrandbekämpfung, Reihe Einsatzpraxis, ecomed, 2010 – 2020.

Cimolino, U.: Vortrag erste Auswertungen Umfrage Expertenkommission Starkregen, Präsidiumssitzung der vfdb, Düsseldorf, 2021.

Cimolino, U.: Expertenkommission Starkregen 2021, in: vfdb-Zeitschrift 02/2022, Ebner Verlag, Ulm, 2022.

Cimolino, U.: Wat- und Wasserdurchfahrtsfähigkeit, in: FeuerwehrEinsatz:NRW 12/2022, VdF NRW, Wuppertal, 2022.

Cimolino, U., Papke, F.: Fähigkeitsmanagement (Skript zur Veröffentlichung im Jahr 2023).

9.3. Notwendige Änderungen an der FwDV 100 – kritische Betrachtung

Gigerenzer. G.: Bauchentscheidungen: Die Intelligenz des Unbewussten und die Macht der Intuition, Goldmann Verlag, 2008.

McChrystal, S., Silverman, D., Collins, T., Fussel, C.: Team of Teams, Penguin Books, 2015.

9.4. Fähigkeitsmanagement – Ein Weg zur planvollen gegenseitigen Unterstützung

BBK: Fähigkeitsmanagement von Bund und Ländern (FäM), BBK, Ausgabe 2.0, März 2022.

9.5. Aufgabenverteilung Bund-Länder (Änderung GG – Aufhebung Zivil- und KatS)

AGBF Bund: Führungsstab der Länder, 2013, S. 1, online abrufbar unter: https://www.agbf.de/downloads-ak-zivil-und-katastrophenschutz/category/46-ak-kats-oeffentlich-empfehlungen?download=121:fachempfehlung-130501-fuestab-laender, letzter Zugriff: 06.11.2023.

AGBF Bund: Führungsstab der Länder. 2013, S. 3, online abrufbar unter: https://www.agbf.de/downloads-ak-zivil-und-katastrophenschutz/category/46-ak-kats-oeffentlich-empfehlungen?download=121:fachempfehlung-130501-fuestab-laender, letzter Zugriff: 06.11.2023.

Deutscher Bundestag/Wissenschaftliche Dienste: Nationale Systeme des Bevölkerungsschutzes. Ein Vergleich Deutschlands mit den Anrainer- und Partnerstaaten, 2020, online abrufbar unter: https://www.bundestag.de/resource/blob/822416/d69abe14a5bc0c510c408086b1a24545/WD-3-239-20-pdf-data.pdf, letzter Zugriff:17.10.2023.

Deutscher Bundestag/Wissenschaftliche Dienste: Zentralstellen nach Art. 87 Abs. 1 Satz 2 GG und das Bundesamt für Bevölkerungsschutz und Katastrophenhilfe, 2022, online abrufbar unter: https://www.bundestag.de/resource/blob/902120/7fb654dc7d82b0ab730b50ebeae9b710/WD-3-082-22-pdf-data.pdf, letzter Zugriff: 03.11.2023.

Deutsches Komitee Katastrophenvorsorge e. V. (DKKV): Die Flutkatastrophe im Juli 2021 in Deutschland. Ein Jahr danach: Aufarbeitung und erste Lehren für die Zukunft, 2022, S. 29.

Geier, Wolfram: Strukturen, Akteure und Zuständigkeiten des deutschen Bevölkerungsschutzes. In: Bundeszentrale für politische Bildung (Hrsg.): Aus Politik und Zeitgeschichte – Bevölkerungsschutz, 2023, S. 16-22.

IMK-Beschluss vom 02.21.21 zu Stabsarbeit (TOP 45); IMK-Beschluss vom 02.12.2023 zu Sirenenwarnung (TOP 8); IMK-Beschluss vom 02.12.2022 zu Helfendengleichstellung (TOP 9); IMK-Beschluss vom 02.12.2022 zu Finanzierungsvereinbarung Sirenen (TOP 11); IMK-Beschluss vom 02.12.2022 zur Umsetzung der Konzeption Zivile Verteidigung (TOP 6).

Literaturverzeichnis

Kirschstein, G.: Flutkatastrophe Ahrtal – Chronik eines Staatsversagens, 2023, S. 20 ff.

Kleine Anfrage des sächsischen Landtagsabgeordneten Abgeordneten Valentin Lippmann, Drucksache 7/14357, Thema: Gemeinsames Kompetenzzentrum Bevölkerungsschutz vom 23. Oktober 2023. Lorenz, Richard: Ahrtal-Katastrophe: MdB Eckert tauscht sich am Hollerner See mit Wasserwacht-Vertretern aus. Merkur.de, 2022, online abrufbar unter: https://www.merkur.de/lokales/freising/eching-ort28614/kritische-worte-am-hollerner-see-91614278.html, letzter Zugriff: 23.10.2023.

Pohlmann, K.: Bundeskompetenz im Bevölkerungsschutz. In: Lange, Hans-Jürgen; Gusy, Christoph (Hrsg.): Kooperation im Katastrophen- und Bevölkerungsschutz, 2015, S. 79-124.

Wendekamm, M., Feißt, M.: Kooperation im Katastrophen- und Bevölkerungsschutz. In: Lange, Hans-Jürgen; Gusy, Christopher (Hrsg.): Kooperation im Katastrophen- und Bevölkerungsschutz, 2015, S. 125-211.

Zwischenbericht der Enquete-Kommission 18/1 »Konsequenzen aus der Flutkatastrophe in Rheinland-Pfalz: Erfolgreichen Katastrophenschutz gewährleisten, Klimawandel ernst nehmen und Vorsorgekonzepte weiterentwickeln« (»Zukunftsstrategien zur Katastrophenvorsorge«), online abrufbar unter: https://dokumente.landtag.rlp.de/landtag/drucksachen/8222-18.pdf, letzter Zugriff: am 03.11.2023.

Verwaltungsvereinbarung des Bundes und der Länder über die Errichtung des Gemeinsamen Kompetenzzentrums Bevölkerungsschutz vom 02. Juni 2022 unter § 2 (2), online abrufbar unter: https://www.bkk.bund.de/SharedDocs/Downloads/DE/Rechtsgrundlagen/verwaltungsverein¬barung-gekob-anlage.pdf?__blob=publicationFile&v=6, letzter Zugriff: 02.11.2023.

10.1. Grenzüberschreitende Zusammenarbeit in der nichtpolizeilichen Gefahrenabwehr im Dreiländereck Niederlande, Belgien, Deutschland

Administrative Gliederung der Euregio-Maas-Rhein (EMR), online abrufbar unter: https://euregio-mr.info/euregio-mr-wAssets/docs/EMR-Karten/EMR-map-Administrative-Gliederung-Administratie¬ve-indeling-Division-administrative.pdf, letzter Zugriff am 27.08.2023.

DStGB (Deutscher Städte- und Gemeindebund) (Hrsg.) (2006): Sichere Städte und Gemeinden: Unterstützungs- und Dienstleistungsangebote des Bundesamtes für Bevölkerungsschutz und Katastrophenhilfe für Kommunen, Berlin.

Hesselberger, D.: Das Grundgesetz: Kommentar für die politische Bildung. 11. Auflage (Bundeszentrale für politische Bildung) Bonn, 2009.

Jahresbericht EMRIC 2022, online abrufbar unter: https://emric.info/de/berichte/aktuelle-berichte/70/jahresbericht-2022, letzter Zugriff am 27.08.2023.

Landtag Nordrhein-Westfalen: Antrag der Landesregierung auf Zustimmung zu einem Staatsvertrag gemäß Artikel 66 der Landesverfassung, Drucksache 11/1970, 1991.

Mehrjahresplan 2024-2028 S. Ratsinformationssystem der Städteregion Aachen, Vorlage 2023/0322, Anlage 2, online abrufbar unter: https://gremieninfo.staedteregion-aachen.de/public/vo020?VOLFDNR=1000071&refresh=false&TOLFDNR=1000365, letzter Zugriff am 28.08.2023.

Mendel, K., Hennes, P.: Bilaterale Katastrophenhilfeleistungsabkommen. In: Handbuch des Rettungswesens, 142. Ergänzungslieferung, Witten u. Mainz. Band A 1.5, 2009, S. 1-11.

Nellessen, K.-W: Krankentransport und Rettungsdienst im Kreis Aachen 1816 – 2006. (Mainz) Aachen, 2009.

Niedobitek, M.: Das Recht der grenzüberschreitenden Verträge: Bund, Länder und Gemeinden als Träger grenzüberschreitender Zusammenarbeit. (Mohr Siebeck) Tübingen, 2001.

10.2. Nato-Bündnisfall und strategisches Umfeld – Neue Herausforderungen

Arnold Vaaz: Interview, in: NZZ vom 05. August 2023.

Auswärtiges Amt, China-Strategie der Bundesregierung, Berlin 2023.

Literaturverzeichnis

Bundesakademie für Sicherheitspolitik (Hrsg.): Europäische Sicherheit und Russland – Optionen aus deutscher Sicht. Sicherheit durch Annäherung, Seminar für Sicherheitspolitik 2010, Berlin 2010.

Bundesministerium der Verteidigung (Hrsg.): Weißbuch zur Sicherheitspolitik und zur Zukunft der Bundeswehr, Berlin 2016.

Die Bundesregierung: Nationale Sicherheitsstrategie, Berlin 2023.

Die Bundesregierung: Weißbuch 2016. Zur Sicherheitspolitik und zur Zukunft der Bundeswehr, Berlin 2016.

Ehrhart, H.-G., Neuneck, G. (Hrsg.): Analyse sicherheitspolitischer Bedrohungen und Risiken unter Aspekten der Zivilen Verteidigung und des Zivilschutzes, Baden-Baden 2015.

Ehrhart, H.-G., Neuneck, G.: Sicherheitspolitische Bedrohungen und Risiken. Zivile Verteidigung und Zivilschutz aus der Sicht der Friedens- und Konfliktforschung, in: Bevölkerungsschutz 2016, Heft 3, S. 2 ff.

Freudenberg, D.: Zukünftige Krisensituationen aus der Sicht des Bevölkerungsschutzes, in: Keren-Miriam Adam, Gerd Kropf (Hrsg.), Krisenbewältigung und Katastrophenvorsorge, 2023, S. 77 ff.

Freudenberg, D.: Braucht Deutschland ein Mindset »Zivile Verteidigung?«, in: Notfallvorsorge 2023, 2023, Heft 2, S. 8 ff.

Freudenberg, D.: Zur Verfassungsmäßigkeit einer allgemeinen Dienstpflicht, in: BWV 2023, 2023, S. 97 ff.

Freudenberg, D.: Zu Fragen einer Dienstpflicht des Bürgers sowie die Pflicht zum Kompetenzerwerb von Entscheidern im staatlichen Krisenmanagement, in: Martin H. W. Möllers, Robert van Ooyen (Hrsg.), Jahrbuch Öffentliche Sicherheit 2022/2023, Frankfurt 2023, S. 401 ff.

Freudenberg, D.: Zivilschutz II. Politikwissenschaftlich, in: Staatslexikon der Görres-Gesellschaft, Bd. 6, 8. Aufl., Freiburg im Breisgau 2022, S. 572 ff.

Freudenberg, D.: Verfassungsmäßigkeit einer allgemeinen Dienstpflicht aus rechts- und politikwissenschaftlicher Sicht, in: ZRP 2022, S. 152 ff.

Freudenberg, D.: Das Wesen der Entscheidung und die Pflicht zum Kompetenzerwerb im Bevölkerungsschutz, in: Notfallvorsorge 2021, Heft 4, S. 20 ff.

Freudenberg, D.: Sicherheitspolitik und Zivile Verteidigung. Eine antizipatorische Analyse, in: Dirk Freudenberg, Marcel Kuhlmey (Hrsg.), Krisenmanagement, Notfallplanung, Zivilschutz, Berlin 2021, S. 21 ff.

Freudenberg, D.: Entscheidungsfindung und die Pflicht zum Führen in der Zivilen Verteidigung und im staatlichen Krisenmanagement, in: BWV 2021, Heft 11, S. 241 ff.

Freudenberg, D.: Theorie des Irregulären, Erscheinungen und Abgrenzungen von Partisanen, Guerillas und Terroristen im Modernen Kleinkrieg sowie Entwicklungstendenzen der Reaktion, 3. Bde., Berlin 2017.

Freudenberg, D., Hagebölling, C.: Neue strategische Ausrichtung des Bevölkerungsschutzes in Deutschland, in: ZRP 2022, S. 85 ff.

Hahlweg, W. (Hrsg.): Carl von Clausewitz, Vom Kriege. Hinterlassenes Werk des Generals von Clausewitz, 16. Aufl., Bonn 1952.

Jäger, T., Daun, A.: Bevölkerungsschutz und Sicherheitspolitik, in: Christoph Unger, Thomas Mitschke, Dirk Freudenberg (Hrsg.): Krisenmanagement – Notfallplanung – Bevölkerungsschutz. Festschrift anlässlich 60 Jahre Ausbildung im Bevölkerungsschutz dargebracht von Partnern, Freunden und Mitarbeitern des Bundesamtes für Bevölkerungsschutz und Katastrophenhilfe Berlin 2013, S. 583 ff.

Klein, M.: Russland – Rückkehr als Großmacht?, in: Florian Hahn (Hrsg.): Sicherheit für Generationen. Herausforderung in einer neuen Weltordnung, Berlin 2017, S. 37 ff.

Lucas, H.-D.: Die Rolle der NATO im veränderten Sicherheitsumfeld, in: Bevölkerungsschutz, 2017, Heft 4, S. 22 ff.

Marshall, T.: Die Macht der Geographie. Wie sich Weltpolitik anhand von 10 Karten erklären lässt, o. OA. 2017.

Masala, C.: Herausforderungen in einer multipolaren Welt, in: Florian Hahn (Hrsg): Sicherheit für Generationen. Herausforderungen für die neue Weltordnung, Berlin 2017, S. 21 ff.

Literaturverzeichnis

Mastriano, D.: Defeating Putin's Strategy of Ambiguity, in: War On The Rocks, November 6, 2014; Internet vom 11.04.2017 Müller, Claus Peter, Achten Sie auf weitere Durchsagen!, in: FAZ vom 22. April 2015, S. 3.

Meyer zum Felde, R.: 14 Paradigmenwechsel der transatlantischen und europäischen Sicherheits- und Verteidigungspolitik. Die Bedeutung der Nato-Gipfelbeschlüsse von Wales (2014), Warschau (2016) und Brüssel (2018) für die deutsche Sicherheits- und Verteidigungspolitik, in: Sebastian Graf von Kielmansegg, Heike Krieger, Stefan Sohms (Hrsg.): Die Wiederkehr der Landes- und Bündnisverteidigung, Baden-Baden 2020, S. 11 ff.

NATO 22, STRATEGIC CONCEPT, o. OA.

NN., Nato erwägt Großmanöver an der Grenze zu Russland, online abrufbar unter: http://www.faz.net/aktuell/politik/ausland/europa/osteuropa-nato-erwaegt-grossmanoever-an-der-grenze-zu-russland-13252924.html, letzter Zugriff: 01.10.2023.

NN. Macron bescheinigt NATO den »Hirntot«, online abrufbar unter: https://www.dw.com/de/macron-bescheinigt-der-nato-den-hirntod/a-51154416, letzter Zugriff: 30.06.2022.

Poretschkin, A.: Zivile Verteidigung als Verfassungsauftrag, Rheinbach 1991.

Poretschkin, A.: Bevölkerungsschutz als Verfassungsauftrag, in: Unger, C., Mitschke, T., Freudenberg, D. (Hrsg.): Krisenmanagement – Notfallplanung – Bevölkerungsschutz, Berlin 2013, S. 513 ff.

Schiltz, C. B.: Nato plant Elitetruppe gegen Bedrohung aus dem Osten, online abrufbar unter: http://www.welt.de/politik/ausland/article134072231/Nato-plant-Elitetruppe-gegen-Bedrohung-aus-dem-Osten.html, letzter Zugriff: 01.10.2023.

Steinkamm, A.: Zur Frage eines Verfassungsauftrages zum wirksamen Bevölkerungsschutz, in: Hans Joachim Faller, Paul Kirchhof, Ernst Träger (Hrsg): Verantwortlichkeit und Freiheit. Die Verfassung als wertbestimmte Ordnung, Tübingen 1989, S. 310 ff.

Stürmer, M.: Wendezeiten – Krisenzeiten – Vorkriegszeiten, in: Florian Hahn (Hrsg.): Sicherheit für Generationen. Herausforderung in einer neuen Weltordnung, Berlin 2017, S. 15 ff.

Tiesler, R.: Vorwort, in: Keren-Miriam Adam, Gerd Kropf (Hrsg.): Krisenbewältigung und Katastrophenvorsorge, 2023, S. 9 f.

U. S. Army War College (Hrsg.): Project 1704. A U. S. Army War College Analysis of Russian Strategy in Eastern Europe, an Appropriate U. S. Response, and the Implications for U. S. Landpower, online abrufbar unter: https://media.defense.gov/2023/May/04/2003215232/-1/-1/0/2412.PDF, letzter Zugriff: 01.10.2023.

U. S. Army War College (Hrsg.): Project 1721, U. S. War College Assessment on Russian Strategy in Eastern Europe and Recommendations on how to leverage Landpower to maintain the peace, online abrufbar unter: https://media.defense.gov/2023/Apr/07/2003195603/-1/-1/0/3295.PDF, letzter Zugriff: 01.10.2023.

Varwick, J.: Einleitung, in: Johannes Varwick (Hrsg.): Krieg und Frieden, Schwalbach/Ts 2014, S. 7 ff.

Varwick, J., Matlé, A.: Die NATO zwischen den Gipfeln von Wales und Warschau, in: Der Mittler-Brief. Informationsdienst zur Sicherheitspolitik, Nr. 4/4. Quartal 2014, S. 2.

Varwick, J., Matlé, A.: Die Nato und die hybride Kriegführung, in Sicherheit & Frieden 2016, Heft 2, S. 121 ff.

Walus, A.: Katastrophenorganisationsrecht. Prinzipien der rechtlichen Organisation des Katastrophenschutzes, Bonn 2012.

12 Fazit

Arbeitskreis Fluthilfe Heimersheim/Ahr: Statistischer Hochwasserschutz HQ 100 fürs Ahrtal nicht ausreichend, Stadtzeitung Bad Neuenahr/Ahrweiler, 6.12.2023, S.2.

Brachmann, R., Levesque, H.: Dieser KI können wir nicht trauen, FAZ 13.11.2023, S.19.

Bünder, H.t, Geinitz, C., Theile, G.: Stromnetz in Staatshand, FAZ 11.02.2023, S. 17.

Mihm, A.: Auf den Krieg folgt die Entvölkerung, FAZ 19.07.2023, S. 16.

Uno Flüchtlingshilfe, Flüchtlingszahlen, online abrufbar unter: https://www.uno-fluechtlingshilfe.de/informieren/fluechtlingszahlen, letzter Zugriff: 16.09.2024.

Stefan Voßschmidt/
Andreas Karsten (Hrsg.)

Resilienz und Kritische Infrastrukturen

Aufrechterhaltung von Versorgungstrukturen im Krisenfall

2020. 369 Seiten. 26 Abb., 10 Tab.
Kart. € 39,–
ISBN 978-3-17-035433-3

Die gegenseitigen Abhängigkeiten zwischen Versorgungsinfrastrukturen – beispielsweise bei einem Stromausfall – können im Krisenfall nicht nur die reguläre Versorgung einschränken, sondern auch die Notversorgungsmechanismen erschweren. Das Buch verdeutlicht die gegenseitigen Abhängigkeiten verschiedener Infrastrukturen, beschreibt mögliche kritische Strukturen und die Folgen eines Ausfalls einzelner Elemente für das öffentliche Leben. Anhand ausgewählter Beispielszenarien werden die Herausforderungen von Krisenereignissen und ihre Bewältigung diskutiert. Anschauliche Anregungen zur Steigerung der Resilienz runden den Titel ab.

Andreas Karsten, Diplom-Physiker und Branddirektor a. D. ist Berater bei der Controllit AG in Hamburg. Zuvor arbeitete für fünf Jahre in den Vereinigten Arabischen Emiraten als Strategic Advisor for Crisis Management & Resilience. Stefan Voßschmidt, Jurist, ist im Bundesamt für Bevölkerungsschutz und Katastrophenhilfe (BBK) als Dozent tätig. Beide Herausgeber sind Mitglieder der Deutschen Gesellschaft zur Förderung von Social Media und Technologien im Bevölkerungsschutz (DGSMTech) und haben mehrfach im Bereich Bevölkerungsschutz veröffentlicht.

Digital-Ausgabe erhältlich in der BRANDSchutz-App und als E-Book.
Leseproben und weitere Informationen:
www.kohlhammer-feuerwehr.de